NON-STOP HIGH-PASS

FINAL 적중 소방설비기사

전기분야

필기 600제

동일출판사

PREFACE
머리말

1. 저자생각

건축물이 고층화, 대형화 및 복합화 되어감에 따라서 화재발생 시 인명피해 및 재산피해가 급격히 증가하고 있습니다. 이러한 사유로 건축물의 화재 안전성 및 피난 안전성을 확보하기 위하여 관계법령에 따라 소방시설을 설계, 감리 및 시공하고 설치된 소방시설에 대한 철저한 점검과 유지관리를 통하여 인명의 안전과 재산을 보호하여야 하는 전문인력이 절실하게 필요한 때입니다. 이러한 시대의 흐름에 맞추어 본인에 맞는 미래를 체계적으로 설계해야 합니다.

> 남과는 다른! 남보다 앞서가는! 눈부신 미래를 위한 첫걸음!
> 자격증 취득과 평생기술로 평생직장을…

2. 본서의 특징

1. 소방설비기사 전기분야 필기 때려잡기 필독서
2. 각 과목별 빈출이론을 정리한 『**알짜를 담다**』 수록
3. 철저한 문제분석을 통한 **적중실전문제 수록**
4. 과목별 **10문제씩 문제와 해설(답안)을 분리**한 과학적이고 효율적인 구성
5. 최근 **개정된 법률을 반영**하여 문제 및 해설 구성
6. **초보에서 전공자**까지 최단기 합격을 위한 길잡이 필독서
7. 연계학습
    ① 소방설비기사 전기분야 필기 이론 강의
    ② 소방설비기사 전기분야 필기 FINAL 600제
    ③ 소방설비기사 전기분야 필기 기출문제 해설

3. 맺음말

소방설비(산업)기사, 소방시설관리사, 소방기술사 관련 동영상은 아래의 사이트에서 보실 수 있습니다.

㈜배울학 홈페이지 www.baeulhak.com

본 교재에 대한 **오타신고, 개선사항 및 질의사항**은 아래 홈페이지에 올려주시면 감사하겠습니다.

동일출판사 www.dongilbook.co.kr
㈜배울학 홈페이지 www.baeulhak.com

자격증 공부는 단거리가 아닌 지구력을 요하는 마라톤과 같습니다. 끝까지 페이스를 잃지 않고 꾸준히 하시는 분이 결승선을 통과할 수 있습니다. 앞만 보고 달리십시오. 힘들면 잠시 쉬었다가 가셔도 됩니다. 절대로 뒤를 돌아보시거나 앞으로 달리기를 주저하시면 안 됩니다.

본 수험서가 자격증을 취득하는데 조금이나마 도움이 되었으면 하는 작은 바람을 가져 봅니다. 또한, 최적의 수험서가 될 수 있도록 최선의 노력을 다하겠습니다.

김 상 현
㈜배울학 소방분야 대표교수
소방기술사, 전기안전기술사
소방시설관리사

CONTENTS 차례

1편 핵심요약정리 『알짜를 담다』

1장 소방원론
- 01. 연소 및 연소현상 ·· 8
- 02. 화재 및 화재현상 ·· 12
- 03. 건축물의 화재현상 ······································ 13
- 04. 위험물안전관리 ·· 15
- 05. 소방안전관리 ·· 16
- 06. 소화론 및 소화약제 ···································· 17

2장 소방전기일반
- 01. 직류회로 ·· 21
- 02. 정전용량과 자기회로 ··································· 23
- 03. 교류회로 ·· 26
- 04. 전기기기 ·· 29
- 05. 전기계측 ·· 32
- 06. 자동제어의 기초 ·· 33
- 07. 시퀀스 제어회로 ·· 34
- 08. 전자회로 ·· 35

3장 소방관계법규
- 01. 용어정의 ·· 36
- 02. 벌칙 ··· 37
- 03. 종합상황실 실장의 보고업무 ························· 39
- 04. 성능위주설계 ·· 40
- 05. 소방용수시설의 설치 및 관리 ······················· 41
- 06. 소방시설을 설치하지 않을 수 있는 특정소방대상물 및 소방시설의 범위 ··· 42
- 07. 특수가연물의 저장 및 취급기준 ···················· 43
- 08. 소방안전관리대상물 ···································· 44
- 09. 시공 ··· 45
- 10. 강화된 기준 적용대상 ································· 46
- 11. 특정소방대상물(소방안전관리대상물은 제외한다)의 관계인과 소방안전관리대상물의 소방안전관리자의 업무 ······ 46

12. 건축허가등의 동의대상물의 범위 ································· 47
13. 소방시설등의 자체점검 ·· 48
14. 소방대상물의 방염 ·· 49
15. 수용인원의 산정방법 ··· 50
16. 완공검사를 위한 현장확인 대상 ································ 50
17. 위험물안전관리법 ··· 51
18. 관계인이 예방규정을 정하여야 하는 제조소등 ············ 52
19. 자체소방대 ·· 52
20. 제조소의 위치·구조 및 설비의 기준 ·························· 53

4장 소방전기시설의 구조 및 원리
01. 비상경보설비 및 단독경보형감지기 ··························· 55
02. 비상방송설비 ··· 56
03. 자동화재탐지설비 및 시각경보장치 ··························· 57
04. 자동화재속보설비 ··· 59
05. 누전경보기 ·· 59
06. 유도등 및 유도표지 ·· 60
07. 비상조명등, 휴대용비상조명등 ································· 61
08. 비상콘센트설비 ·· 62
09. 무선통신보조설비 ··· 63
10. 소방전기시설-기타 ··· 64

2편 FINAL 600제

1장 소방원론 150제 ·· 66
2장 소방전기일반 150제 ·· 126
3장 소방관계법규 150제 ·· 187
4장 소방전기시설의 구조 및 원리 150제 ························· 264

PART 1 핵심요약정리

알짜를 담다

- Chap 01 　소방원론
- Chap 02 　소방전기일반
- Chap 03 　소방관계법규
- Chap 04 　소방전기시설의 구조 및 원리

소방원론

01. 연소 및 연소현상

1) 연소의 4요소와 소화효과

구분	연소의 4요소	소화효과	비고
①	가연물	제거효과	물리적 소화
②	산소공급원	질식효과	
③	점화원	냉각효과	
④	연쇄반응	부촉매효과	화학적 소화

2) 가연물의 구비조건

구비조건	내용
활성화에너지가 작을 것	화염연소를 주도하는 라디칼(radical)을 생성하는 데 필요한 활성화 에너지가 작아야 쉽게 착화된다.
열전도도가 작을 것	열전도도가 작을수록 열 축적이 쉬워 열분해가 잘 된다. 열전도도가 작은 순서는 기체 > 액체 > 고체이다.

3) 보일의 법칙, 샤를의 법칙

① 보일의 법칙

온도가 일정할 때 기체의 부피는 절대압력에 반비례

$$P_1 V_1 = P_2 V_2 \qquad \begin{array}{l} P_1,\ P_2 : \text{절대압력[atm]} \\ V_1,\ V_2 : \text{부피[m}^3\text{]} \end{array}$$

② 샤를의 법칙

압력이 일정할 때 기체의 부피는 절대온도에 비례

$$\frac{V_1}{T_1} = \frac{V_2}{T_2}$$

T_1, T_2 : 절대온도[K=273+℃]
V_1, V_2 : 부피[m³]

4) 주요물질의 인화점

물질	인화점(℃)	물질	인화점(℃)
다이에틸에터 (디에틸에테르)	-45	산화프로필렌	-37
휘발유	-43 ~ -20	이황화탄소	-30
아세트알데하이드	-38	아세톤, 시안화수소	-18

5) 인화점, 연소점, 발화점

인화점 : 점화원에 의해 발화하기 시작하는 최저온도
연소점 : 점화원을 제거해도 자력으로 연소를 지속할 수 있는 최저온도
발화점 : 스스로 점화할 수 있는 최저온도

6) 연소한계(연소범위) 또는 폭발한계(폭발범위)

가 스 종 류	하한계 [vol%]	상한계 [vol%]	가 스 종 류	하한계 [vol%]	상한계 [vol%]
수소(H_2)	4	75	일산화탄소(CO)	12.5	74
다이에틸에터 ($C_2H_5OC_2H_5$)	1.7	48	휘발유(가솔린)	1.4	7.6
아세틸렌(C_2H_2)	2.5	81	부탄(C_4H_{10})	1.8	8.4
이황화탄소(CS_2)	1.2	44	에틸렌(C_2H_4)	2.7	36
프로판(C_3H_8)	2.1	9.5	아세트알데하이드 (CH_3CHO)	4	57

7) 위험도

$$H = \frac{UFL - LFL}{LFL}$$

UFL : 연소 상한계(%)
LFL : 연소 하한계(%)

8) 르샤트리에 수식

$$\frac{100}{L} = \frac{V_1}{L_1} + \frac{V_2}{L_2} + \frac{V_3}{L_3} + \cdots$$

L : 혼합가스의 연소 하한계(%)
V_1, V_2, V_3 : 각 성분의 체적(vol%)
L_1, L_2, L_3 : 각 성분의 연소 하한계(vol%)

9) 완전연소반응식

알케인(alkane)계 탄화수소 : $C_mH_n + (m + \frac{n}{4})O_2 \rightarrow mCO_2 + \frac{n}{2}H_2O$

① 메테인(메탄) : $CH_4 + 2O_2 \rightarrow CO_2 + 2H_2O$
② 에테인(에탄) : $C_2H_6 + 3.5O_2 \rightarrow 2CO_2 + 3H_2O$
③ 프로페인(프로판) : $C_3H_8 + 5O_2 \rightarrow 3CO_2 + 4H_2O$
④ 뷰테인(부탄) : $C_4H_{10} + 6.5O_2 \rightarrow 4CO_2 + 5H_2O$

10) 불꽃연소와 작열연소

구분	불꽃연소(표면화재)	작열연소(표면연소)
연쇄반응	있다.	없다.
불 꽃	발생한다.	발생하지 않는다.
발열량	크다.	작다.

11) 주요 독성가스의 특징

가스	주요특징	연소물질
아크롤레인 (CH_2CHCHO)	① 허용농도 0.1ppm ② 맹독성 가스로 인체에 치명적	석유제품, 유지류(기름성분) 등이 연소시 발생
포스겐 ($COCl_2$)	① 허용농도 0.1ppm ② CO와 염소가 반응하여 생성된다. ③ 염소화합물, 사염화탄소와 화염접촉 시 생성된다. ④ 인명 살상용 독가스로 사용됨	PVC 등 염소함유물이 고온 연소시 발생
염화수소 (HCl)	① 허용농도 5ppm ② 금속에 대한 부식성 ③ 기도와 눈에 자극, 무색의 자극성, 호흡기 장애로 폐 혈관계 손상	PVC(폴리염화비닐, 전선) 등 염소계 화합물이 탈 때 발생

12) 건물 내의 연기 이동속도

장소 및 방향	속도 [m/s]
수평방향	0.5~1
수직방향	2~3
계 단	3~5

13) 감광계수

감광계수	가시거리	상황
0.1	20~30	연기감지기의 작동농도 건물 내 미숙지자의 피난 한계농도
0.3	5	건물 내 숙지자의 피난한계농도
0.5	3	어두침침함을 느낄 정도의 농도
1	1~2	거의 앞이 보이지 않을 정도의 농도
10	0.2~0.5	화재 최성기 때의 연기농도

14) 자연발화되기 쉬운 물질의 보관방법

물질	보관방법
칼륨, 나트륨, 리튬	**석유류(등유) 속에 저장한다.**
니트로셀룰로오스(나이트로셀룰로스)	알코올 속에 저장한다.
황린, 이황화탄소	**물속에 저장한다.**
아세틸렌	아세톤 속에 저장한다.

15) 열전달 방법 : 전도, 대류 및 복사

열전달 방법	관련법칙
전도	푸리에의 전도법칙
대류	뉴턴의 냉각법칙
복사	스테판-볼츠만의 복사법칙

02. 화재 및 화재현상

1) 가연물의 종류에 따른 화재의 분류

구분	명 칭	가연물의 종류	표시
A급화재	**일반화재**	종이, 목재, 섬유류 등의 일반 가연물, 재가 남는 화재	백색
B급화재	**유류화재**	인화성 액체, 가연성 액체, 석유 그리스, 타르, 솔벤트, 래커, 알코올 및 인화성 가스와 같은 유류가 타고 나서 재가 남지 않는 화재	황색
C급화재	**전기화재**	전류가 흐르고 있는 전기기기, 배선과 관련된 화재	청색
D급화재	**금속화재**	마그네슘 합금 등의 가연성금속에서 일어나는 화재	무색
E급화재	가스화재	가연성가스 (폭발 하한계가 10% 이하, 연소범위 또는 폭발범위가 20% 이상인 것)	황색
F급화재	식용유화재	식용유에 의한 화재	–
K급화재	주방화재	주방에서 동식물유를 취급하는 조리기구에서 일어나는 화재	–

2) 원인물질의 상태에 의한 분류

기상폭발 (화학적폭발)	가스폭발, 분무폭발, 분진폭발, 산화폭발, 분해폭발
응상폭발 (물리적폭발)	수증기폭발, 증기폭발, 고상 간 전이에 의한 폭발, 전선폭발

3) 폭연과 폭굉의 비교

구분	폭연	폭굉
계(환경)	개방계	밀폐계
전달에너지	열전달 (전도, 대류, 복사)	충격파 (충격에너지)
화염 전파속도	약 0.1~10m/s	약 1,000~3,500m/s
압력상승	초기압력의 10배 이하	초기압력의 10배 이상
특징	난류확산영향 → 폭굉으로 전이 가능	충격파 → 반응 후에 온도, 밀도 및 압력이 불연속적으로 급상승

4) 분진폭발 물질

분진폭발을 일으키는 물질	분진폭발을 일으키지 않는 물질
① 금속분(알루미늄, 마그네슘, 아연분말) ② 플라스틱 ③ 농산물 ④ 황	① 시멘트 ② 생석회(CaO) ③ 석회석 ④ 탄산칼슘($CaCO_3$)

03. 건축물의 화재현상

1) 내화건축물과 목조건축물의 비교

구분	목조 건축물	내화건축물
화재성상	• 고온 단기형	• 저온 장기형
최고온도	• 약 1,300℃	• 약 900~1,000℃

2) 플래시오버와 백 드래프트

구분	Flash Over	Back Draft
조건	• 평균온도 : 500℃ 전후 • 바닥면의 복사 수열량 : 20~40[kW/m^2] • 산소농도 : 10% • CO_2/CO = 150	• 실내가 충분히 가열 • 다량의 가연성가스가 축적 • (CO 연소범위 12.5~74%) • 연기층의 온도 : 600℃
폭풍 혹은 충격파	없다.	수반한다.
발생시기	성장기~최성기	최성기~감쇠기

3) 피난계획시 고려해야 할 인간의 본능

구분	내용
추종본능	피난 시에는 군중이 한 사람의 리더를 추종하려는 경향
귀소본능	피난 시 늘 사용하는 경로에 의해 탈출을 도모
퇴피본능	화재 발생장소에서 벗어나려는 경향
좌회본능	막다른 길에서 오른손잡이인 경우 왼쪽으로 가려는 경향
지광본능	주위가 어두워지면 밝은 곳으로 피난하려는 경향

4) 피난시설 계획 시 고려해야 할 원칙

항 목	대 책	예 시
피난경로	간단, 명료	core형태의 피난경로 회피
피난수단	원시적 방법	문자보다는 모양, 색상 활용
피난로	피난 방향 표시	유도등을 이용
피난대책	Fool proof, Fail Safe	유도등의 색, 피난방향으로의 문 열림, 소화설비 및 경보설비의 자동 및 수동 겸용
피난구	잠금장치 해제	화재 시 자동으로 문 열림
피난설비	고정설비	완강기, 피난사다리 등의 고정

5) 방화구조

철망모르타르	바름 두께가 2센티미터 이상인 것
석고판위에 시멘트모르타르 또는 회반죽을 바른 것 시멘트모르타르위에 타일을 붙인 것	두께의 합계가 2.5센티미터 이상인 것
심벽에 흙으로 맞벽치기한 것	

6) 방화구획

10층 이하의 층	바닥면적 1천제곱미터(스프링클러 기타 이와 유사한 자동식소화설비를 설치한 경우에는 바닥면적 3천제곱미터) 이내마다 구획
매 층마다 구획할 것. 다만, 지하 1층에서 지상으로 직접 연결하는 경사로 부위는 제외	
11층 이상의 층	바닥면적 200제곱미터(스프링클러 기타 이와 유사한 자동식소화설비를 설치한 경우에는 600제곱미터) 이내마다 구획할 것. 다만, 마감을 불연재료로 한 경우에는 바닥면적 500제곱미터(스프링클러 기타 이와 유사한 자동식소화설비를 설치한 경우에는 1천500제곱미터) 이내마다 구획

04. 위험물안전관리

1) 위험물의 유별 성질

구분	내용	소화효과
제1류 위험물	산화성고체	냉각(무기과산화물은 질식)
제2류 위험물	가연성고체	냉각(철분, 금속분, 마그네슘은 질식소화)
제3류 위험물	자연발화성 및 금수성 물질	질식
제4류 위험물	인화성액체	질식
제5류 위험물	자기반응성 물질	냉각
제6류 위험물	산화성액체	질식(과산화수소는 다량의 물로 희석소화)

2) 제4류 위험물의 분류

구분	종류
특수인화물	디에틸에테르(에틸에테르), **산화프로플렌**, **아세트알데하이드**, 이황화탄소
제1석유류	**아세톤**, 휘발유(가솔린), **벤젠**, **톨루엔**, 메틸에틸케톤, 피리딘, 초산에스테르류
제2석유류	초산, **등유**, 의산, **경유**, 테레핀유, 크실렌, 스틸렌, 장뇌유, 클로로벤젠
제3석유류	중유, 크레오소트유, **글리세린**, **에틸렌글리콜**, 니트로벤젠, 아닐린
제4석유류	기어유, 실린더유

3) 위험물질별 보관방법

보관방법	종 류
물 속	**황린(P_4), 이황화탄소(CS_2)**
알코올 속	나이트로셀룰로스(니트로셀룰로스)
석유류(등유) 속	칼륨(K), 나트륨(Na), 리튬(Li)

4) 탄화칼슘 및 인화칼슘이 물과 반응시 반응생성물

품 명	반응생성물
탄화칼슘(CaC_2)	소석회(수산화칼슘, $Ca(OH)_2$)
	아세틸렌(C_2H_2)
인화칼슘(Ca_3P_2)	소석회(수산화칼슘, $Ca(OH)_2$)
	포스핀(인화수소, PH_3)

⟨물과 반응식⟩
탄화칼슘 : $CaC_2 + 2H_2O \rightarrow Ca(OH)_2 + C_2H_2$
인화칼슘 : $Ca_3P_2 + 6H_2O \rightarrow 3Ca(OH)_2 + 2PH_3$

5) 주수소화 시 특성

① 마그네슘(Mg)은 물과 반응하면 수소가스를 발생하여 위험

$$Mg + 2H_2O \rightarrow Mg(OH)_2 + H_2 \uparrow$$

② 금속분 : 물과 작용하면 **수소(H_2)를 발생**
③ **제4류 위험물(인화성 액체) : 연소면이 확대**
④ 무기과산화물(과산화칼륨, 과산화나트륨 등) : 산소발생

6) 위험물 운반용기에 수납하는 경우 위험물에 따른 주의사항 표시

제1류 위험물	알칼리금속의 과산화물	화기·충격주의, 물기엄금 및 가연물접촉주의
	그 밖	화기·충격주의 및 가연물접촉주의
제2류 위험물	철분·금속분·마그네슘	화기주의 및 물기엄금
	인화성고체	화기엄금
	그 밖	화기주의
제3류 위험물	자연발화성물질	화기엄금 및 공기접촉엄금
	금수성물질	물기엄금
제4류 위험물	화기엄금	
제5류 위험물	화기엄금, 충격주의	
제6류 위험물	가연물접촉주의	

05. 소방안전관리

1) 공간적 대응(수동적 방화)

구분	내용
대항성	건축물의 내화성능, 방화구획 성능, 화재방어 대응성, 방연성능, 배연성능, 초기소화 대응력
회피성	난연화, 불연화, 내장재 제한, 방화훈련 등 화재예방 방안
도피성	피난, 부지 및 도로 등

2) 건축물의 기본 방재계획

구 분	내 용
부지선정 및 배치계획	소화활동이나 구조 활동에 대한 충분한 부지내의 통로 및 공간 확보
평면계획	수평적 화재확대방지를 위한 면적별 방화구획, 조닝(zoning), 안전구획 등
단면계획	건물 내 계단 등 수직통로를 통한 상층부로의 화재확대 방지를 위한 수직방화구획, 피난안전구역
입면계획	**건물 외벽을 통한 상층부로의 화재확대 방지를 위한 계획**
재료계획	내장재, 외장재, 내부 마감재 등은 화재예방 및 연소확대 방지를 위하여 불연성능과 내화성능을 확보

3) 화재하중

화재구획에서의 단위 면적당 등가 가연물량[kg/m²]

$$Q = \frac{\sum(G \times H)}{H_0 \cdot A} = \frac{\sum(G \times H)}{4,500 A} \; [\text{kg/m}^2]$$

여기서, Q : 화재하중[kg/m²]
       G : 가연물중량[kg]
       H : 가연물의 단위발열량[kcal/kg]
       H_0 : 목재의 단위발열량 =4,500[kcal/kg]
       A : 화재구획의 바닥면적[m²]

---

06. 소화론 및 소화약제

1) 열량정리

구분	열량
기화(증발)잠열	539[cal/g]
융해잠열	80[cal/g]
100℃의 물 1g이 100℃의 수증기로 되는데 필요한 열량	539[cal/g]
0℃의 물 1g이 100℃의 수증기로 되는데 필요한 열량	639[cal/g]

2) 이산화탄소의 물성

구 분	비 고
분 자 량	44
증기비중	1.52
삼 중 점	−56.3 ℃
임계온도	31.3 ℃
임계압력	72.9 atm
승 화 점	−78.5 ℃

이산화탄소의 농도의 계산

$$CO_2(\%) = \frac{21 - O_2}{21} \times 100 \text{ (단, } O_2 : \text{한계산소농도(\%))}$$

3) 포소화설비

① 팽창비 : 최종 발생한 포 체적을 원래 포 수용액 체적으로 나눈 값

$$\text{팽창비} = \frac{\text{최종 발생한 포체적}}{\text{원래 포수용액의 체적}}$$

② 고발포 : 팽창비 80~1,000배 미만
    ㉮ 제 1종 기계포 : 80~250배 미만
    ㉯ 제 2종 기계포 : 250~500배 미만
    ㉰ 제 3종 기계포 : 500~1,000배 미만

③ 저발포 : 팽창비가 20배 이하

4) 할론 소화약제

할로겐화합물	화학식	상온·상압에서 상태	C	F	Cl	Br
Halon 1301	CF_3Br	기체상태	1	3	0	1
Halon 1211	CF_2ClBr		1	2	1	1
Halon 2402	$C_2F_4Br_2$	액체상태	2	4	0	2
Halon 104	CCl_4		1	0	4	−

5) 분말소화약제의 성상

종 별	주성분	화학식	착색	적응화재
제1종	탄산수소나트륨(중탄산나트륨)	$NaHCO_3$	백색	BC급
제2종	탄산수소칼륨(중탄산칼륨)	$KHCO_3$	담회색	BC급
제3종	인산염(제1인산암모늄)	$NH_4H_2PO_4$	담홍색(또는 황색)	ABC급
제4종	탄산수소칼륨+요소	$KHCO_3+(NH_2)_2CO$	회색	BC급

6) 할로겐화합물 및 불활성 기체 소화약제

① 할로겐화합물

소화약제	최대허용 설계농도(%)	화학식
퍼플루오로 부탄(FC-3-1-10)	40	C_4F_{10}
하이드로클로로 플루오로카본혼화제 (HCFC BLEND A)	10	HCFC-123($CHCl_2CF_3$) : 4.75% HCFC-22($CHClF_2$) : 82% HCFC-124($CHClFCF_3$) : 9.5% $C_{10}H_{16}$: 3.75%
클로로테트라플루오르에탄 (HCFC-124)	1	$CHClFCF_3$
펜타플루오로에탄 (HFC-125)	11.5	CHF_2CF_3
헵타플루오로프로판(HFC-227ea)	10.5	CF_3CHFCF_3
트리플루오로메탄(HFC-23)	30	CHF_3
헥사플루오로프로판(HFC-236fa)	12.5	$CF_3CH_2CF_3$
트리플루오로이오다이드(FIC-13I1)	0.3	CF_3I
도데카플루오로-2-메틸 펜탄-3-원(FK-5-1-12)	10	$CF_3CF_2C(O)CF(CF_3)_2$

② 불활성기체

소화약제	품명	화학식	최대허용 설계농도(%)
(IG-01)	Argon	Ar	43
(IG-100)	Nitrogen	N_2	
(IG-541)	Inergen	N_2 : 52%, Ar : 40%, CO_2 : 8%	
(IG-55)	Argonite	N_2 : 50%, Ar : 50%	

③ 방출시간

최소설계농도에 도달하는데 필요한 약제량의 95 %를 노즐로부터 방출하는데 필요한 시간이다.
- ▶ 불활성기체 소화약제 : A, C급 2분 이내, B급 1분 이내
- ▶ **할로겐화합물 소화약제 : 10초 이내**

소방전기일반

01. 직류회로

1) 저항의 직병렬 접속

직렬접속	병렬접속
합성전압(전전압): $V = IR_T = V_1 + V_2$ 합성전류(전전류): $I = \dfrac{V}{R_T} = \dfrac{V}{R_1 + R_2}$ 합성저항: $R_T = R_1 + R_2$ 분압법칙: ① $V_1 = \dfrac{R_1}{R_1 + R_2} \times V$ ② $V_2 = \dfrac{R_2}{R_1 + R_2} \times V$	합성전압(전전압): $V = IR_T = V_1 = V_2$ 합성전류(전전류): $I = \dfrac{V}{R_T} = I_1 + I_2$ 합성저항: $R_T = \dfrac{1}{\dfrac{1}{R_1} + \dfrac{1}{R_2}} = \dfrac{R_1 \times R_2}{R_1 + R_2}$ 분류법칙: ① $I_1 = \dfrac{R_2}{R_1 + R_2} \times I$ ② $I_2 = \dfrac{R_1}{R_1 + R_2} \times I$

2) 전력계산

전력 $P = \dfrac{W}{t} = VI = I^2 R = \dfrac{V^2}{R}$ [W]

여기서, W : 전력량[W·s], t : 시간[s],
V : 전압[V], I : 전류[A], R : 저항[Ω]

3) 열량의 계산

$$H = 0.24 \times Pt = 0.24 \times VIt = 0.24 \times I^2 Rt$$
$$= 0.24 \times \frac{V^2}{R} t \, [\text{cal}] = mc\triangle t = mc(t_2 - t_1)$$

여기서, P : 전력[W]
t : 시간[s]
m : 질량[g]
c : 비열[cal/g·℃](물의 비열은 1이다.)
t_1 : 처음온도[℃]
t_2 : 나중온도[℃]

4) 열전효과

① 제어백(seebeck) 효과 : **두 종류의 금속**을 접속하여 폐회로를 만들고 두 접속점에 **온도의 차이**를 주면 기전력이 발생하여 전류가 흐르는 현상
② 펠티에(peltier) 효과: **두 종류의 금속**의 접속점에 **전류**를 흘리면 열의 흡수 또는 발생이 나타나는 현상
③ 톰슨효과 : 동일한 금속에 온도차를 주고 전류의 차를 주면 열의 흡수·발생이 나타나는 현상

5) 알칼리축전지와 연축전지의 비교

구 분	연 축전지	알칼리 축전지
공칭전압	2[V/cell]	1.2[V/cell]
방전시간율	10[h]	5[h]
방전종지전압	1.6V	0.96V
기전력	2.05~2.08[V/cell]	1.32[V/cell]

02. 정전용량과 자기회로

1) 콘덴서의 접속

직렬접속	병렬접속
① 합성 정전용량 $$C = \dfrac{1}{\dfrac{1}{C_1}+\dfrac{1}{C_2}} = \dfrac{C_1 C_2}{C_1+C_2}$$ ② 분압법칙 $$V_1 = \dfrac{C_2}{C_1+C_2} \times V$$ $$V_2 = \dfrac{C_1}{C_1+C_2} \times V$$	① 합성 정전용량 $$C = C_1 + C_2$$ ② 전기량 분배법칙 $$Q_1 = \dfrac{C_1}{C_1+C_2} \times Q$$ $$Q_2 = \dfrac{C_2}{C_1+C_2} \times Q$$

2) 정전에너지(콘덴서에 저장되는 에너지)

$$W = \frac{1}{2}CV^2 = \frac{1}{2}QV = \frac{Q^2}{2C} \;[\text{J}]$$

여기서, W : 콘덴서에 저장되는 에너지[J], C : 정전용량[F]
V : 콘덴서에 가해지는 전압[V], Q : 전하량[C]

3) 평행판 콘덴서의 정전용량

$$C = \frac{\varepsilon S}{d} = \frac{\varepsilon_0 \varepsilon_s \times S}{d} \;[\text{F}]$$

여기서, ε : 유전율[F/m]
S : 면적[m²]
d : 극판의 간격[m]

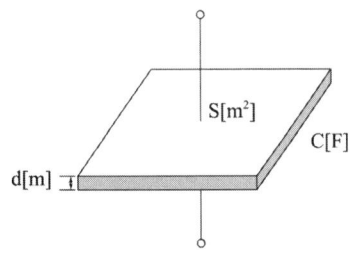

4) 전계의 세기

① 무한 평판(또는 무한 평면) 도체의 전계

전계의 세기 $E = \dfrac{\sigma}{2\varepsilon_0}$ [V/m]

σ : 면 전하밀도[C/m^2]

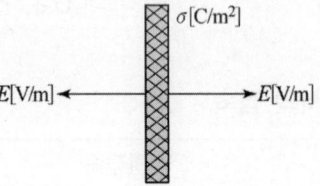

② 도체 표면에서의 전계

전계의 세기 $E = \dfrac{\sigma}{\varepsilon_0}$ [V/m]

σ : 면 전하밀도[C/m^2]

5) 전류에 의한 자계의 세기

① 무한장 직선 전류에 의한 자계의 세기
전류(I)에 비례하고 거리(r)에 반비례한다.

$H = \dfrac{I}{2\pi r}$

여기서, I : 전류[A]
       r : 거리[m]

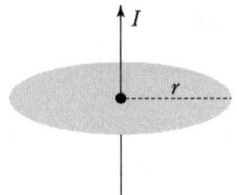

② 원형코일 중심자계의 세기

$H = \dfrac{N \times I}{2a}$

여기서, N : 권수
       I : 전류[A]
       a : 반지름[m]

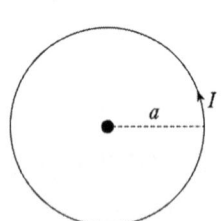

③ 원주상 중심자계

$H = \dfrac{I\theta}{4\pi r}$

여기서, I : 전류[A]
       r : 반지름[m]

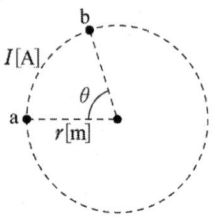

④ 정삼각형 중심자계

$$H = \frac{9I}{2\pi l}$$

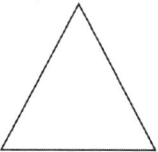

여기서, I : 전류[A]
l : 한 변의 길이[m]

⑤ 정사각형(정방형) 중심자계

$$H = \frac{2\sqrt{2}\,I}{\pi l}$$

여기서, I : 전류[A]
l : 한 변의 길이[m]

6) 두 평행도선에 작용하는 힘

전류가 동일방향 : 흡인력, 전류가 반대방향 : 반발력

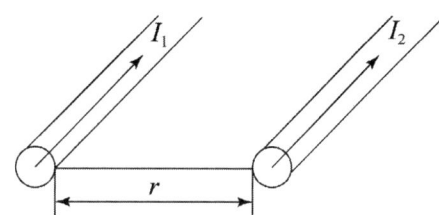

힘 $F = \dfrac{\mu_0 I_1 I_2}{2\pi r} = \dfrac{2I_1 I_2}{r} \times 10^{-7}$ [N/m]

여기서, μ_0 : 진공중의 투자율[H/m]($= 4\pi \times 10^{-7}$)
r : 두 도선 사이의 거리[m]
$I_1,\ I_2$: 전류[A]

7) 결합계수

$$\text{결합계수 } k = \frac{M}{\sqrt{L_1 L_2}}$$

여기서, k : 결합계수(이상결합인 경우 $k=1$)
M : 상호인덕턴스[H]
$L_1 L_2$: 자기인덕턴스[H]

8) 자계 축적에너지(코일에 저장되는 에너지)

$$W = \frac{1}{2}LI^2[\text{J}], \quad \text{전류 } I = \sqrt{\frac{2W}{L}}[\text{A}]$$

여기서, L : 인덕턴스 [H]
I : 전류 [A]

9) 법칙정리
① 앙페르의 오른손 법칙 : 전류에 의하여 발생하는 자계의 회전방향
② 비오-사바르의 법칙 : 전류에 의해 발생하는 **자계의 크기**를 결정
③ 플레밍의 오른손 법칙 : **발전기**의 기본 원리
④ 플레밍의 왼손 법칙 : **전동기**의 기본 원리
⑤ 렌츠의 법칙 : 전자유도 현상에서 코일에 생기는 **유도기전력의 방향**을 결정
⑥ 패러데이의 법칙 : **유도기전력의 크기**를 결정

10) 인덕턴스의 접속
① 가동결합(가극성) : 합성인덕턴스 $L = L_1 + L_2 + 2M$
② 차동결합(감극성) : 합성인덕턴스 $L = L_1 + L_2 - 2M$

---

03. 교류회로

1) 파형률과 파고율

파형률	파고율
$\dfrac{실효값}{평균값}$	$\dfrac{최대값}{실효값}$

2) 파형에 따른 실효값, 평균값

구분	파형	실효값	평균값	파형률	파고율
정현파	(정현파 파형)	$\dfrac{최댓값}{\sqrt{2}}$	$\dfrac{2}{\pi} \times 최댓값$	1.11	$\sqrt{2}$

구분	파형	실효값	평균값	파형률	파고율
반파정류		$\dfrac{최댓값}{2}$	$\dfrac{1}{\pi} \times 최댓값$	1.57	2
구형파		최댓값	최댓값	1	1
구형반파		$\dfrac{최댓값}{\sqrt{2}}$	$\dfrac{최댓값}{2}$	1.414	$\sqrt{2}$
삼각파		$\dfrac{최댓값}{\sqrt{3}}$	$\dfrac{최댓값}{2}$	1.155	$\sqrt{3}$

3) 임피던스의 계산

① 크기 $Z = \sqrt{R^2 + X^2}$

② 위상 $\theta = \pm \tan^{-1} \dfrac{X}{R}$

③ 저항 $R = \sqrt{Z^2 - X^2}$

④ 리액턴스 $X = \sqrt{Z^2 - R^2}$

⑤ 역률 $\cos\theta = \dfrac{R}{Z}$

⑥ 무효율 $\sin\theta = \dfrac{X}{Z}$

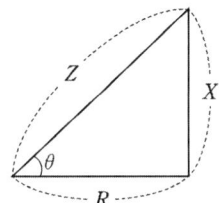

4) 최대전력 전송(저항부하)

최대전력 전송조건	최대전력
부하저항(R_L) = 전원의 내부저항(r) 전원 —(r)— R_L	$P_{\max} = \dfrac{V^2}{4R_L}$ (R_L : 부하저항, V : 전압)

5) 주요회로의 시정수

구분	RL	RC
시정수	$\tau = \dfrac{L}{R}$	$\tau = RC$

6) 3상 Y결선 (성형결선, 스타결선)

선간전압의 계산

$$V_\ell = \sqrt{3} \times V_p = \sqrt{3} \times I_p \times Z \,[\text{V}]$$

여기서, V_P : 상전압[V]

I_P : 상전류[A]

Z : 임피던스[Ω]

선전류(부하전류, 정격전류)

$$I_\ell = I_p = \frac{V_p}{Z} = \frac{V_\ell}{\sqrt{3} \times Z} \,[\text{A}]$$

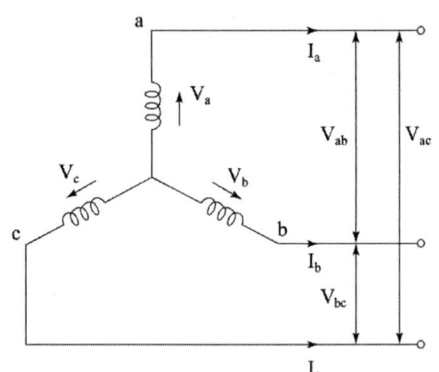

7) 3상 △결선(델타 결선)

선간전압의 계산

$$V_\ell = V_p = I_p \times Z \,[\text{V}]$$

여기서, V_P : 상전압[V]

I_P : 상전류[A]

Z : 임피던스[Ω]

선전류(부하전류, 정격전류)

$$I_\ell = \sqrt{3}\, I_p = \sqrt{3} \times \frac{V_p}{Z}$$
$$= \sqrt{3} \times \frac{V_\ell}{Z} \,[\text{A}]$$

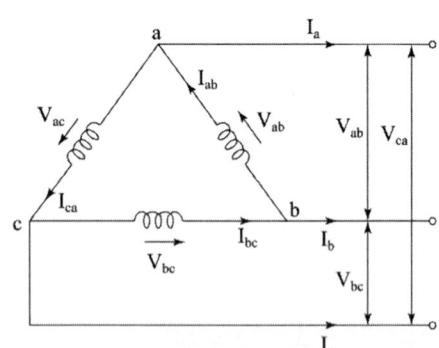

8) V결선의 주요특성

출력	V결선 시의 이용률	고장전의 출력비
$P_v = \sqrt{3} \times P = \sqrt{3}\, VI$	$\dfrac{\sqrt{3}\, P}{2P} = 0.866$	$\dfrac{\sqrt{3}\, P}{3P} = 0.577 = \dfrac{1}{\sqrt{3}}$

9) Y ↔ △ 등가변환

구분	임피던스	저항	선전류	유효전력
Y → △	3	3	3	3
△ → Y	$\frac{1}{3}$	$\frac{1}{3}$	$\frac{1}{3}$	$\frac{1}{3}$

10) 비정현파(왜형파) 교류

① 비정현파 : 직류분+기본파+고조파

② 비정현파의 실효값 : 각 고조파의 실효값의 제곱의 합의 제곱근

③ 왜형률 = $\dfrac{전고조파의\ 실효값}{기본파\ 실효값}$

④ 푸리에 분석 : 무수히 많은 주파수 신호의 합성

11) 역률

$$\cos\theta = \frac{P(유효전력)}{P_a(피상전력)}, \quad \cos\theta = \frac{P(유효전력)}{V(전압) \times I(전류)}$$

04. 전기기기

1) 유도(유기)기전력

$$E = \frac{PZ}{a}\phi\frac{N}{60} = K\phi N$$

여기서, Z : 전기자 도체수, ϕ : 극당 자속수[Wb]

N : 회전속도[rpm], K : 비례 상수($K = \dfrac{PZ}{60a}$)

P : 극 수, a : 병렬회로 수

2) 변압기

① 변압기(transformer)의 원리 : 전자유도작용

② 권수비(권선비) $a = n = \dfrac{E_1}{E_2} = \dfrac{V_1}{V_2} = \dfrac{I_2}{I_1} = \dfrac{N_1}{N_2} = \sqrt{\dfrac{Z_1}{Z_2}}$

여기서, V_1, V_2 : 정격 1차 전압, 정격 2차 전압[V]
I_1, I_2 : 정격 1차 전류, 정격 2차 전류[A]
N_1, N_2 : 1차 권수, 2차 권수
Z_1, Z_2 : 1차 임피던스, 2차 임피던스[Ω]

③ 변류기(CT : Current Transformer)
- 2차측 정격전류 : 5[A]
- 점검 시 : CT 2차측 단락 → 2차측 절연보호
- 용도 : 대전류를 소전류로 변환

④ 변압기 내부고장 검출용 : 비율 차동 계전기
⑤ 브흐흘쯔 계전기 : 절연유의 온도상승으로 인해 발생하는 유증기를 검출하여 경보

3) 동기발전기의 병렬운전 조건
① 기전력의 크기가 같을 것
② 기전력의 위상이 같을 것
③ 기전력의 주파수가 같을 것
④ 기전력의 파형이 같을 것

4) 유도전동기의 동기속도, 슬립 및 회전속도

① 동기속도 $N_s = \dfrac{120}{P}f$ (여기서, f : 주파수[Hz], P : 극수)

② 회전속도 $N = (1-s)N_s$ (여기서, N_s : 동기속도[rpm], s : 슬립)

③ 슬립(slip) $s = \dfrac{N_s - N}{N_s} \times 100[\%]$

N_s : 동기속도[rpm], N : 회전속도[rpm]

④ 슬립의 범위
- 유도전동기 : $0 < s < 1$
- 유도발전기 : $-1 < s < 0$
- 유도제동기 : $1 < s < 2$
- 전동기 정지 상태, 기동 시(슬립이 가장 크다.) : $s = 1$
- 전동기가 동기속도로 회전($N = N_s$), 무부하시 : $s = 0$

5) 단상유도전동기 기동법
① 반발기동형 : 기동토크가 가장 크다.
② 반발유도형

③ 콘덴서기동형
④ 분상기동형
⑤ 세이딩코일형
⑥ **기동토크가 큰 순서** : ① > ② > ③ > ④ > ⑤

6) 단상 정류회로

① 단상반파 정류회로

1) 직류전압 $E_d = \dfrac{\sqrt{2}}{\pi}E - e = 0.45E - e$

2) 직류전류 $I_d = 0.45I = \dfrac{E_d}{R} = 0.45\dfrac{E}{R}$ [A]

I : 교류전류[A], R : 저항[Ω]
E : 교류전압[V], e : 전압강하[V]

3) 최대 역전압(역방향 최대전압)

$PIV = \sqrt{2}E = \pi \times E_d$

여기서, E_d : 직류전압[V]

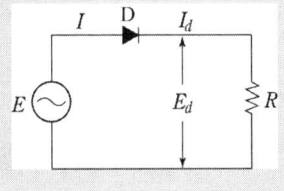

② 단상전파(또는 브리지정류) 정류회로

1) 직류전압 $E_d = \dfrac{2\sqrt{2}}{\pi}E - e = 0.9E - e$

2) 직류전류 $I_d = 0.9I = \dfrac{E_d}{R} = 0.9\dfrac{E}{R}$ [A]

3) 최대 역전압(역방향 최대전압)
전파정류회로 $PIV = 2\sqrt{2}E = \pi \times E_d$
브리지정류회로 $PIV = \sqrt{2}E = \pi \times E_d$

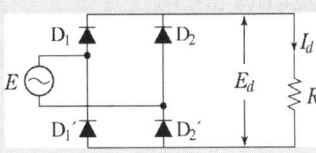

7) 전동기의 출력

$$P = \dfrac{0.163HQK}{\eta} \text{ [kW]}$$

여기서, P : 전동기 용량 [kW]
K : 전달계수
H : 전양정 [m]
Q : 토출량 [m³/min]

8) 맥동주파수, 맥동률 및 정류효율

구분	단상 반파	단상 전파	3상 반파	3상 전파
맥동 주파수 [Hz]	f	$2f$	$3f$	$6f$
	50	100	150	300
	60	120	180	360
맥동률 [%]	121	48	17	4
정류 효율 [%]	40.6	81.2	96.7	99.8

05. 전기계측

1) 오차율과 보정률

① 오차율 $= \dfrac{M-T}{T} \times 100[\%]$ (여기서, M : 지시값, T : 참값)

② 보정률 $= \dfrac{T-M}{M} \times 100[\%]$ (여기서, M : 지시값, T : 참값)

2) 배율기(Multiplier)

전압의 측정범위를 확대시키기 위하여 전압계와 직렬로 접속한 저항

$$R_m = (m-1) \times r_v [\Omega]$$

여기서, m : 배율($m = \dfrac{V}{V_a}$)

r_v : 전압계 내부저항[Ω]

V : 확대하고자 하는 전압[V]

V_a : 전압계 지시값[V]

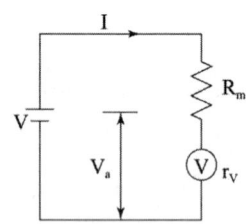

3) 분류기(Shunt)

전류계의 측정범위의 확대를 위해 전류계와 병렬로 연결한 저항

$$R_s = \dfrac{1}{(m-1)} \times r_a [\Omega]$$

여기서, m : 배율($m = \dfrac{I}{I_a} = 1 + \dfrac{r_a}{R_s}$)

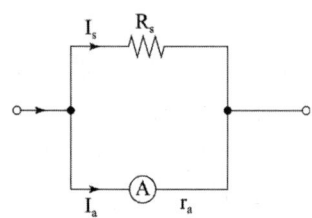

r_a : 전류계 내부저항[Ω]
I : 확대하고자 하는 전류[A]
I_a : 전류계 지시값[A]

4) 2전력계법

유효전력 $P = W_1 + W_2 \text{[W]}$

무효전력 $P_r = \sqrt{3}(W_1 - W_2)\text{[Var]}$

피상전력 $P_a = \sqrt{P^2 + P_r^2}\text{[VA]}$

역률 $\cos\theta = \dfrac{P}{P_a} = \dfrac{P}{\sqrt{P^2 + P_r^2}} = \dfrac{W_1 + W_2}{2 \times \sqrt{W_1^2 + W_2^2 - W_1 W_2}}$

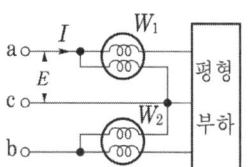

06. 자동제어의 기초

1) 제어요소의 특징

제어요소는 **조절부와 조작부로 구성, 동작신호를 받아 조작량으로 변환**
① 조절부 : 제어계가 작용을 하는데 필요한 신호를 만든다.
② 조작부 : 조절부로 받은 신호를 조작량으로 변환한다.
③ **조작량 : 제어요소가 제어 대상에 주는 제어 신호**

2) 제어량의 종류에 의한 분류

① 프로세스(공정) 제어 : 온도, 유량, 압력
② 서보기구 : 위치, 방위, 자세, 각도
③ 자동 조정 : 전압, 전류, 주파수 등 전기적, 기계적 양을 제어, 응답속도가 매우 빠르다.
④ 시퀀스 제어 : 정해진 순서에 따라 동작신호를 가했을 때 원하는 출력이 발생하는 회로

3) 변환요소

변환량	변환요소
압력 → 변위	다이어프램, 벨로우즈, 스프링
변위 → 압력	유압분사관, 노즐 플래퍼, 스프링
변위 → 전압	**차동변압기, 포텐셔미터, 전위차계**
온도 → 임피던스	**정온식감지선형 감지기**, 측온 저항(열선, 서미스터)
온도 → 전압	**열전대**

07. 시퀀스 제어회로

1) 무접점 논리회로

회 로	유접점	무접점	논리회로	진리표
AND (논리곱) 회로			$X = A \cdot B$	A B X 0 0 0 0 1 0 1 0 0 1 1 1
OR (논리합) 회로			$X = A + B$	A B X 0 0 0 0 1 1 1 0 1 1 1 1
NAND (부정논리곱) 회로			$X = \overline{A \cdot B}$	A B X 0 0 1 0 1 1 1 0 1 1 1 0

2) 드모르간의 법칙, 기본정리

드모르간의 법칙	기본정리
① $\overline{A \cdot B} = \overline{A} + \overline{B}$ ② $\overline{A + B} = \overline{A} \cdot \overline{B}$	① $A + AB = A$ ② $\overline{A} + AB = \overline{A} + B$ ③ $A + \overline{A}B = A + B$

08. 전자회로

1) **바리스터**(varistor) : 전기접점의 **불꽃을 소거**하거나 반도체 정류기 등을 서지전압으로부터 보호하는데 사용
2) **서미스터**(thermistor) : **온도가 높아지면 저항값이 감소**하는 부저항온도계수(負抵抗溫度係數)의 특성

구분	내용
인버터(역변환 장치)	**직류를 교류로 변환**(DC → AC) 반도체 사이리스터에 의한 전동기의 속도 제어 중 주파수 제어
컨버터(순변환 장치)	교류를 직류로 변환(AC → DC)
초퍼형 인버터	직류전압을 직접 제어 직류-직류 전압 제어장치

소방관계법규

01. 용어정의

소방 기본법	소방대상물 ★★★	건축물, 차량, 선박(**항구에 매어둔 선박만 해당**한다), 선박 건조 구조물, 산림, 인공 구조물 또는 물건
	관계지역	소방대상물이 있는 장소 및 그 이웃 지역으로서 화재의 예방·경계·진압, 구조·구급 등의 활동에 필요한 지역
	관계인	소방대상물의 **소유자·관리자 또는 점유자**
	소방본부장 ★	특별시·광역시·특별자치시·도 또는 특별자치도(이하 "시·도"라 한다)에서 화재의 예방·경계·진압·조사 및 구조·구급 등의 업무를 담당하는 부서의 장
	소방대 ★	화재를 진압하고 화재, 재난·재해, 그 밖의 위급한 상황에서 구조·구급 활동 등을 하기 위하여 구성된 조직체 : **소방공무원, 의무소방원, 의용소방대원**
	소방대장 ★★	소방본부장 또는 소방서장 등 화재, 재난·재해, 그 밖의 위급한 상황이 발생한 현장에서 소방대를 지휘하는 사람
소방 시설법	소방시설	소화설비, 경보설비, 피난구조설비, 소화용수설비, 소화활동설비, 그 밖에 소화활동설비로서 대통령령으로 정하는 것
	특정소방대상물	건축물 등의 **규모·용도 및 수용인원** 등을 고려하여 소방시설을 설치하여야 하는 소방대상물로서 대통령령으로 정하는 것
	소방용품	소방시설등을 구성하거나 소방용으로 사용되는 제품 또는 기기로서 대통령령으로 정하는 것
	무창층(無窓層) ★★★	지상층 중 다음 각 목의 요건을 모두 갖춘 개구부(건축물에서 채광·환기·통풍 또는 출입 등을 위하여 만든 창·출입구, 그 밖에 이와 비슷한 것을 말한다)의 면적의 합계가 해당 층의 바닥면적의 **30분의 1 이하**가 되는 층을 말한다. 가. 크기는 지름 **50센티미터** 이상의 원이 내접(內接)할 수 있는 크기일 것 나. 해당 층의 바닥면으로부터 개구부 밑부분까지의 높이가 **1.2미터** 이내일 것 다. 도로 또는 차량이 진입할 수 있는 빈터를 향할 것 라. 화재 시 건축물로부터 쉽게 피난할 수 있도록 창살이나 그 밖의 장애물이 설치되지 아니할 것 마. 내부 또는 외부에서 쉽게 부수거나 열 수 있을 것

	구분	내용
위험물 안전 관리법	피난층	곧바로 지상으로 갈 수 있는 출입구가 있는 층
	위험물 ★★	인화성 또는 발화성 등의 성질을 가지는 것으로서 대통령령이 정하는 물품
	지정수량 ★★	위험물의 종류별로 위험성을 고려하여 대통령령이 정하는 수량으로서 제조소등의 설치허가 등에 있어서 최저의 기준이 되는 수량
	제조소등	제조소·저장소 및 취급소
	제조소	위험물을 제조할 목적으로 지정수량 이상의 위험물을 취급하기 위하여 허가를 받은 장소
	저장소	지정수량 이상의 위험물을 저장하기 위한 대통령령이 정하는 장소로서 허가를 받은 장소
	취급소	지정수량 이상의 위험물을 제조외의 목적으로 취급하기 위한 대통령령이 정하는 장소로서 허가를 받은 장소를 말한다.
	적용제외 ★★★	항공기·선박·철도 및 궤도에 의한 위험물의 저장·취급 및 운반

02. 벌칙

1) 소방기본법

구분	내용
5년 이하의 징역 또는 5천만원 이하의 벌금 ★★★	1. 제16조제2항을 위반하여 다음 각 목의 어느 하나에 해당하는 행위를 한 사람 　가. 위력(威力)을 사용하여 출동한 소방대의 화재진압·인명구조 또는 구급활동을 방해하는 행위 　나. 소방대가 화재진압·인명구조 또는 구급활동을 위하여 현장에 출동하거나 현장에 출입하는 것을 고의로 방해하는 행위 　다. 출동한 소방대원에게 폭행 또는 협박을 행사하여 화재진압·인명구조 또는 구급활동을 방해하는 행위 　라. 출동한 소방대의 소방장비를 파손하거나 그 효용을 해하여 화재진압·인명구조 또는 구급활동을 방해하는 행위 2. 제21조제1항을 위반하여 소방자동차의 출동을 방해한 사람 [제21조제1항] ① 모든 차와 사람은 소방자동차(지휘를 위한 자동차와 구조·구급차를 포함한다. 이하 같다)가 화재진압 및 구조·구급 활동을 위하여 출동을 할 때에는 이를 방해하여서는 아니 된다. 3. 제24조제1항에 따른 사람을 구출하는 일 또는 불을 끄거나 불이 번지지 아니하도록 하는 일을 방해한 사람 4. 제28조를 위반하여 정당한 사유 없이 소방용수시설 또는 비상소화장치를 사용하거나 소방용수시설 또는 비상소화장치의 효용을 해치거나 그 정당한 사용을 방해한 사람

2) 화재예방법

구분	내용
3년 이하의 징역 또는 3천만원 이하의 벌금 ★★★	1. 제14조제1항 및 제2항(화재안전조사 결과에 따른 조치명령)에 따른 조치명령을 정당한 사유 없이 위반한 자 2. 제28조제1항 및 제2항(소방안전관리자 선임명령)에 따른 명령을 정당한 사유 없이 위반한 자 3. 제41조제5항(화재예방안전진단)에 따른 보수·보강 등의 조치명령을 정당한 사유 없이 위반한 자 4. 거짓이나 그 밖의 부정한 방법으로 제42조제1항(화재예방안전진단기관)에 따른 진단기관으로 지정을 받은 자
1년 이하의 징역 또는 1천만원 이하의 벌금 ★★★	1. 제12조제2항을 위반하여 관계인의 정당한 업무를 방해하거나, 조사업무를 수행하면서 취득한 자료나 알게 된 비밀을 다른 사람 또는 기관에게 제공 또는 누설하거나 목적 외의 용도로 사용한 자 2. 제30조제4항을 위반하여 자격증을 다른 사람에게 빌려 주거나 빌리거나 이를 알선한 자 3. 제41조제1항을 위반하여 진단기관으로부터 화재예방안전진단을 받지 아니한 자

3) 소방시설법

구분	내용
10년 이하의 징역 또는 1억원 이하의 벌금 ★★★	특정소방대상물의 관계인이 소방시설을 유지·관리할 때 소방시설의 기능과 성능에 지장을 줄 수 있는 폐쇄(잠금을 포함)·차단 등의 행위를 하여 사망에 이르게 한 때
7년 이하의 징역 또는 7천만원 이하의 벌금 ★★★	특정소방대상물의 관계인이 소방시설을 유지·관리할 때 소방시설의 기능과 성능에 지장을 줄 수 있는 폐쇄(잠금을 포함)·차단 등의 행위를 하여 사람을 상해에 이르게 한 때
5년 이하의 징역 또는 5천만원 이하의 벌금 ★★★	특정소방대상물의 관계인이 소방시설을 유지·관리할 때 소방시설의 기능과 성능에 지장을 줄 수 있는 폐쇄(잠금을 포함)·차단 등의 행위를 한 때

4) 소방시설공사업법

구분	내용
3년 이하의 징역 또는 3천만원 이하의 벌금 ★★★	1. 소방시설업 등록을 하지 아니하고 영업을 한 자 2. 부정한 청탁을 받고 재물 또는 재산상의 이익을 취득하거나 부정한 청탁을 하면서 재물 또는 재산상의 이익을 제공한 자

5) 위험물안전관리법

구분	내용
1년 이상 10년 이하의 징역 ★★★	제조소등 또는 허가를 받지 않고 지정수량 이상의 위험물을 저장 또는 취급하는 장소에서 위험물을 유출·방출 또는 확산시켜 사람의 생명·신체 또는 재산에 대하여 위험을 발생시킨 자
무기 또는 3년 이상의 징역 ★★★	제조소등 또는 허가를 받지 않고 지정수량 이상의 위험물을 저장 또는 취급하는 장소에서 위험물을 유출·방출 또는 확산시켜 **사람을 상해(傷害)에 이르게 한 때**
무기 또는 5년 이상의 징역 ★★★	제조소등 또는 허가를 받지 않고 지정수량 이상의 위험물을 저장 또는 취급하는 장소에서 위험물을 유출·방출 또는 확산시켜 **사람을 사망에 이르게 한 때**
7년 이하의 금고 또는 7천만원 이하의 벌금 ★★★	업무상 과실로 제조소등 또는 허가를 받지 않고 지정수량 이상의 위험물을 저장 또는 취급하는 장소에서 위험물을 유출·방출 또는 확산시켜 사람의 생명·신체 또는 재산에 대하여 위험을 발생시킨 자
10년 이하의 징역 또는 금고나 1억원 이하의 벌금	업무상 과실로 제조소등 또는 허가를 받지 않고 지정수량 이상의 위험물을 저장 또는 취급하는 장소에서 위험물을 유출·방출 또는 확산시켜 사람을 사상(死傷)에 이르게 한 자
5년 이하의 징역 또는 1억원 이하의 벌금	**제조소등의 설치허가를 받지 아니하고 제조소등을 설치한 자**
3년 이하의 징역 또는 3천만원 이하의 벌금	저장소 또는 제조소등이 아닌 장소에서 지정수량 이상의 위험물을 저장 또는 취급한 자
500만원 이하의 과태료	1. 제19조의2제1항(누구든지 제조소등에서는 지정된 장소가 아닌 곳에서 흡연을 하여서는 아니 된다.)을 위반하여 **흡연한 자** 2. **예방규정**을 준수하지 아니한 자

03. 종합상황실 실장의 보고업무

소방서의 종합상황실 → 소방본부의 종합상황실 → 소방청의 종합상황실에 각각 보고

1. 다음 각목의 1에 해당하는 화재
  가. 사망자가 **5인** 이상 발생하거나 사상자가 **10인** 이상 발생한 화재
  나. 이재민이 **100인** 이상 발생한 화재
  다. 재산피해액이 **50억원** 이상 발생한 화재
  라. 관공서·학교·정부미도정공장·문화재·지하철 또는 지하구의 화재
  마. 관광호텔, 층수가 **11층** 이상인 건축물, 지하상가, 시장, 백화점, 지정수량의 **3천배** 이상의 위험물의 제조소·저장소·취급소, 층수가 **5층** 이상이거나 객실이 **30실** 이상인 숙박시설, 층수가 **5층** 이상이거나 병상이 **30개** 이상인 종합병원·정신병원·한방병

원·요양소, 연면적 **1만5천제곱미터** 이상인 공장 또는 소방기본법 시행령에 따른 화재경계지구에서 발생한 화재
　바. 철도차량, 항구에 매어둔 총 톤수가 **1천톤** 이상인 선박, 항공기, 발전소 또는 변전소에서 발생한 화재
　사. 가스 및 화약류의 폭발에 의한 화재
　아. 다중이용업소의 화재
2. 통제단장의 현장지휘가 필요한 재난상황
3. 언론에 보도된 재난상황
4. 그 밖에 소방청장이 정하는 재난상황

04. 성능위주설계

성능위주설계	특정소방대상물(신축하는 것만 해당한다)에 소방시설을 설치하려는 자는 그 용도, 위치, 구조, 수용 인원, 가연물(可燃物)의 종류 및 양 등을 고려하여 설계
성능위주설계를 해야 하는 특정소방대상물의 범위	1. 연면적 20만제곱미터 이상인 특정소방대상물. 다만, 아파트등(이하 "아파트등"이라 한다)은 제외한다. 2. 50층 이상(지하층은 제외한다)이거나 지상으로부터 높이가 200미터 이상인 아파트등 3. 30층 이상(지하층을 포함한다)이거나 지상으로부터 높이가 120미터 이상인 특정소방대상물(아파트등은 제외한다) 4. 연면적 3만제곱미터 이상인 특정소방대상물로서 다음 각 목의 어느 하나에 해당하는 특정소방대상물 　가. 철도 및 도시철도 시설 　나. 공항시설 5. 창고시설 중 연면적 10만제곱미터 이상인 것 또는 지하층의 층수가 2개 층 이상이고 지하층의 바닥면적의 합계가 3만제곱미터 이상인 것 6. 하나의 건축물에 영화상영관이 10개 이상인 특정소방대상물 7. 지하연계 복합건축물에 해당하는 특정소방대상물 8. 터널 중 수저(水底)터널 또는 길이가 5천미터 이상인 것

05. 소방용수시설의 설치 및 관리

소방용수시설의 종류	소화전(消火栓)·급수탑(給水塔)·저수조(貯水槽)
유지관리	**시·도지사** 다만, 「수도법」에 따라 소화전을 설치하는 일반수도사업자는 관할 소방서장과 사전 협의를 거친 후 소화전을 설치하여야 하며, 설치 사실을 관할 소방서장에게 통지하고, 그 소화전을 유지·관리

소방용수시설 설치기준	1. 공통기준(수평거리)
	  1) **주거지역, 상업지역, 공업지역 : 100미터** 이하
	  2) 기타 : 140미터 이하
	2. 소방용수시설별 설치기준
	  1) 소화전 연결금속구의 구경 : 65 mm
	  2) 급수탑 설치기준
	    ① 급수배관의 구경 : 100 mm 이상
	    ② **개폐밸브 : 지상에서 1.5~1.7 m 이하**
	  3) 저수조 설치기준
	    ① 지면으로부터 **낙차가 4.5 m 이하**
	    ② 흡수부분의 수심 : 0.5 m 이상
	    ③ 흡수관 투입구 : 사각형 또는 원형으로 한 변의 길이 또는 지름이 60 cm 이상
	    ④ 저수조에 물을 공급하는 방법 : 상수도에 연결하여 자동으로 급수되는 구조
	    ⑤ 소방펌프자동차가 쉽게 접근할 수 있도록 할 것
	    ⑥ 흡수에 지장이 없도록 토사 및 쓰레기 등을 제거할 수 있는 설비

06. 소방시설을 설치하지 않을 수 있는 특정소방대상물 및 소방시설의 범위

구분	특정소방대상물	소방시설
1. 화재 위험도가 낮은 특정소방대상물	석재, 불연성금속, 불연성 건축재료 등의 가공공장·기계조립공장 또는 불연성 물품을 저장하는 창고	옥외소화전 및 연결살수설비
2. 화재안전기준을 적용하기 어려운 특정소방대상물	펄프공장의 작업장, 음료수 공장의 세정 또는 충전을 하는 작업장, 그 밖에 이와 비슷한 용도로 사용하는 것	스프링클러설비, 상수도소화용수설비 및 연결살수설비
	정수장, 수영장, 목욕장, 농예·축산·어류양식용 시설, 그 밖에 이와 비슷한 용도로 사용되는 것	자동화재탐지설비, 상수도소화용수설비 및 연결살수설비
3. 화재안전기준을 달리 적용해야 하는 특수한 용도 또는 구조를 가진 특정소방대상물	원자력발전소, 중·저준위방사성폐기물의 저장시설	연결송수관설비 및 연결살수설비
4. 「위험물 안전관리법」 제19조에 따른 자체소방대가 설치된 특정소방대상물	자체소방대가 설치된 위험물 제조소 등에 부속된 사무실	옥내소화전설비, 소화용수설비, 연결살수설비 및 연결송수관설비

07. 특수가연물의 저장 및 취급기준

	품명		수량
특수가연물	면화류		200킬로그램 이상
	나무껍질 및 대팻밥		400킬로그램 이상
	넝마 및 종이부스러기		1,000킬로그램 이상
	사류(絲類)		1,000킬로그램 이상
	볏짚류		1,000킬로그램 이상
	가연성고체류		3,000킬로그램 이상
	석탄·목탄류		10,000킬로그램 이상
	가연성액체류		2세제곱미터 이상
	목재가공품 및 나무부스러기		10세제곱미터 이상
	합성수지류	발포시킨 것	20세제곱미터 이상
		그 밖의 것	3,000킬로그램 이상

특수가연물의 저장 및 취급기준

1. 특수가연물의 저장·취급 기준
   특수가연물은 다음 각 목의 기준에 따라 쌓아 저장해야 한다. 다만, **석탄·목탄류를 발전용(發電用)으로 저장하는 경우**는 제외한다.
   가. 품명별로 구분하여 쌓을 것
   나. 다음의 기준에 맞게 쌓을 것

구분	살수설비를 설치하거나 방사능력 범위에 해당 특수가연물이 포함되도록 대형수동식소화기를 설치하는 경우	그 밖의 경우
높이	15미터 이하	10미터 이하
쌓는 부분의 바닥면적	200제곱미터(석탄·목탄류의 경우에는 300제곱미터) 이하	50제곱미터(석탄·목탄류의 경우에는 200제곱미터) 이하

   다. 실외에 쌓아 저장하는 경우 쌓는 부분이 대지경계선, 도로 및 인접 건축물과 최소 **6미터 이상** 간격을 둘 것. 다만, 쌓는 높이보다 **0.9미터 이상** 높은 **내화구조 벽체**를 설치한 경우는 그렇지 않다.
   라. 실내에 쌓아 저장하는 경우 주요구조부는 **내화구조이면서 불연재료**여야 하고, 다른 종류의 특수가연물과 같은 공간에 보관하지 않을 것. 다만, 내화구조의 벽으로 분리하는 경우는 그렇지 않다.
   마. 쌓는 부분 바닥면적의 사이는 **실내의 경우 1.2미터 또는 쌓는 높이의 1/2 중 큰 값** 이상으로 간격을 두어야 하며, **실외의 경우 3미터 또는 쌓는 높이 중 큰 값 이상**으로 간격을 둘 것

08. 소방안전관리대상물

특급 소방안전관리 대상물	1) 50층 이상(지하층은 제외)이거나 지상으로부터 높이가 200미터 이상인 아파트 2) 30층 이상(지하층을 포함한다)이거나 지상으로부터 높이가 120미터 이상인 특정소방대상물(아파트는 제외) 3) 연면적이 10만제곱미터 이상인 특정소방대상물(아파트는 제외)
1급 소방안전관리 대상물	1) 30층 이상(지하층은 제외한다)이거나 지상으로부터 높이가 120미터 이상인 아파트 2) **연면적 1만5천제곱미터 이상**인 특정소방대상물(아파트 및 연립주택은 제외한다) 3) 2)에 해당하지 않는 특정소방대상물로서 **지상층의 층수가 11층 이상**인 특정소방대상물(아파트는 제외한다) 4) **가연성 가스를 1천톤 이상** 저장 · 취급하는 시설
2급 소방안전관리 대상물	다음의 어느 하나에 해당하는 것(제1호에 따른 특급 소방안전관리대상물 및 제2호에 따른 1급 소방안전관리대상물은 제외한다) 1) **옥내소화전설비, 스프링클러설비 또는 물분무등소화설비**[화재안전기준에 따라 호스릴(hose reel) 방식의 물분무등소화설비만을 설치할 수 있는 특정소방대상물은 **제외한다**]를 설치해야 하는 특정소방대상물 2) 가스 제조설비를 갖추고 도시가스사업의 허가를 받아야 하는 시설 또는 가연성 가스를 **100톤 이상 1천톤 미만** 저장 · 취급하는 시설 3) 지하구 4) 공동주택(옥내소화전설비 또는 스프링클러설비가 설치된 공동주택으로 한정한다) 5) 보물 또는 국보로 지정된 목조건축물
3급 소방안전관리 대상물	다음의 어느 하나에 해당하는 것(특급 소방안전관리대상물, 1급 소방안전관리대상물 및 2급 소방안전관리대상물은 제외한다) 1) 간이스프링클러설비(주택전용 간이스프링클러설비는 제외한다)를 설치해야 하는 특정소방대상물 2) **자동화재탐지설비**를 설치해야 하는 특정소방대상물

09. 시공

소방본부장 또는 소방서장	1. 착공신고 2. 완공검사
착공신고의 변경신고 사항	1. 시공자 2. 설치되는 소방시설의 종류 3. 책임시공 및 기술관리 소방기술자
착공신고 대상 중 3호(소방시설공사업법 시행령 제4조)	특정소방대상물에 설치된 소방시설등을 구성하는 다음 각 목의 어느 하나에 해당하는 것의 전부 또는 일부를 개설(改設), 이전(移轉) 또는 정비(整備)하는 공사. 다만, 고장 또는 파손 등으로 인하여 작동시킬 수 없는 소방시설을 긴급히 교체하거나 보수하여야 하는 경우에는 신고하지 않을 수 있다. 가. 수신반(受信盤) 나. 소화펌프 다. 동력(감시)제어반
하자보수 대상 소방시설과 하자보수 보증기간	2년 : 피난기구, 유도등, 유도표지, 비상경보설비, 비상조명등, 비상방송설비 및 무선통신보조설비 3년 : 자동소화장치, 옥내소화전설비, 스프링클러설비, 간이스프링클러설비, 물분무등소화설비, 옥외소화전설비, 자동화재탐지설비, 상수도소화용수설비 및 소화활동설비(무선통신보조설비는 제외)
하자보수 통보기한	3일

10. 강화된 기준 적용대상

강화된 기준 적용대상	1. 다음 각 목의 소방시설 중 대통령령 또는 화재안전기준으로 정하는 것 　가. 소화기구　　　　　　　나. 비상경보설비 　다. 자동화재탐지설비　　　라. 자동화재속보설비 　마. 피난구조설비 2. 다음 각 목의 특정소방대상물에 설치하는 소방시설 중 대통령령 또는 화재안전기준으로 정하는 것 　가. 공동구 　나. 전력 및 통신사업용 지하구 　다. 노유자(老幼者) 시설 　라. 의료시설

공동구	소화기, 자동소화장치, 자동화재탐지설비, 통합감시시설, 유도등 및 연소방지설비
전력 및 통신사업용 지하구	소화기, 자동소화장치, 자동화재탐지설비, 통합감시시설, 유도등 및 연소방지설비
노유자시설	간이스프링클러설비, 자동화재탐지설비 및 단독경보형감지기
의료시설	스프링클러설비, 간이스프링클러설비, 자동화재탐지설비 및 자동화재속보설비

11. 특정소방대상물(소방안전관리대상물은 제외한다)의 관계인과 소방안전관리대상물의 소방안전관리자의 업무

특정소방대상물의 관계인의 업무	소방안전관리대상물의 소방안전관리자의 업무
1. 제36조에 따른 피난계획에 관한 사항과 대통령령으로 정하는 사항이 포함된 소방계획서의 작성 및 시행 2. 자위소방대(自衛消防隊) 및 초기대응체계의 구성, 운영 및 교육 3. 「소방시설 설치 및 관리에 관한 법률」 제16조에 따른 피난시설, 방화구획 및 방화시설의 관리 4. 소방시설이나 그 밖의 소방 관련 시설의 관리 5. 제37조에 따른 소방훈련 및 교육 6. 화기(火氣) 취급의 감독 7. 행정안전부령으로 정하는 바에 따른 소방안전관리에 관한 업무수행에 관한 기록·유지(제3호·제4호 및 제6호의 업무를 말한다) 8. 화재발생 시 초기대응 9. 그 밖에 소방안전관리에 필요한 업무	1. 피난계획에 관한 사항과 대통령령으로 정하는 사항이 포함된 소방계획서의 작성 및 시행 2. 자위소방대(自衛消防隊) 및 초기대응체계의 구성, 운영 및 교육 3. 소방훈련 및 교육 4. 행정안전부령으로 정하는 바에 따른 소방안전관리에 관한 업무수행에 관한 기록·유지(제3호·제4호 및 제6호의 업무를 말한다)

12. 건축허가등의 동의대상물의 범위

건축허가등의 동의대상물의 범위	1. **연면적이 400제곱미터 이상**인 건축물이나 시설. 다만, 다음 각 목의 어느 하나에 해당하는 건축물이나 시설은 해당 목에서 정한 기준 이상인 건축물이나 시설로 한다. 　가. **학교시설: 100제곱미터** 　나. **노유자(老幼者) 시설 및 수련시설: 200제곱미터** 　다. **정신의료기관**(입원실이 없는 정신건강의학과 의원은 제외하며, 이하 "정신의료기관"이라 한다): **300제곱미터** 　라. **장애인 의료재활시설**(이하 "의료재활시설"이라 한다): **300제곱미터** 2. 지하층 또는 무창층이 있는 건축물로서 바닥면적이 **150제곱미터**(공연장의 경우에는 **100제곱미터**) 이상인 층이 있는 것 3. 차고 · 주차장 또는 주차 용도로 사용되는 시설로서 다음 각 목의 어느 하나에 해당하는 것 　가. 차고 · 주차장으로 사용되는 바닥면적이 **200제곱미터** 이상인 층이 있는 건축물이나 주차시설 　나. 승강기 등 기계장치에 의한 주차시설로서 자동차 20대 이상을 주차할 수 있는 시설 4. 층수가 **6층 이상**인 건축물 5. **항공기 격납고, 관망탑, 항공관제탑, 방송용 송수신탑** 6. 의원(입원실이 있는 것으로 한정한다) · 조산원 · 산후조리원, 위험물 저장 및 처리 시설, 발전시설 중 풍력발전소 · 전기저장시설, 지하구(地下溝) 7. 제1호나목에 해당하지 않는 노유자 시설 중 다음 각 목의 어느 하나에 해당하는 시설. 다만, 가목2) 및 나목부터 바목까지의 시설 중 「단독주택 또는 공동주택에 설치되는 시설은 제외한다. 　가. 노인 관련 시설 중 다음의 어느 하나에 해당하는 시설 1) 「노인복지법」 제31조제1호에 따른 노인주거복지시설, 같은 조 제2호에 따른 노인의료복지시설 및 같은 조 제4호에 따른 재가노인복지시설 2) 「노인복지법」 제31조제7호에 따른 학대피해노인 전용쉼터 　나. 아동복지시설(아동상담소, 아동전용시설 및 지역아동센터는 제외한다) 　다. 장애인 거주시설 　라. 정신질환자 관련 시설(공동생활가정을 제외한 재활훈련시설과 종합시설 중 24시간 주거를 제공하지 않는 시설은 제외한다) 　마. 노숙인 관련 시설 중 노숙인자활시설, 노숙인재활시설 및 노숙인요양시설 　바. 결핵환자나 한센인이 24시간 생활하는 노유자 시설 8. 요양병원. 다만, 의료재활시설은 제외한다. 9. 공장 또는 창고시설로서 「화재의 예방 및 안전관리에 관한 법률 시행령」 별표 2에서 정하는 수량의 **750배** 이상의 특수가연물을 저장 · 취급하는 것 10. 가스시설로서 지상에 노출된 탱크의 저장용량의 합계가 **100톤** 이상인 것
건축허가등의 동의대상에서 제외	1. 소화기구, 자동소화장치, 누전경보기, 단독경보형감지기, 가스누설경보기 및 피난구조설비(비상조명등은 제외한다)가 화재안전기준에 적합한 경우 해당 특정소방대상물 2. 건축물의 증축 또는 용도변경으로 인하여 해당 특정소방대상물에 추가로 소방시설이 설치되지 않는 경우 해당 특정소방대상물 3. 소방시설공사의 착공신고 대상에 해당하지 않는 경우 해당 특정소방대상물

13. 소방시설등의 자체점검

종합점검의 대상	1) 법 제22조제1항제1호(최초점검)에 해당하는 특정소방대상물 2) 스프링클러설비가 설치된 특정소방대상물 3) 물분무등소화설비[호스릴(Hose Reel) 방식의 물분무등소화설비만을 설치한 경우는 제외]가 설치된 연면적 5,000 m² 이상인 특정소방대상물(제조소등은 제외) 4) 영화상영관, 비디오물감상실업, 복합영상물제공업, 노래연습장업, 산후조리업, 고시원업, 안마시술소의 영업장이 설치된 특정소방대상물로 연면적이 2,000 m² 이상 5) 제연설비가 설치된 터널 6) 공공기관 중 연면적(터널·지하구의 경우 그 길이와 평균 폭을 곱하여 계산된 값을 말한다)이 1,000 m² 이상인 것으로서 옥내소화전설비 또는 자동화재탐지설비가 설치된 것. 다만, 「소방기본법」 제2조제5호에 따른 소방대가 근무하는 공공기관은 제외한다.
점검인력 1단위	가. 관리업자가 점검하는 경우에는 소방시설관리사 또는 특급점검자 1명과 보조 기술인력 2명을 점검인력 1단위로 하되, 점검인력 1단위에 2명(같은 건축물을 점검할 때는 4명) 이내의 보조 기술인력을 추가할 수 있다. 나. 소방안전관리자로 선임된 소방시설관리사 및 소방기술사가 점검하는 경우에는 소방시설관리사 또는 소방기술사 중 1명과 보조 기술인력 2명을 점검인력 1단위로 하되, 점검인력 1단위에 2명 이내의 보조 기술인력을 추가할 수 있다. 다만, 보조 기술인력은 해당 특정소방대상물의 관계인 또는 소방안전관리보조자로 할 수 있다. 다. 관계인 또는 소방안전관리자가 점검하는 경우에는 관계인 또는 소방안전관리자 1명과 보조 기술인력 2명을 점검인력 1단위로 하되, 보조 기술인력은 해당 특정소방대상물의 관리자, 점유자 또는 소방안전관리보조자로 할 수 있다.
점검한도 면적	점검인력 1단위가 하루 동안 점검할 수 있는 특정소방대상물의 연면적(이하 "점검한도 면적"이라 한다) 가. 종합점검: 8,000 m² 나. 작동점검: 10,000 m²
추가 면적	점검인력 1단위에 보조 기술인력을 1명씩 추가할 때마다 종합점검의 경우에는 2,000 m², 작동점검의 경우에는 2,500 m²씩을 점검한도 면적에 더한다. 다만, 하루에 2개 이상의 특정소방대상물을 배치할 경우 1일 점검 한도면적은 특정소방대상물별로 투입된 점검인력에 따른 점검 한도면적의 평균값으로 적용하여 계산한다.
점검인력 배치	점검인력은 하루에 5개의 특정소방대상물에 한하여 배치할 수 있다. 다만 2개 이상의 특정소방대상물을 2일 이상 연속하여 점검하는 경우에는 배치기한을 초과해서는 안 된다.
아파트등의 점검	가. 점검인력 1단위가 하루 동안 점검할 수 있는 아파트등의 세대수(이하 "점검한도 세대수"라 한다)는 종합점검 및 작동점검에 관계없이 250세대로 한다. 나. 점검인력 1단위에 보조 기술인력을 1명씩 추가할 때마다 60세대씩을 점검한도 세대수에 더한다.

14. 소방대상물의 방염

방염성능기준 이상의 실내장식물 등을 설치해야 하는 특정소방대상물	1. 근린생활시설 중 의원, 조산원, 산후조리원, 체력단련장, 공연장 및 종교집회장
	2. 건축물의 옥내에 있는 시설로서 다음 각 목의 시설
	   가. 문화 및 집회시설
	   나. 종교시설
	   다. 운동시설(수영장은 제외한다)
	3. **의료시설**
	4. 교육연구시설 중 합숙소
	5. 노유자 시설
	6. 숙박이 가능한 수련시설
	7. 숙박시설
	8. 방송통신시설 중 방송국 및 촬영소
	9. 다중이용업소
	10. 제1호부터 제9호까지의 시설에 해당하지 않는 것으로서 **층수가 11층 이상인 것(아파트는 제외한다)**

방염성능기준	1. 버너의 불꽃을 제거한 때부터 불꽃을 올리며 연소하는 상태가 그칠 때까지 시간은 **20초 이내**일 것 2. 버너의 불꽃을 제거한 때부터 불꽃을 올리지 않고 연소하는 상태가 그칠 때까지 시간은 **30초 이내**일 것 3. 탄화(炭化)한 **면적은 50제곱센티미터 이내**, 탄화한 **길이는 20센티미터 이내**일 것 4. 불꽃에 의하여 완전히 녹을 때까지 불꽃의 접촉 횟수는 **3회 이상**일 것 5. 소방청장이 정하여 고시한 방법으로 발연량(發煙量)을 측정하는 경우 최대 연기밀도는 **400 이하**일 것

15. 수용인원의 산정방법

숙박시설이 있는 특정소방대상물	침대가 있는 숙박시설	종사자 수 + 침대 수(2인용 침대는 2개로 산정)
	침대가 없는 숙박시설	종사자 수 + $\dfrac{\text{바닥면적의 합계}(m^2)}{3\ m^2}$
기타	강의실·교무실·상담실·실습실·휴게실 용도	$\dfrac{\text{바닥면적의 합계}(m^2)}{1.9\ m^2}$
	강당, 문화 및 집회시설, 운동시설, 종교시설	① $\dfrac{\text{바닥면적의 합계}(m^2)}{4.6\ m^2}$ ② 관람석이 있는 경우 : 고정식 의자 수 또는 긴의자의 정면너비÷0.45m
	그 밖의 특정소방대상물	$\dfrac{\text{바닥면적의 합계}(m^2)}{3\ m^2}$
비고	바닥면적 산정시 제외 : **복도, 계단 및 화장실의 바닥면적** 계산결과 소수점 이하 반올림	

16. 완공검사를 위한 현장확인 대상

1. **문화 및 집회시설, 종교시설, 판매시설, 노유자(老幼者)시설, 수련시설, 운동시설, 숙박시설, 창고시설, 지하상가** 및 「다중이용업소의 안전관리에 관한 특별법」에 따른 다중이용업소
2. 다음 각 목의 어느 하나에 해당하는 설비가 설치되는 특정소방대상물
   가. 스프링클러설비등
   나. 물분무등소화설비(호스릴 방식의 소화설비는 제외한다)
3. 연면적 **1만제곱미터** 이상이거나 **11층** 이상인 특정소방대상물(아파트는 제외한다)
4. 가연성가스를 제조·저장 또는 취급하는 시설 중 지상에 노출된 가연성가스탱크의 저장용량 합계가 1**천톤** 이상인 시설

17. 위험물안전관리법

적용제외 대상	항공기·선박·철도 및 궤도에 의한 위험물의 저장·취급 및 운반
지정수량 미만인 위험물의 저장·취급	시·도의 조례
임시로 저장 또는 취급하는 장소에서의 저장 또는 취급의 기준과 임시로 저장 또는 취급하는 장소의 위치·구조 및 설비의 기준 1. 관할소방서장의 승인을 받아 지정수량 이상의 위험물을 90일 이내의 기간 동안 임시로 저장 또는 취급하는 경우 2. 군부대가 지정수량 이상의 위험물을 군사목적으로 임시로 저장 또는 취급하는 경우	시·도의 조례
제조소등을 설치하고자 하는 자	시·도지사의 허가
제조소등의 위치·구조 또는 설비의 변경없이 해당 제조소등에서 저장하거나 취급하는 위험물의 품명·수량 또는 지정수량의 배수를 변경하고자 하는 자	변경하고자 하는 날의 1일 전까지 행정안전부령이 정하는 바에 따라 시·도지사에게 신고
허가를 받지 아니하고 해당 제조소등을 설치하거나 그 위치·구조 또는 설비를 변경할 수 있으며, 신고를 하지 아니하고 위험물의 품명·수량 또는 지정수량의 배수를 변경할 수 있는 경우	1. **주택의 난방시설**(공동주택의 중앙난방시설을 제외한다)을 위한 저장소 또는 취급소 2. **농예용·축산용** 또는 수산용으로 필요한 난방시설 또는 건조시설을 위한 지정수량 **20배 이하**의 저장소
군용위험물시설의 설치 및 변경에 대한 특례	1. 군사목적 또는 군부대시설을 위한 제조소등을 설치하거나 그 위치·구조 또는 설비를 변경하고자 하는 군부대의 장은 관할 시·도지사와 협의 2. 군부대의 장이 제조소등의 소재지를 관할하는 시·도지사와 협의한 경우에는 규정에 따른 허가를 받은 것으로 본다.
제조소등 설치자의 지위승계	1. 승계한 날부터 30일 이내 2. 시·도지사에게 신고
제조소등의 폐지	1. 폐지한 날부터 14일 이내 2. 시·도지사에게 신고

18. 관계인이 예방규정을 정하여야 하는 제조소등

1. 지정수량의 **10배 이상**의 위험물을 취급하는 **제조소**
2. 지정수량의 **100배 이상**의 위험물을 저장하는 **옥외저장소**
3. 지정수량의 **150배 이상**의 위험물을 저장하는 **옥내저장소**
4. 지정수량의 **200배 이상**의 위험물을 저장하는 **옥외탱크저장소**
5. 암반탱크저장소
6. 이송취급소
7. 지정수량의 **10배 이상**의 위험물을 취급하는 **일반취급소**. 다만, 제4류 위험물(특수인화물을 제외한다)만을 지정수량의 50배 이하로 취급하는 일반취급소(제1석유류·알코올류의 취급량이 지정수량의 10배 이하인 경우에 한한다)로서 다음 각목의 어느 하나에 해당하는 것을 제외한다.
   가. 보일러·버너 또는 이와 비슷한 것으로서 위험물을 소비하는 장치로 이루어진 일반취급소
   나. 위험물을 용기에 옮겨 담거나 차량에 고정된 탱크에 주입하는 일반취급소

19. 자체소방대

1) 설치대상 및 설치제외 대상

자체소방대를 설치하여야 하는 사업소	1. 제4류 위험물을 취급하는 제조소 또는 일반취급소. 다만, 보일러로 위험물을 소비하는 일반취급소 등 행정안전부령으로 정하는 일반취급소는 제외한다. 2. 제4류 위험물을 저장하는 옥외탱크저장소
자체소방대를 설치하여야 하는 위험물의 수량	1. 제조소 또는 일반취급소에서 취급하는 제4류 위험물의 최대수량의 합이 지정수량의 **3천배 이상** 2. 옥외탱크저장소에 저장하는 제4류 위험물의 최대수량이 지정수량의 **50만배 이상**
자체소방대의 설치 제외대상인 일반취급소	1. 보일러, 버너 그 밖에 이와 유사한 장치로 위험물을 소비하는 일반취급소 2. 이동저장탱크 그 밖에 이와 유사한 것에 위험물을 주입하는 일반취급소 3. 용기에 위험물을 옮겨 담는 일반취급소 4. 유압장치, 윤활유순환장치 그 밖에 이와 유사한 장치로 위험물을 취급하는 일반취급소 5. 「광산보안법」의 적용을 받는 일반취급소

2) 자체소방대에 두는 화학소방자동차 및 인원

사업소의 구분	화학소방자동차	자체소방대원의 수
1. 제조소 또는 일반취급소에서 취급하는 제4류 위험물의 최대수량의 합이 지정수량의 3천배 이상 12만배 미만인 사업소	1대	5인
2. 제조소 또는 일반취급소에서 취급하는 제4류 위험물의 최대수량의 합이 지정수량의 12만배 이상 24만배 미만인 사업소	2대	10인
3. 제조소 또는 일반취급소에서 취급하는 제4류 위험물의 최대수량의 합이 지정수량의 24만배 이상 48만배 미만인 사업소	3대	15인
4. 제조소 또는 일반취급소에서 취급하는 제4류 위험물의 최대수량의 합이 지정수량의 48만배 이상인 사업소	4대	20인
5. 옥외탱크저장소에 저장하는 **제4류 위험물**의 최대수량이 지정수량의 **50만배 이상**인 사업소	2대	10인

20. 제조소의 위치·구조 및 설비의 기준

1) 안전거리

주거용	10m 이상
학교 · 병원 · 극장 그 밖에 다수인을 수용하는 시설 1) 학교 2) 병원급 의료기관 3) **공연장, 영화상영관 : 3백명 이상** 4) 아동복지시설, 노인복지시설, 장애인복지시설, 한부모가족복지시설, 어린이집, 성매매피해자등을 위한 지원시설, 정신보건시설 : 20명 이상	30m 이상
유형문화재와 기념물 중 지정문화재	50m 이상
고압가스, 액화석유가스 또는 도시가스를 저장 또는 취급하는 시설	20m 이상
사용전압이 7,000V 초과 **35,000V 이하** 특고압가공전선	3m 이상
사용전압이 35,000V를 초과 특고압가공전선	5m 이상

2) 보유공지

취급하는 위험물의 최대수량	공지의 너비
지정수량의 10배 이하	3m 이상
지정수량의 10배 초과	5m 이상

3) 표지 및 게시판

위험물 제조소	1. 표지 : 한변의 길이가 0.3m 이상, 다른 한변의 길이가 0.6m 이상 2. 표지의 바탕 : 백색, 문자 : 흑색	
게시판	1. 한변의 길이가 0.3m 이상, 다른 한변의 길이가 0.6m 이상 2. 게시판 기재사항 : 위험물의 유별·품명 및 저장최대수량 또는 취급최대수량, 지정수량의 배수 및 안전관리자의 성명 또는 직명 3. 게시판의 바탕은 백색으로, 문자는 흑색	
주의사항	물기엄금	1. 제1류 위험물 중 알칼리금속의 과산화물 또는 제3류 위험물 중 금수성물질 2. **청색바탕에 백색문자**
	화기주의	제2류 위험물(인화성고체를 제외)
	화기엄금	1. 제2류 위험물 중 인화성고체, 제3류 위험물 중 자연발화성물질, 제4류 위험물 또는 제5류 위험물 2. **적색바탕에 백색문자**

4) 기타설비

압력계 및 안전장치 ★★★	위험물을 가압하는 설비 또는 그 취급하는 위험물의 압력이 상승할 우려가 있는 설비에는 압력계 및 다음 각목의 1에 해당하는 안전장치를 설치하여야 한다. 다만, 라목의 파괴판은 위험물의 성질에 따라 안전밸브의 작동이 곤란한 가압설비에 한한다. 가. **자동적으로 압력의 상승을 정지시키는 장치** 나. **감압측에 안전밸브를 부착한 감압밸브** 다. **안전밸브를 겸하는 경보장치** 라. **파괴판**
정전기 제거설비 ★★★	가. **접지에 의한 방법** 나. **공기 중의 상대습도를 70% 이상으로 하는 방법** 다. **공기를 이온화하는 방법**
피뢰설비 ★★★	**지정수량의 10배 이상의 위험물을 취급하는 제조소(제6류 위험물을 취급하는 위험물 제조소를 제외한다)**에는 피뢰침을 설치하여야 한다. 다만, 제조소의 주위의 상황에 따라 안전상 지장이 없는 경우에는 피뢰침을 설치하지 아니할 수 있다.

소방전기시설의 구조 및 원리

01. 비상경보설비 및 단독경보형감지기

비상경보설비 설치대상	1) 연면적 400 m² 이상은 모든 층 2) 지하층 또는 무창층의 바닥면적이 150 m²(공연장의 경우 100 m²) 이상인 것은 모든 층 3) 지하가 중 터널로서 길이가 500 m 이상인 것 4) 50명 이상의 근로자가 작업하는 옥내 작업장
단독경보형감지기 설치대상	1) 교육연구시설 내에 있는 기숙사 또는 합숙소로서 연면적이 2천 m² 미만 2) 수련시설 내에 있는 합숙소 또는 기숙사로서 연면적 2천 m² 미만인 것 3) 수련시설(숙박시설이 있는 것만 해당한다) 4) 연면적 400 m² 미만의 유치원 5) 공동주택 중 연립주택 및 다세대주택
지구음향장치	층마다, 수평거리 25 m 이하
음향장치	정격전압의 80 %, 1 m 떨어진 위치에서 90 dB 이상
발신기 기준	조작스위치 : 바닥으로부터 0.8 m 이상 1.5 m 이하 층마다, 수평거리가 25 m 이하 위치표시등 : 함의 상부, 15° 이상의 범위 안, 10 m 이내 쉽게 식별, 적색등
단독경보형감지기 수량	$= \dfrac{\text{바닥면적}[m^2]}{150[m^2]}$
비상전원	60분간 감시상태 지속한 후 10분 이상 경보 축전지설비 또는 전기저장장치

02. 비상방송설비

설치대상	1) 연면적 3천5백 m² 이상인 것 2) 지하층을 제외한 층수가 11층 이상인 것 3) 지하층의 층수가 3개층 이상인 것
확성기의 음성입력	실외 : 3W 이상, 실내 : 1W 이상
음량조정기의 배선	3선식
조작부의 조작스위치	바닥으로부터 0.8m 이상 1.5m 이하
방송 자동개시 소요시간	10초 이하
우선경보방식	대상 : 층수가 11층(공동주택인 경우 16층) 이상 | 발화 층	경보
2층 이상의 층	발화층 및 그 직상 4개층
1층에서 발화	발화층·그 직상 4개층 및 지하층
지하층에서 발화	발화층·그 직상층 및 기타의 지하층	
공동주택의 비상방송설비	1. 확성기는 각 세대마다 설치할 것 2. 아파트등의 경우 실내에 설치하는 확성기 음성입력은 2 W 이상
창고시설의 비상방송설비	1. 확성기의 음성입력은 3 W(실내에 설치하는 것을 포함) 이상 2. 창고시설에서 발화한 때에는 전 층에 경보 3. 비상방송설비에는 그 설비에 대한 감시상태를 60분간 지속한 후 유효하게 30분 이상 경보할 수 있는 축전지설비(수신기에 내장하는 경우를 포함) 또는 전기저장장치를 설치

03. 자동화재탐지설비 및 시각경보장치

경계구역	① 하나의 경계구역의 **면적 600 m² 이하, 한변의 길이 50 m 이하** ② 500 m² 이하의 범위 : 2개의 층을 하나의 경계구역 ③ 외기에 면하여 상시 개방된 부분이 있는 **차고·주차장·창고** 등에 있어서는 외기에 면하는 각 부분으로부터 **5 m 미만**의 범위 안에 있는 부분은 경계구역의 면적에 산입하지 아니한다.
수신기	조작 스위치 : 바닥으로부터 높이가 0.8 m 이상 1.5 m 이하
연기감지기 설치장소	① 계단·경사로 및 에스컬레이터 경사로 ② 복도(30 m 미만의 것을 제외) ③ 엘리베이터 승강로(권상기실이 있는 경우 권상기실)·린넨슈트·파이프 피트 및 덕트 ④ 천장 또는 반자의 높이가 **15 m 이상 20 m 미만**의 장소
연기감지기 설치기준	① 다음 표에 따른 바닥면적(m²)마다 1개 이상 | 부 착 높 이	감지기의 종류	
---	---	---
	1종 및 2종	3종
4m 미만	150	50
4m 이상 20m 미만	75		 ② 복도 및 통로에 있어서는 보행거리 30m(3종에 있어서는 20m)마다, 계단 및 경사로에 있어서는 수직거리 15m(3종에 있어서는 10m)마다 1개 이상으로 할 것 ③ 감지기는 벽 또는 보로부터 **0.6m 이상**

부착높이 및 특정소방대상물의 구분		감 지 기 의 종 류						
		차동식 스포트형		보상식 스포트형		정온식 스포트형		
		1종	2종	1종	2종	특종	1종	2종
4 m 미만	주요구조부를 내화구조로 한 특정소방대상물 또는 그 부분	90	70	90	70	70	60	20
	기타 구조의 특정소방대상물 또는 그 부분	50	40	50	40	40	30	15
4 m 이상 8 m 미만	주요구조부를 내화구조로 한 특정소방대상물 또는 그 부분	45	35	45	35	35	30	–
	기타 구조의 특정소방대상물 또는 그 부분	30	25	30	25	25	15	–

공기관식 차동식 분포형 감지기	① 공기관의 노출부분은 감지구역마다 **20 m 이상** ② 공기관과 감지구역의 각 변과의 수평거리 **1.5 m 이하**, 공기관 상호간의 거리 **6 m(주요구조부가 내화구조 9 m) 이하** ③ 공기관은 도중에서 분기하지 아니하도록 할 것 ④ 하나의 검출부분에 접속하는 공기관의 길이는 **100 m 이하**

	⑤ 검출부는 5°이상 경사되지 아니하도록 부착할 것 ⑥ 검출부는 바닥으로부터 0.8 m 이상 1.5 m 이하 ⑦ 공기관의 두께는 0.3 mm 이상, 바깥지름은 1.9 mm 이상
청각장애인용 시각경보장치	① 설치높이 : 바닥으로부터 2 m 이상 2.5 m 이하의 장소. 다만, 천장의 높이가 2 m 이하인 경우에는 천장으로부터 0.15 m 이내의 장소
종단저항	① 점검 및 관리가 쉬운 장소에 설치할 것 ② 전용함을 설치하는 경우 그 설치 높이는 바닥으로부터 1.5 m 이내 ③ 감지기 회로의 끝부분에 설치하며, 종단감지기에 설치할 경우에는 구별이 쉽도록 해당감지기의 기판 및 감지기 외부 등에 별도의 표시를 할 것
감지기 절연저항시험	직류 500 V의 절연저항계로 측정한 값이 50 MΩ(정온식감지선형감지기는 선간에서 1 m당 1,000 MΩ) 이상
우선경보방식 (음향장치)	층수가 11층(공동주택의 경우에는 16층) 이상의 특정소방대상물은 다음의 기준에 따라 경보를 발할 수 있도록 할 것 | 발화 층	경보방식
2층 이상의 층	발화층 및 그 직상 4개층에 경보
1층에서 발화	발화층·그 직상 4개층 및 지하층에 경보
지하층에서 발화	발화층·그 직상층 및 기타의 지하층에 경보	
기타	① 피(P)형 수신기 및 지피(G.P.)형 수신기의 감지기 회로의 배선에 있어서 하나의 공통선에 접속할 수 있는 경계구역은 7개 이하 ② 자동화재탐지설비의 감지기회로의 전로저항은 50Ω 이하가 되도록 하여야 하며, 수신기의 각 회로별 종단에 설치되는 감지기에 접속되는 배선의 전압은 감지기 정격전압의 80% 이상
도로터널 자동화재탐지설비	1. 터널에 설치할 수 있는 감지기의 종류 ① 차동식분포형감지기 ② 정온식감지선형감지기(아날로그식에 한한다.) ③ 중앙기술심의위원회의 심의를 거쳐 터널화재에 적응성이 있다고 인정된 감지기 2. 하나의 경계구역의 길이 : 100 m 이하 $$경계구역의 수 = \frac{터널의 길이[m]}{100[m]} \text{ (소수점 이하 절상)}$$
공동주택의 자동화재탐지설비	1. 아날로그방식의 감지기, 광전식 공기흡입형 감지기 2. 세대 내 거실에는 연기감지기
창고시설의 자동화재탐지설비	1. 아날로그방식의 감지기, 광전식 공기흡입형 감지기 2. 창고시설에서 발화한 때에는 전 층에 경보 3. 자동화재탐지설비에는 그 설비에 대한 감시상태를 60분간 지속한 후 유효하게 30분 이상 경보할 수 있는 비상전원으로서 축전지설비 또는 전기저장장치를 설치. 다만, 상용전원이 축전지설비인 경우에는 그렇지 않다.

04. 자동화재속보설비

설치대상	다만, 방재실 등 화재 수신기가 설치된 장소에 24시간 화재를 감시할 수 있는 사람이 근무하고 있는 경우에는 자동화재속보설비를 설치하지 않을 수 있다.

특정소방대상물	비고
노유자 생활시설	
노유자 시설	바닥면적이 500 m² 이상인 층이 있는 것
판매시설 중 전통시장	
문화재 중 보물 또는 국보로 지정된 건축물	
수련시설 (숙박시설이 있는 것만 해당한다)	바닥면적이 500 m² 이상인 층이 있는 것
의료시설 중 다음의 어느 하나에 해당하는 것	가) 종합병원, 병원, 치과병원, 한방병원 및 요양병원(의료재활시설은 제외한다) 나) 정신병원 및 의료재활시설로 사용되는 바닥면적의 합계가 500 m² 이상인 층이 있는 것
근린생활시설 중 다음의 어느 하나에 해당하는 시설 가) 의원, 치과의원 및 한의원으로서 입원실이 있는 시설 나) 조산원 및 산후조리원	

속보기의 기능	① 20초 이내에 통보, 3회 이상 속보 ② 최초 다이얼링을 포함하여 10회이상 반복 다이얼링, 매회 다이얼링 완료 후 호출은 30초 이상 지속

05. 누전경보기

종류	① 경계전로의 정격전류가 60A를 초과 : 1급 누전경보기 ② 경계전로의 정격전류가 60A 이하 : 1급 또는 2급 누전경보기
전원	개폐기 및 15A 이하의 과전류차단기(배선용 차단기에 있어서는 20A 이하)를 설치
공칭작동 전류치	200 mA 이하
사용전압	600 V 이하
감도조정장치	최대치가 1 A (200 mA, 500 mA, 1000 mA)
수신부 절연저항	수신부는 절연된 충전부와 외함간 및 차단기구의 개폐부의 절연저항을 DC 500V의 절연저항계로 측정하는 경우 5 MΩ 이상

06. 유도등 및 유도표지

복도통로유도등	① 구부러진 모퉁이 및 보행거리 20 m마다 설치 ② 바닥으로부터 높이 1 m 이하
거실통로유도등	① 구부러진 모퉁이 및 보행거리 20 m 마다 설치 ② 바닥으로부터 높이 1.5 m 이상
계단통로유도등	① 각층의 경사로 참 또는 계단참마다 설치 ② 바닥으로부터 높이 1 m 이하
객석유도등	① 객석유도등은 객석의 **통로, 바닥 또는 벽**에 설치 ② 설치개수 $= \dfrac{\text{객석 통로의 직선부분 길이[m]}}{4} - 1$
60분 이상	① 지하층을 제외한 층수가 11층 이상의 층 ② 지하층 또는 무창층으로서 용도가 도매시장·소매시장·여객자동차터미널·지하역사 또는 지하상가
유도등 인입선의 색상	백색 : 공통선, 흑색 : 충전선, 적색 : 점등선
공동주택의 유도등	1. 소형 피난구 유도등을 설치할 것 2. **주차장으로 사용되는 부분은 중형 피난구유도등**을 설치할 것. 3. **비상문자동개폐장치가 설치된 옥상 출입문에는 대형 피난구유도등**을 설치할 것.

창고시설의 유도등	1. 피난구유도등과 거실통로유도등은 대형으로 설치
	2. 피난유도선은 연면적 15,000 m² **이상인 창고시설의 지하층 및 무창층에 설치**
	  1) 광원점등방식으로 바닥으로부터 **1 m 이하**의 높이에 설치
	  2) 각 층 직통계단 출입구로부터 건물 내부 벽면으로 **10 m 이상** 설치
	  3) 화재 시 점등되며 비상전원 **30분 이상**을 확보

07. 비상조명등, 휴대용비상조명등

설치대상	1. 비상조명등 　1) 지하층을 포함하는 층수가 5층 이상인 건축물로서 연면적 3천 m^2 이상 　2) 지하층 또는 무창층의 바닥면적이 450 m^2 이상인 경우에는 그 지하층 또는 무창층 　3) 지하가 중 터널로서 그 길이가 500 m 이상인 것 2. 휴대용비상조명등 　1) 숙박시설 　2) 수용인원 **100명** 이상의 영화상영관, 판매시설 중 대규모점포, 철도 및 도시철도시설 중 지하역사, 지하가 중 지하상가
비상조명등 설치기준	① 각 **거실**과 그로부터 지상에 이르는 **복도·계단** 및 그 밖의 **통로**에 설치할 것 ② 조도는 비상조명등이 설치된 장소의 각 부분의 바닥에서 **1 lx 이상**이 되도록 할 것
휴대용비상조명등 설치기준	① 대규모점포와 영화상영관 : 보행거리 **50m 이내**마다 3개 이상 설치 ② 지하상가 및 지하역사 : 보행거리 **25m 이내** 마다 3개 이상 ③ 바닥으로부터 **0.8m 이상 1.5m 이하**

08. 비상콘센트설비

설치대상	① 층수가 11층 이상인 특정소방대상물의 경우에는 **11층 이상의 층** ② 지하층의 층수가 **3층 이상**이고 지하층의 바닥면적의 합계가 **1천 m² 이상**인 것은 지하층의 모든 층 ③ 지하가 중 터널로서 길이가 **500m 이상**인 것
용어정의	<table><tr><th>용어</th><th>정의</th></tr><tr><td>저압</td><td>**직류는 1.5 kV 이하, 교류는 1 kV 이하**</td></tr><tr><td>고압</td><td>직류는 1.5 kV를, 교류는 1 kV를 초과하고, 7 kV 이하</td></tr><tr><td>특고압</td><td>7 kV를 넘는 것</td></tr><tr><td>비상전원</td><td>상용전원으로부터 전력의 공급이 중단된 때에는 자동으로 공급되는 전원</td></tr></table>
전원회로 기준	① 전원회로 : 단상교류 **220 V**, 그 공급용량은 **1.5 kVA 이상** ② 전원회로는 각층에 있어서 **2 이상** ③ 전원회로는 주배전반에서 전용회로 ④ 분기배선용 차단기를 보호함안에 설치 ⑤ 콘센트마다 배선용 차단기를 설치 ⑥ 풀박스 등은 두께 **1.6 mm 이상**의 철판 ⑦ 하나의 전용회로에 설치하는 비상콘센트는 **10개 이하**
절연내력	① **정격전압이 150V 이하 : 1,000V 실효전압** ② **정격전압이 150V 이상 : 그 정격전압×2+1,000V 실효전압** ③ 판정기준 : **1분 이상** 견디는 것
절연저항	전원부와 외함 사이를 **500V** 절연저항계로 측정할 때 **20 MΩ 이상**
도로터널	주행차로의 우측 측벽에 **50 m 이내**의 간격으로 바닥으로부터 **0.8 m 이상 1.5 m 이하**의 높이에 설치할 것 비상콘센트 수량 = $\dfrac{\text{터널의 길이[m]}}{50[\text{m}]}$

09. 무선통신보조설비

설치대상	① 지하가(터널은 제외한다)로서 연면적 1천 m² 이상인 것 ② **지하층의 바닥면적의 합계가 3천 m² 이상인 것 또는 지하층의 층수가 3층 이상이고 지하층의 바닥면적의 합계가 1천 m² 이상인 것은 지하층의 모든 층** ③ 지하가 중 터널로서 길이가 500 m 이상인 것 ④ 지하구 중 공동구 ⑤ **층수가 30층 이상인 것으로서 16층 이상 부분의 모든 층**
누설동축케이블 등	① 4 m 이내마다 금속제 또는 자기제등의 지지금구로 고정 ② 고압의 전로로부터 1.5 m 이상 떨어진 위치 ③ 누설동축케이블의 끝부분 : 무반사 종단저항 ④ 누설동축케이블 또는 동축케이블의 임피던스 : 50 Ω
설치제외	지하층으로서 바닥부분 **2면 이상**의 **지표면**과 동일하거나 지표면으로부터 깊이가 **1 m 이하**

10. 소방전기시설-기타

감시전류와 작동전류	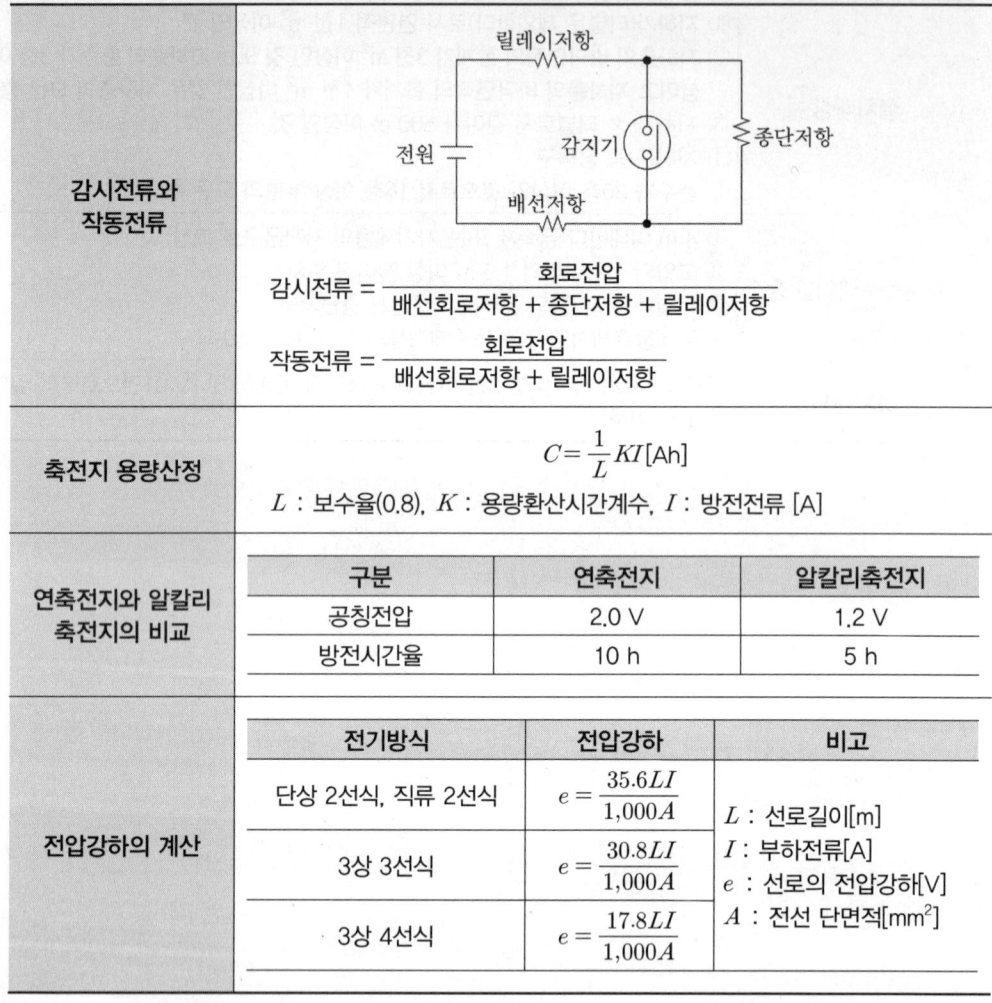 $$감시전류 = \frac{회로전압}{배선회로저항 + 종단저항 + 릴레이저항}$$ $$작동전류 = \frac{회로전압}{배선회로저항 + 릴레이저항}$$
축전지 용량산정	$$C = \frac{1}{L}KI [Ah]$$ L : 보수율(0.8), K : 용량환산시간계수, I : 방전전류 [A]

연축전지와 알칼리 축전지의 비교

구분	연축전지	알칼리축전지
공칭전압	2.0 V	1.2 V
방전시간율	10 h	5 h

전압강하의 계산

전기방식	전압강하	비고
단상 2선식, 직류 2선식	$e = \dfrac{35.6LI}{1,000A}$	L : 선로길이[m] I : 부하전류[A] e : 선로의 전압강하[V] A : 전선 단면적[mm^2]
3상 3선식	$e = \dfrac{30.8LI}{1,000A}$	
3상 4선식	$e = \dfrac{17.8LI}{1,000A}$	

PART 2 소방설비기사필기

파이널 600제

▸ Chap 01 소방원론 파이널 150제

▸ Chap 02 소방전기일반 파이널 150제

▸ Chap 03 소방관계법규 파이널 150제

▸ Chap 04 소방전기시설의 구조 및 원리 파이널 150제

'소방원론' 파이널 150제

문제 01~10

01 다음 물질 중 연소하였을 때 시안화수소를 가장 많이 발생시키는 물질은?
① Polyethylene
② Polyurethane
③ Polyvinyl chloride
④ Polystyrene

02 목재 화재 시 다량의 물을 뿌려 소화할 경우 기대되는 주된 소화효과는?
① 제거효과
② 냉각효과
③ 부촉매효과
④ 희석효과

03 화재강도(Fire Intensity)와 관계가 없는 것은?
① 가연물의 비표면적
② 발화원의 온도
③ 화재실의 구조
④ 가연물의 발열량

04 다음 분말소화약제의 열분해 반응식에서 ( ) 안에 알맞은 화학식은?

$$2NaHCO_3 \rightarrow Na_2CO_3 + H_2O + (\quad)$$

① CO
② CO_2
③ Na
④ Na_2

05 다음 중 증기 비중이 가장 큰 것은?
① Halon 1301
② Halon 2402
③ Halon 1211
④ Halon 104

06 포소화설비의 화재안전기술기준에서 정한 포의 종류 중 저발포라 함은?

① 팽창비가 20 이하인 것
② 팽창비가 120 이하인 것
③ 팽창비가 250 이하인 것
④ 팽창비가 1000 이하인 것

07 유류 탱크의 화재 시 탱크 저부의 물이 뜨거운 열류층에 의하여 수증기로 변하면서 급작스런 부피 팽창을 일으켜 유류가 탱크 외부로 분출하는 현상은?

① 슬롭 오버(Slop Over)
② 블레비(BLEVE)
③ 보일 오버(Boil Over)
④ 파이어 볼(Fire Ball)

08 다음 중 화재하중을 나타내는 단위는?

① kcal/kg
② ℃/m^2
③ kg/m^2
④ kg/kcal

09 동식물유류에서 "요오드값이 크다"라는 의미를 옳게 설명한 것은?

① 불포화도가 높다.
② 불건성유이다.
③ 자연발화성이 낮다.
④ 산소와의 결합이 어렵다.

10 분말소화기의 특성에 관한 설명으로 옳지 않은 것은?

① 분말소화약제의 분해 반응 시 발열반응을 한다.
② 축압식소화기는 소화분말을 채운 용기에 이산화탄소 또는 질소가스로 축압시킨다.
③ 인산암모늄 소화기의 열분해 생성물은 메타인산, 암모니아, 물이다.
④ 제3종 분말소화기는 A급, B급, C급 화재에 모두 적응성이 있다.

문제 01~10 해설 및 답안   "소방원론"

01 Polyurethane(폴리우레탄)
① 매트리스, 전기절연체, 구조체 등에 사용
② 연소하였을 때 시안화수소를 가장 많이 발생시키는 물질   답 ②

02 다량의 물을 뿌려 소화할 경우에는 냉각효과를 기대할 수 있다.
소화원리에 따른 소화방법

연소의 4요소	소화원리	소화방법	비고
가연물	가연물의 제거	제거소화	
산 소	산소희석, 산소차단	질식소화	물리적 소화
점화원	연소점 이하로 냉각	냉각소화	
연쇄반응	연쇄반응의 억제	억제소화 (부촉매 소화)	화학적 소화

답 ②

03 ① 화재가혹도 : 화재발생으로 인한 건축물 내 수용재산 및 건축물 자체에 손상을 입히는 정도
② 화재가혹도=화재강도×화재하중
③ 화재강도(Fire Intensity) : 최고온도를 뜻하며, 주수율을 결정하는 인자로 가연물의 비표면적, 화재실의 구조, 가연물의 발열량, 개구부의 위치 및 크기등이 영향을 준다.
④ 화재하중 : 최고온도의 지속시간을 뜻하며, 주수시간을 결정하는 인자   답 ②

04 제1종 분말 소화약제
① 1차 열분해반응식(270℃) : $2NaHCO_3 \rightarrow Na_2CO_3 + CO_2 + H_2O$
② 2차 열분해반응식(850℃) : $2NaHCO_3 \rightarrow Na_2O + 2CO_2 + H_2O$ 답 ②

05 할론 소화약제의 종류

종류	분자식	증기비중	상온·상압에서 상태
할론 1301	CF_3Br	$\frac{148.9}{29}=5.13$	기체상태
할론 1211	CF_2ClBr	$\frac{165.4}{29}=5.7$	
할론 2402	$C_2F_4Br_2$	$\frac{259.8}{29}=8.96$	액체상태
할론 101	CH_2ClBr	$\frac{129.4}{29}=4.46$	

답 ②

06 ① 팽창비 : 최종 발생한 포 체적을 원래 포 수용액 체적으로 나눈 값
② 팽창비율에 따른 포 및 포방출구의 종류

팽창비율에 따른 포의 종류	포방출구의 종류
팽창비가 20 이하인 것(저발포)	포헤드, 압축공기포헤드
팽창비가 80 이상 1,000 미만인 것(고발포)	고발포용 고정포방출구

답 ①

07 보일오버
① 탱크 저부의 물이 급격히 증발하여 기름이 탱크 밖으로 화재를 동반하여 방출하는 현상
② 유류 저장탱크의 화재 시 유면에서 발생한 열이 서서히 탱크 아래쪽으로 전파하여 탱크 하부의 물이 급격히 증발함으로써 상층의 유류를 밀어 올려 거대한 화염을 불러일으키며 다량의 기름을 탱크 밖으로 불이 붙은 채로 방출하는 현상   답 ③

08 화재하중은 화재구획에서의 단위 면적당 등가 가연물량[kg/m²]

$$Q = \frac{\Sigma(G_i \cdot H_i)}{H_0 \cdot A}[\text{kg/m}^2]$$

여기서, Q : 화재하중[kg/m²]
  G_i : 가연물중량[kg]
  H_i : 가연물의 단위발열량[kcal/kg]
  H_0 : 목재의 단위발열량 (4500[kcal/kg])
  A : 화재구획의 바닥면적[m²]   답 ③

09 ① 동식물유류 : 동물의 지육 등 또는 식물의 종자나 과육으로부터 추출한 것으로서 1기압에서 인화점이 섭씨 250도 미만인 것
② 요오드값 : 유지 100g당 포함되어 있는 요오드의 g 수
③ 요오드값이 클수록 불포화도가 높고, 자연발화가 쉬워진다.   답 ①

10 분말소화약제의 분해 반응 시 흡열반응을 한다.   답 ①

문제 11~20

11 피난계획의 일반원칙 중 fool proof 원칙에 해당하는 것은?
① 저지능인 상태에서도 쉽게 식별이 가능하도록 그림이나 색체를 이용하는 원칙
② 피난설비를 반드시 이동식으로 하는 원칙
③ 한 가지 피난기구가 고장이 나도 다른 수단을 이용할 수 있도록 고려하는 원칙
④ 피난설비를 첨단화된 전자식으로 하는 원칙

12 방화구조에 대한 기준으로 틀린 것은?
① 철망모르타르로서 그 바름두께가 2[cm] 이상인 것
② 석고판 위에 시멘트모르타르를 바른 것으로서 그 두께의 합계가 2.5[cm] 이상인 것
③ 시멘트모르타르 위에 타일을 붙인 것으로서 그 두께의 합계가 2[cm] 이상인 것
④ 심벽에 흙으로 맞벽치기 한 것

13 건축물 화재에서 플래시 오버(Flash over) 현상이 일어나는 시기는?
① 초기에서 성장기로 넘어가는 시기
② 성장기에서 최성기로 넘어가는 시기
③ 최성기에서 감쇠기로 넘어가는 시기
④ 감쇠기에서 종기로 넘어가는 시기

14 불티가 바람에 날리거나 또는 화재 현장에서 상승하는 열기류 중심에 휩쓸려 원거리 가연물에 착화하는 현상을 무엇이라 하는가?
① 비화　　　　　　　　　　② 전도
③ 대류　　　　　　　　　　④ 복사

15 밀폐된 내화건물의 실내에 화재가 발생했을 때 그 실내의 환경변화에 대한 설명 중 틀린 것은?
① 기압이 강하한다.
② 산소가 감소한다.
③ 일산화탄소가 증가한다.
④ 이산화탄소가 증가한다.

16 화재에 관련된 국제적인 규정을 제정하는 단체는?

① IMO(International Maritime Organization)
② SFPE(Society of Fire Protection Engineers)
③ NFPA(Nation Fire Protection Association)
④ ISO(International Organization for Standardization) TC 92

17 분진폭발의 위험성이 가장 낮은 것은?

① 알루미늄분
② 유황
③ 팽창질석
④ 소맥분

18 석유, 고무, 동물의 털, 가죽 등과 같이 황성분을 함유하고 있는 물질이 불완전연소될 때 발생하는 연소가스로 계란 썩는 듯한 냄새가 나는 기체는?

① 아황산가스
② 시안화수소
③ 황화수소
④ 암모니아

19 다음 물질 중 공기 중에서의 연소범위가 가장 넓은 것은?

① 부탄
② 프로판
③ 메탄
④ 수소

20 이산화탄소 20 g은 몇 mol 인가?

① 0.23
② 0.45
③ 2.2
④ 4.4

문제 11~20 해설 및 답안   "소방원론"

11   fool proof 원칙 : 저지능인 상태에서도 쉽게 식별이 가능하도록 그림이나 색채를 이용하는 것을 말한다.
         답 ①

12   건축물의 방화구조

시 공 방 법	기 준
• 철망모르타르 바르기	바름 두께가 2[cm] 이상
• 석고판 위에 시멘트 모르타르 또는 회반죽을 바른 것	두께의 합계가 2.5[cm] 이상
• 시멘트모르타르 위에 타일을 붙인 것	두께의 합계가 2.5[cm] 이상
• 심벽에 흙으로 맞벽치기한 것	—

         답 ③

13   플래시오버 : 성장기와 최성기 사이에 발생
     백드래프트 : 최성기와 감쇠기 사이에 발생
         답 ②

14   비화 : 화재로 인하여 발생된 **불꽃이 먼 곳으로 날아가 다른 건축물에 발화**하는 현상   **답** ①

15   밀폐된 내화건물의 실내에 화재시 실내의 환경변화
     ① 기압이 상승한다.
     ② 산소가 감소한다.
     ③ 일산화탄소가 증가한다.
     ④ 이산화탄소가 증가한다.
         답 ①

16   보기설명
     ① IMO(International Matritime Organization) : 국제해사기구
     ② SFPE(Society of Fire Protection Engineers) : 미국소방기술사회
     ③ NFPA(Nation Fire Protection Association) : 미국방화협회
     ④ ISO(International Organization for Stand-ardization) TC 92 : 국제표준화기구 화재안전기술위원회
         답 ④

17   팽창질석은 간이소화용구의 한 종류로서 소화약제로 사용된다.
     분진폭발을 일으키지 않는 물질 : 시멘트, 생석회, 석회석, 탄산칼슘
         답 ③

18   황화수소(H_2S)
     ① 허용농도 10ppm
     ② 달걀 썩은 냄새, 신경계통에 영향
     ③ 가연성가스이면서 독성가스
         답 ③

19 연소범위

물 질	부탄	프로판	메탄	수소
연소범위	1.8~8.4[%]	2.1~9.5[%]	5~15[%]	4~75[%]

답 ④

20 이산화탄소(CO_2)의 분자량 : 44 g

몰(mol) 수 : $\dfrac{질량(g)}{분자량(g)} = \dfrac{20g}{44g} = 0.45$

답 ②

문제 21~30

21 제거소화의 예에 해당하지 않는 것은?

① 유류화재 시 다량의 포를 방사한다.
② 가연성가스 화재 시 가스의 밸브를 닫는다.
③ 전기화재 시 신속하게 전원을 차단한다.
④ 산림화재 시 확산을 막기 위하여 산림의 일부를 벌목한다.

22 이산화탄소에 대한 설명으로 틀린 것은?

① 임계온도는 97.5℃이다.
② 고체의 형태로 존재할 수 있다.
③ 불연성가스로 공기보다 무겁다.
④ 드라이아이스와 분자식이 동일하다.

23 이산화탄소를 방출하여 산소농도가 13[%] 되었다면 공기 중 이산화탄소의 농도는 약 몇 [%]인가?

① 0.095[%]
② 0.3809[%]
③ 9.5[%]
④ 38.09[%]

24 위험물안전관리법상 위험물의 지정수량이 틀린 것은?

① 과산화나트륨 – 50kg
② 적린 – 100kg
③ 과염소산 – 300kg
④ 탄화알루미늄 – 400kg

25 포소화약제가 갖추어야 할 조건이 아닌 것은?

① 부착성이 있을 것
② 유동성과 내열성이 있을 것
③ 응집성과 안정성이 있을 것
④ 소포성이 있고 기화가 용이할 것

26 일반적인 플라스틱 분류상 열경화성 플라스틱에 해당하는 것은?
① 폴리에틸렌
② 폴리염화비닐
③ 페놀수지
④ 폴리스티렌

27 위험물안전관리법령상 제6류 위험물을 수납하는 운반용기의 외부에 주의사항을 표시하여야 할 경우, 어떤 내용을 표시하여야 하는가?
① 물기엄금
② 화기엄금
③ 화기주의·충격주의
④ 가연물접촉주의

28 유류탱크 화재 시 기름 표면에 물을 살수하면 기름이 탱크 밖으로 비산하여 화재가 확대되는 현상은?
① 슬롭 오버(Slop over)
② 플래시 오버(Flash over)
③ 프로스 오버(Froth over)
④ 블레비(BLEVE)

29 물과 반응하여 가연성 기체를 발생하지 않는 것은?
① 칼륨
② 인화아연
③ 산화칼슘
④ 탄화알루미늄

30 건축물의 화재 시 패닉(panic)의 발생원인과 직접적인 관계가 없는 것은?
① 유독가스에 의한 호흡 장애
② 연기에 의한 시계 제한
③ 외부와 단절되어 고립
④ 불연 내장재의 사용

문제 21~30 해설 및 답안 "소방원론"

21 유류화재 시 다량의 포를 방사하는 것은 질식소화 방법이다. 답 ①

22 이산화탄소(CO_2)의 물성
① 무색, 무취의 기체이며 불연성이다.
② 상온(기체상태)에서 가압하면 쉽게 액화하여 액체 상태로 저장, 운반할 수 있다.

구분	비고
분자량	44
증기비중	1.52
삼중점	−56.3 ℃
임계온도	31.35 ℃
임계압력	72.9 atm
승화점	−78.5 ℃

답 ①

23 이산화탄소의 농도 $= \dfrac{21[\%] - O_2[\%]}{21[\%]} = \dfrac{21-13}{21} \times 100 = 38.09[\%]$ 답 ④

24 보기설명
① 과산화나트륨 : 제1류 위험물, 무기과산화물(알칼리금속의 과산화물), 지정수량 50 kg
② 적린 : 제2류 위험물, 지정수량 100 kg
③ 과염소산 : 제6류 위험물, 지정수량 300 kg
④ 탄화알루미늄 : 제3류 위험물, 알루미늄의 탄화물, 지정수량 300 kg 답 ④

25 소포성이란 포의 거품이 사라져 원래의 포 수용액으로 돌아가는 성질로서 포의 거품이 사라지면 포의 주된 소화작용인 질식소화 성능이 사라지게 된다. 답 ④

26 열가소성, 열경화성

구분	열가소성 합성수지류	열경화성 합성수지류
개념	열을 가하면 용융하고, 냉각시키면 경화되는 것으로 재성형이 가능하다.	열을 가하면 경화되며, 재성형이 불가능하다.
종류	메틸펜텐 폴리머 나일론(포리아미드) 폴리카보네이트 폴리에틸렌, 폴리이미드 폴리페닐렌 옥시드 폴리프로필렌, 폴리스티렌 폴리술폰, 염화비닐리덴 수지 폴리염화비닐 수지(PVC)	우레아 수지 멜라민 수지 에폭시 수지 페놀 수지 불포화 폴리에스텔 수지 실리콘 수지 폴리우레탄

답 ③

27 수납하는 위험물에 따른 주의사항

제1류 위험물	알칼리금속의 과산화물	화기·충격주의, 물기엄금 및 가연물접촉주의
	그 밖	화기·충격주의 및 가연물접촉주의
제2류 위험물	철분 · 금속분 · 마그네슘	화기주의 및 물기엄금
	인화성고체	화기엄금
	그 밖	화기주의
제3류 위험물	자연발화성물질	화기엄금 및 공기접촉엄금
	금수성물질	물기엄금
제4류 위험물	화기엄금	
제5류 위험물	화기엄금, 충격주의	
제6류 위험물	가연물접촉주의	

답 ④

28 ① 슬롭 오버(Slop over) : 유류탱크 화재 시 기름 표면에 물을 살수하면 기름이 탱크 밖으로 비산하여 화재가 확대되는 현상
② 플래시 오버(Flash over) : 순간적 또는 폭발적인 연소 확대현상으로 고온의 복사열에 의해 바닥의 가연물이 동시에 열 분해되어 동시에 실내 전체가 화염에 휩싸이는 현상
③ 프로스 오버(Froth over) : 저장탱크 속의 물이 점성을 가진 뜨거운 기름의 표면 아래에서 끓을 때 화재를 수반하지 않고 기름이 넘쳐흐르는 현상
④ 블레비(BLEVE) : 가연성 액화가스의 용기가 과열로 파손되어 가스가 분출된 후 불이 붙어 폭발하는 현상

답 ①

29 ① 산화칼슘은 생석회라고도 하며 물과 반응하여 수산화칼슘(소석회)를 만든다.
② 칼륨 : 수소가스(H_2) 발생
③ 인화아연 : 인화수소(포스핀, PH_3) 발생
④ 탄화알루미늄 : 메탄가스(CH_4) 발생

답 ③

30 패닉의 발생원인
① 유독가스에 의한 호흡 장애
② 연기에 의한 시계 제한
③ 외부와 단절되어 고립

답 ④

문제 31~40

31 건축물 내 방화벽에 설치하는 출입문의 너비 및 높이의 기준은 각각 몇 m 이하인가?
① 2.5
② 3.0
③ 3.5
④ 4.0

32 내화건축물과 비교한 목조건축물 화재의 일반적인 특징을 옳게 나타낸 것은?
① 고온, 단시간형
② 저온, 단시간형
③ 고온, 장시간형
④ 저온, 장시간형

33 건축물에 화재가 발생하여 일정 시간이 경과하게 되면 일정 공간 안에 열과 가연성가스가 축적되고 한순간에 폭발적으로 화재가 확산되는 현상을 무엇이라 하는가?
① 보일오버현상
② 플래시오버현상
③ 패닉현상
④ 리프팅현상

34 연소범위(폭발범위)에 관한 설명으로 옳지 않은 것은?
① 불활성 가스를 첨가할수록 연소범위는 좁아진다.
② 온도가 높아질수록 폭발범위는 넓어진다.
③ 혼합기를 이루는 공기의 산소농도가 높을수록 연소범위는 좁아진다.
④ 가연물의 양과 유동상태 및 방출속도 등에 따라 영향을 받는다.

35 가연물이 되기 쉬운 조건이 아닌 것은?
① 발열량이 커야 한다.
② 열전도율이 커야 한다.
③ 산소와 친화력이 좋아야 한다.
④ 활성화에너지가 작아야 한다.

36 증기비중의 정의로 옳은 것은?(단, 보기에서 분자, 분모의 단위는 모두 g/mol이다.)

① $\dfrac{분자량}{100}$ ② $\dfrac{분자량}{29}$

③ $\dfrac{분자량}{44.8}$ ④ $\dfrac{분자량}{22.4}$

37 프로판 50vol%, 부탄 40vol%, 프로필렌 10vol%로 된 혼합가스의 폭발하한계는 약 몇 vol%인가?(단, 각 가스의 폭발하한계는 프로판은 2.2vol%, 부탄은 1.9vol%, 프로필렌은 2.4vol%이다.)

① 0.83 ② 2.09
③ 5.05 ④ 9.44

38 다음 중 공기에서의 연소범위를 기준으로 했을 때 위험도(H) 값이 가장 큰 것은?

① 디에틸에테르
② 수소
③ 에틸렌
④ 부탄

39 실내에서 화재가 발생하여 실내의 온도가 21[℃]에서 650[℃]로 되었다면, 공기의 팽창은 처음의 약 몇 배가 되는가? (단, 대기압은 공기가 유동하여 화재 전후가 같다고 가정한다.)

① 3.14
② 4.27
③ 5.69
④ 6.01

40 다음 중 고체 가연물이 덩어리보다 가루일 때 연소되기 쉬운 이유로 가장 적합한 것은?

① 발열량이 작아지기 때문이다.
② 공기와 접촉면이 커지기 때문이다.
③ 열전도율이 커지기 때문이다.
④ 활성에너지가 커지기 때문이다.

문제 31~40 해설 및 답안   "소방원론"

31 방화벽
① 내화구조로 홀로 설 수 있는 구조
② 방화벽의 양쪽 끝과 위쪽 끝을 건축물의 외벽면 및 지붕면으로부터 0.5 m 이상 튀어나오게 할 것
③ 방화벽에 설치하는 출입문의 너비 및 높이는 각각 2.5 m 이하, 출입문에는 60분+방화문 또는 60분 방화문을 설치할 것

답 ①

32 건축물의 구조, 형태에 따른 화재진행 현상

건축물	화재성상	최고온도
목재 건축물	고온 단기형	1,300[℃]
내화 건축물	저온 장기형	900~1,000[℃]

답 ①

33 플래시오버(Flash over : F.O)
Flash-over 현상은 발화 후 5~6분 경과 후 화재 성장과정에서 발생하는 것으로 화재로 생긴 가연성 가스가 일시에 인화하여 화염이 충만해지는 과정을 말하는 것으로 폭발적인 착화현상과 폭발적인 화재확대 현상을 일으킨다.
플래시오버(F・O) 시점에서의 실내온도는 실내의 가연물질에 따라 달라지지만 보통 800[℃]~900[℃] 정도이다.

답 ②

34 혼합기를 이루는 공기의 산소농도가 높을수록 연소범위는 넓어진다.

답 ③

35 가연물의 구비조건
① 열전도율이 작을 것
② 활성화 에너지가(점화에너지) 작을 것
③ 발열량이 클 것
④ 열의 축척이 용이할 것
⑤ 가연물의 표면적이 커야 한다. (산소와의 접촉 면적이 클 것)

답 ②

36 증기(기체) 비중 : $\dfrac{\text{분자량}}{29}$

답 ②

37 폭발하한계(연소하한계)

$$L = \dfrac{100}{\dfrac{V_1}{L_1} + \dfrac{V_2}{L_2} + \dfrac{V_3}{L_3}} = \dfrac{100}{\dfrac{50}{2.2} + \dfrac{40}{1.9} + \dfrac{10}{2.4}} = 2.09\%$$

혼합가스의 연소범위(르샤틀리에 공식)

$$L = \frac{100}{\frac{V_1}{L_1} + \frac{V_2}{L_2} + \frac{V_3}{L_3} + \cdots} \quad (단, \ V_1 + V_2 + V_3 + \cdots + V_n = 100)$$

① L : 혼합가스의 연소하한계(%)
② $L_1, L_2, L_3, \cdots$: 각 성분의 연소하한계(%)
③ $V_1, V_2, V_3, \cdots$: 각 성분의 체적(%)

답 ②

38 ① 디에틸에테르 : 연소범위 1.9~48 %, 위험도 $H = \frac{48 - 1.9}{1.9} = 24.26$

② 수소 : 연소범위 4~75 %, 위험도 $H = \frac{75 - 4}{4} = 17.75$

③ 에틸렌 : 연소범위 3.1~32 %, 위험도 $H = \frac{32 - 3.1}{3.1} = 9.32$

④ 부탄(뷰테인) : 연소범위 1.8~8.4 %, 위험도 $H = \frac{8.4 - 1.8}{1.8} = 3.67$

답 ①

39 샤를의 법칙 $\frac{V_1}{T_1} = \frac{V_2}{T_2}$

여기서, T_1, T_2 : 절대온도[K=273+℃]
V_1, V_2 : 부피[m³]

$\frac{V_1}{T_1} = \frac{V_2}{T_2}$

$\frac{V_1}{(21+273)} = \frac{V_2}{(650+273)}$

$V_2 = \frac{(650+273)}{(21+273)} \times V_1 = 3.14\,V_1$

답 ①

40 ① 고체 가연물이 덩어리보다 가루일 때 연소되기 쉬운 이유는 공기와 접촉면이 커지기 때문이다.
② 표면적의 크기 : 고체 < 액체 < 기체

답 ②

문제 41~50

41 증발잠열을 이용하여 가연물의 온도를 떨어뜨려 화재를 진압하는 소화방법은?

① 제거소화
② 억제소화
③ 질식소화
④ 냉각소화

42 정전기로 인한 피해발생의 방지대책이 아닌 것은?

① 접지실시
② 공기의 이온화
③ 부도체 사용
④ 70[%] 이상의 상대습도 유지

43 물체의 표면온도가 250 ℃에서 650 ℃로 상승하면 열복사량은 약 몇 배 정도 상승하는가?

① 2.5
② 5.7
③ 7.5
④ 9.7

44 물의 기화열이 539cal인 것은 어떤 의미인가?

① 0 ℃의 물 1 g이 얼음으로 변화하는데 539 cal의 열량이 필요하다.
② 0 ℃의 얼음 1 g이 물로 변화하는데 539 cal의 열량이 필요하다.
③ 0 ℃의 물 1 g이 100 ℃의 물로 변화하는데 539 cal의 열량이 필요하다.
④ 100 ℃의 물 1 g이 수증기로 변화하는데 539 cal의 열량이 필요하다.

45 산림화재 시 소화효과를 증대시키기 위해 물에 첨가하는 증점제로서 적합한 것은?

① Ethylene Glycol
② Potassium Carbonate
③ Ammonium Phosphate
④ Sodium Carboxy Methyl Cellulose

46 물질의 취급 또는 위험성에 대한 설명 중 틀린 것은?
① 융해열은 점화원이다.
② 질산은 물과 반응 시 발열 반응하므로 주의를 해야 한다.
③ 네온, 이산화탄소, 질소는 불연성 물질로 취급한다.
④ 암모니아를 충전하는 공업용 용기의 색상은 백색이다.

47 건축방화계획에서 건축구조 및 재료를 불연화하여 화재를 미연에 방지하고자 하는 공간적 대응방법은?
① 회피성 대응
② 도피성 대응
③ 대항성 대응
④ 설비적 대응

48 나이트로셀룰로스에 대한 설명으로 잘못된 것은?
① 질화도가 낮을수록 위험성이 크다.
② 물을 첨가하여 습윤시켜 운반한다.
③ 화약의 원료로 쓰인다.
④ 고체이다.

49 피난 시 하나의 수단이 고장 등으로 사용이 불가능하더라도 다른 수단 및 방법을 통해서 피난할 수 있도록 하는 것으로 2방향 이상의 피난통로를 확보하는 피난대책의 일반 원칙은?
① Risk-down 원칙
② Feed-back 원칙
③ Fool-proof 원칙
④ Fail-safe 원칙

50 방화구획의 설치기준 중 스프링클러 기타 이와 유사한 자동식소화설비를 설치한 10층 이하의 층은 몇 m^2 이내마다 구획하여야 하는가?
① 1,000
② 1,500
③ 2,000
④ 3,000

문제 41~50 해설 및 답안 "소방원론"

41 소화원리

연소의 4요소	소화원리	소화방법	비고
가연물	가연물의 제거	제거소화	물리적 소화
산소	산소의 희석, 차단	질식소화	
점화원	연소점 이하로 냉각 (증발잠열 이용)	냉각소화	
연쇄반응	연쇄반응의 억제	억제소화 (부촉매 효과)	화학적 소화

답 ④

42 정전기로 인한 피해발생의 방지대책
① 공기 중의 상대습도를 70[%] 이상으로 유지한다.
② 접지 또는 본딩에 의한 대전방지
③ 공기를 이온화한다.
④ 제전기에 의한 대전방지
⑤ 인체의 대전방지

답 ③

43 스테판-볼츠만의 법칙 : 열복사량은 절대온도의 4승에 비례하고 열전달면적에 비례한다.

$$절대온도[K] = 섭씨온도[℃] + 273$$

250[℃]에서의 열량을 H_1, 650[℃]에서의 열량을 H_2라 하면

$$\frac{H_2}{H_1} = \frac{(273+650)^4}{(273+250)^4} = 9.7$$

답 ④

44 물의 특징

구분	열량
기화(증발)잠열	539 cal/g
융해잠열	80 cal/g
100℃의 물 1g이 100℃의 수증기로 되는데 필요한 열량	539 cal/g
0℃의 물 1g이 100℃의 수증기로 되는데 필요한 열량	639 cal/g

답 ④

45 Sodium Carboxy Methyl Cellulose은 CMC 소화약제라고도 하며 산림화재시 사용하는 증점제이다.

답 ④

46
① 융해열은 고체가 액체가 될 때 필요한 잠열로 점화원이 될 수 없다.
② 물의 융해열은 약 80 kcal/kg

🔑 ①

47 공간적 대응(수동적 방화)

구분	내 용
대항성	건축물의 내화성능, 방화구획 성능, 화재방어 대응성, 방연성능, 배연성능, 초기소화 대응력
회피성	난연화, **불연화**, 내장제 제한, 방화훈련 등 화재예방 방안
도피성	피난, 부지 및 도로 등

🔑 ①

48 나이트로셀룰로스의 특성
① **질화도**(나이트로셀룰로스 중 질소의 함유율)가 클수록 폭발성이 강하다.
② 물(20%) 또는 알코올(30%)을 첨가 습윤 시켜 냉암소에 저장
③ 화재 시 다량의 물을 이용하여 주수소화
④ 제5류 위험물 중 질산에스터류에 해당한다.

🔑 ①

49 Fail-safe
피난 시 하나의 수단이 고장 등으로 사용이 불가능하더라도 다른 수단 및 방법을 통해서 피난할 수 있도록 하는 것으로 2방향 이상의 피난통로를 확보하는 피난대책

🔑 ④

50 방화구획 적합기준

10층 이하의 층	바닥면적 1천제곱미터(스프링클러를 설치한 경우에는 바닥면적 3천제곱미터)이내마다 구획
매 층마다 구획할 것. 다만, 지하 1층에서 지상으로 직접 연결하는 경사로 부위는 제외	
11층 이상의 층	바닥면적 200제곱미터(스프링클러를 설치한 경우에는 600제곱미터)이내마다 구획할 것. 다만, 마감을 **불연재료**로 한 경우에는 바닥면적 **500제곱미터**(스프링클러를 설치한 경우에는 **1천500제곱미터**)이내마다 구획

🔑 ④

문제 51~60

51 다음 중 플래시 오버(flash over)를 가장 옳게 설명한 것은?
① 도시가스의 폭발적 연소를 말한다.
② 휘발유 등 가연성 액체가 넓게 흘러서 발화한 상태를 말한다.
③ 옥내화재가 서서히 진행하여 열 및 가연성 기체가 축적되었다가 일시에 연소하여 화염이 크게 발생하는 상태를 말한다.
④ 화재층의 불이 상부층으로 올라가는 현상을 말한다.

52 BLEVE 현상을 설명한 것으로 가장 옳은 것은?
① 물이 뜨거운 기름표면 아래에서 끓을 때 화재를 수반하지 않고 over flow 되는 현상
② 물이 연소유의 뜨거운 표면에 들어갈 때 발생되는 over flow 현상
③ 탱크 바닥에 물과 기름의 에멀전이 섞여있을 때 물의 비등으로 인하여 급격하게 over flow 되는 현상
④ 탱크 주위 화재로 탱크 내 인화성 액체가 비등하고 가스부분의 압력이 상승하여 탱크가 파괴되고 폭발을 일으키는 현상

53 폭굉(Detonation)에 관한 설명으로 틀린 것은?
① 연소속도가 음속보다 느릴 때 나타난다.
② 온도의 상승은 충격파의 압력에 기인한다.
③ 압력상승은 폭연의 경우보다 크다.
④ 폭굉의 유도거리는 배관의 지름과 관계가 있다.

54 상온에서 무색의 기체로서 암모니아와 유사한 냄새를 가지는 물질은?
① 에틸벤젠　　　　　　② 에틸아민
③ 산화프로필렌　　　　④ 사이클로프로판

55 조연성가스로만 나열되어 있는 것은?
① 질소, 불소, 수증기
② 산소, 불소, 염소
③ 산소, 이산화탄소, 오존
④ 질소, 이산화탄소, 염소

56 스테판-볼쯔만의 법칙에 의해 복사열과 절대온도와의 관계를 옳게 설명한 것은?

① 복사열은 절대온도의 제곱에 비례한다.
② 복사열은 절대온도의 4제곱에 비례한다.
③ 복사열은 절대온도의 제곱에 반비례한다.
④ 복사열은 절대온도의 4제곱에 반비례한다.

57 다음 중 착화온도가 가장 낮은 것은?

① 에틸알코올
② 톨루엔
③ 등유
④ 가솔린

58 건물내부에 익숙한 사람이 피난에 지장을 느낄 정도의 농도이고 가시거리가 5[m]에 해당하는 감광계수는 얼마인가?

① $0.1[m^{-1}]$
② $0.3[m^{-1}]$
③ $0.5[m^{-1}]$
④ $10[m^{-1}]$

59 독성이 매우 높은 가스로서 석유제품, 유지(油脂) 등이 연소할 때 생성되는 알데히드 계통의 가스는?

① 시안화수소
② 암모니아
③ 포스겐
④ 아크롤레인

60 화재의 분류방법 중 유류화재를 나타내는 것은?

① A급 화재
② B급 화재
③ C급 화재
④ D급 화재

문제 51~60 해설 및 답안

"소방원론"

51 Flash-over 현상은 발화 후 5~6분 경과 후 발생하는 것으로 화재로 생긴 **가연성 가스가 일시에 인화하여 화염이 충만해지는 과정**을 말한다.

답 ③

52 보기설명
① 프로스 오버 : 물이 뜨거운 기름표면 아래에서 끓을 때 화재를 수반하지 않고 over flow 되는 현상
② 슬롭 오버 : 물이 연소유의 뜨거운 표면에 들어갈 때 발생되는 over flow 현상
③ 보일 오버 : 탱크 바닥에 물과 기름의 에멀전이 섞여있을 때 물의 비등으로 인하여 급격하게 over flow 되는 현상
④ 블레비(BLEVE) 현상 : 비등액체 팽창 증기폭발을 말하며, 탱크 주위 화재로 탱크 내 인화성 액체가 비등하고 가스부분의 압력이 상승하여 탱크가 파괴되고 폭발을 일으키는 현상

답 ④

53 폭연(Deflagration)과 폭굉(Detonation)
① 폭연(Deflagration) : 화염전파속도가 음속 미만(아음속)
② 폭굉(Detonation) : 화염전파속도가 음속보다 빠른 것(초음속)으로 1,000~3,500 [m/s] 정도
③ 폭연과 폭굉의 비교

구 분	폭연(Deflagration)	폭굉(Detonation)
화염전파속도 (연소속도)	① 음속 미만(아음속) ② 0.1~10m/s	① 음속 이상(초음속) ② 1,000~3,500m/s
온도상승	열전달 (전도, 대류, 복사)	충격파

답 ①

54 에틸아민($C_2H_5NH_2$)
① 제4류 위험물 중 특수인화물에 속한다.
② 강한 암모니아와 같은 냄새를 가진 무색의 화합물

답 ②

55 ① 조연성 가스 : **자신은 연소하지 않고 연소를 도와주는 가스**
② 종류 : 산소, 공기, 염소, 오존, 불소 등
※ 불연성 가스 : 질소, 이산화탄소

답 ②

56 스테판-볼츠만의 복사법칙
열복사량은 절대온도의 4승에 비례하고 열 전달면적에 비례한다.

답 ②

57 착화온도 : 공기 중에서 서서히 가열하면 직접 화기를 근접시키지 않아도 불을 일으키기 시작하는 최저온도

구분	에틸알코올 (에탄올)	톨루엔	등유	가솔린(휘발유)
착화온도	363℃	480℃	254℃	280~470℃ (약 300℃)

답 ③

58 연기의 농도와 가시거리

감광계수	가시거리[m]	상 황
0.1	20~30	연기 감지기가 작동할 정도
0.3	5	건물내부에 익숙한 사람이 피난에 지장을 느낄 정도의 농도
0.5	3	어두침침한 것을 느낄 정도의 농도
1.0	1~2	거의 앞이 보이지 않을 정도의 농도
10	0.2~0.5	최성기 때의 연기농도로 유도등이 보이지 않는 정도의 농도
30		출화실에서 연기가 분출될 때의 연기농도

답 ②

59

가스	주요특징	연소물질
아크롤레인 (CH_2CHCHO)	① 허용농도 0.1ppm ② 맹독성 가스로 인체에 치명적	석유제품, 유지류(기름성분)
포스겐 ($COCl_2$)	① 허용농도 0.1ppm ② CO와 염소가 반응하여 생성된다. ③ 염화합물, 사염화탄소와 화염접촉 시 생성된다.	PVC, 수지류, 염소계화합물
시안화수소 (HCN)	① 허용농도 10ppm ② 맹독성 가스로 0.3%의 농도에서 즉사	질소 함유물질
암모니아 (NH_3)	① 허용농도 10ppm ② 혈액 중에 흡수되어 순환계통 장애 ③ 피부나 점막에 자극성 및 부식성	질소 함유물질

답 ④

60 화재의 분류

구분 \ 등급	A급	B급	C급	D급	K급
화재 종류	일반화재	유류화재	전기화재	금속화재	주방화재
표시 색상	백색	황색	청색	무색	–

답 ②

문제 61~70

61 물리적 폭발에 해당하는 것은?

① 분해 폭발
② 분진 폭발
③ 중합 폭발
④ 수증기 폭발

62 다음 중 피난자의 집중으로 패닉현상이 일어날 우려가 가장 큰 형태는?

① T형
② X형
③ Z형
④ H형

63 건물의 피난동선에 대한 설명으로 옳지 않은 것은?

① 피난동선은 가급적 단순한 형태가 좋다.
② 피난동선은 가급적 상호 반대방향으로 다수의 출구와 연결되는 것이 좋다.
③ 피난동선은 수평동선과 수직동선으로 구분된다.
④ 피난동선은 복도, 계단을 제외한 엘리베이터와 같은 피난전용의 통행구조를 말한다.

64 탄화칼슘의 화재 시 물을 주수하였을 때 발생하는 가스로 옳은 것은?

① C_2H_2
② H_2
③ O_2
④ C_2H_6

65 마그네슘의 화재에 주수하였을 때 물과 마그네슘의 반응으로 인하여 생성되는 가스는?

① 일산화탄소
② 이산화탄소
③ 수소
④ 산소

66. 정전기로 인한 화재를 줄이고 방지하기 위한 대책 중 틀린 것은?
① 공기 중 습도를 일정값 이상으로 유지한다.
② 기기의 전기 절연성을 높이기 위하여 부도체로 차단공사를 한다.
③ 공기 이온화 장치를 설치하여 가동시킨다.
④ 정전기 축적을 막기 위해 접지선을 이용하여 대지로 연결작업을 한다.

67. 화재 시 소화에 관한 설명으로 틀린 것은?
① 내알코올포 소화약제는 수용성용제의 화재에 적합하다.
② 물은 불에 닿을 때 증발하면서 다량의 열을 흡수하여 소화한다.
③ 제3종 분말소화약제는 식용유화재에 적합하다.
④ 할로겐화합물 소화약제는 연쇄반응을 억제하여 소화한다.

68. 분자식이 CF_2BrCl 인 할론 소화약제는?
① Halon 1301
② Halon 1211
③ Halon 2402
④ Halon 2021

69. 소화원리에 대한 설명으로 틀린 것은?
① 억제소화: 불활성기체를 방출하여 연소범위 이하로 낮추어 소화하는 방법
② 냉각소화: 물의 증발잠열을 이용하여 가연물의 온도를 낮추는 소화방법
③ 제거소화: 가연성 가스의 분출화재 시 연료공급을 차단시키는 소화방법
④ 질식소화: 포소화약제 또는 불연성기체를 이용해서 공기 중의 산소공급을 차단하여 소화하는 방법

70. 위험물의 유별에 따른 분류가 잘못된 것은?
① 제1류 위험물: 산화성 고체
② 제3류 위험물: 자연발화성 물질 및 금수성 물질
③ 제4류 위험물: 인화성 액체
④ 제6류 위험물: 가연성 액체

문제 61~70 해설 및 답안 "소방원론"

61 폭발의 형태

화학적 폭발	가스폭발, 분진폭발, 산화폭발, 중합폭발, 분해폭발 등
물리적 폭발	수증기폭발, 전선폭발, 상전이 폭발 등

답 ④

62 피난방향을 고려한 시설계획

구 분			피난방향의 종류
피난 방향 명확	가장 확실	X형	
		Y형	
	양호	T형	
		I형	
		Z형	
패닉 발생 우려		H형	
		CO형	

답 ④

63 **피난동선은 피난전용의 통행구조로서 복도, 통로 및 계단 등이 포함되며 엘리베이터는 포함되지 않는다.**
피난동선의 구비조건
1) 가급적 단순형태가 좋다.
2) 어느 곳에서도 2개 이상의 방향으로 피난할 수 있어야 한다.
3) 피난동선의 말단은 화재로부터 안전한 장소이어야 한다.
4) 수평동선(복도)과 수직 동선(계단)으로 구분된다.
5) 피난동선은 가급적 상호 반대 방향으로 다수의 출구와 연결되는 것이 좋다.

답 ④

64 물과의 반응
① 탄화칼슘 반응식 : $CaC_2 + 2H_2O \rightarrow Ca(OH)_2 + C_2H_2$
 $Ca(OH)_2$: 소석회, C_2H_2 : 아세틸렌
② 인화칼슘 : 포스핀(인화수소, PH_3) 생성

답 ①

65 마그네슘(Mg)은 물과 반응하면 수소가스를 발생하므로 주수소화하면 위험하다.
$Mg + 2H_2O \rightarrow Mg(OH)_2 + H_2 \uparrow$

답 ③

66 부도체를 사용하면 정전기 축적이 더 쉬워지므로 전도체를 사용해야 한다.
정전기 제거방법
① 접지에 의한 방법
② 공기 중의 상대습도를 70% 이상으로 하는 방법
③ 공기를 이온화하는 방법

답 ②

67 제1종 분말소화약제는 비누화 반응을 일으켜 질식작용을 하므로 식용유화재에 적합하다.
분말소화약제의 종류

종별	주성분	화학식	착색	적응화재
제1종	탄산수소나트륨 (중탄산나트륨)	$NaHCO_3$	백색	BC급
제2종	탄산수소칼륨 (중탄산칼륨)	$KHCO_3$	담회색 (또는 담자색)	BC급
제3종	제1인산염 (인산암모늄)	$NH_4H_2PO_4$	담홍색 (또는 황색)	ABC급
제4종	탄산수소칼륨+요소	$KHCO_3 + (NH_2)_2CO$	회색	BC급

답 ③

68 할론 소화약제의 종류

	분자식	C	F	Cl	Br
Halon 1301	CF_3Br	1	3	0	1
Halon 1211	CF_2ClBr	1	2	1	1
Halon 2402	$C_2F_4Br_2$	2	4	0	2

답 ②

69 ① 불활성기체를 방출하여 연소범위 이하로 낮추어 소화하는 방법 : 질식소화
② 억제소화 : 화확적 소화, 부촉매 소화방법으로 연쇄반응을 차단

답 ①

70 위험물의 류별 성질

류별	성질
제1류	산화성 고체
제2류	가연성 고체
제3류	자연발화성 및 금수성 물질
제4류	인화성 액체
제5류	자기반응성 물질
제6류	산화성 액체

답 ④

문제 71~80

71 고층 건축물 내 연기 거동 중 굴뚝효과에 영향을 미치는 요소가 아닌 것은?
① 건물 내·외의 온도차
② 화재실의 온도
③ 건물의 높이
④ 층의 면적

72 제연설비의 화재안전기술기준상 예상제연구역에 공기가 유입되는 순간의 풍속은 몇 m/s 이하가 되도록 하여야 하는가?
① 2
② 3
③ 4
④ 5

73 화재 시 발생하는 연소가스 중 인체에서 헤모글로빈과 결합하여 혈액의 산소운반을 저해하고 두통, 근육조절의 장애를 일으키는 것은?
① CO_2
② CO
③ HCN
④ H_2S

74 물에 황산을 넣어 묽은 황산을 만들 때 발생되는 열은?
① 연소열
② 분해열
③ 용해열
④ 자연발열

75 다음에서 설명하는 것은?

> 건축물 내부와 외부의 온도차·공기 밀도차로 인하여 발생하며, 일반적으로 저층보다 고층건축물에서 더 큰 효과를 나타낸다.

① 플래시오버
② 백드래프트
③ 굴뚝효과
④ 롤오버

76 과산화수소 위험물의 특성이 아닌 것은?

① 비수용성이다.
② 무기화합물이다.
③ 불연성 물질이다.
④ 비중은 물보다 무겁다.

77 액화석유가스(LPG)에 대한 성질로 틀린 것은?

① 주성분은 프로판, 부탄이다.
② 천연고무를 잘 녹인다.
③ 물에 녹지 않으나 유기용매에 용해된다.
④ 공기보다 1.5배 가볍다.

78 백열전구가 발열하는 원인이 되는 열은?

① 아크열
② 유도열
③ 저항열
④ 정전기열

79 대두유가 침적된 기름 걸레를 쓰레기통에 장시간 방치한 결과 자연발화에 의하여 화재가 발생한 경우 그 이유로 옳은 것은?

① 융해열 축적
② 산화열 축적
③ 증발열 축적
④ 발효열 축적

80 단백포 소화약제의 특징이 아닌 것은?

① 내열성이 우수하다.
② 유류에 대한 유동성이 나쁘다.
③ 유류를 오염시킬 수 있다.
④ 변질의 우려가 없어 저장 유효기간의 제한이 없다.

문제 71~80 해설 및 답안 "소방원론"

71 굴뚝효과(연돌효과)
1) 정의 :
   ① 건축물 내·외부 온도차에 의한 압력의 차이로 건축물 내부의 기류가 상승 또는 하강하는 현상
   ② 건물 내부와 외부 또는 두 내부 공간 상하간의 온도 차이에 의한 밀도 차이로 발생하는 건물 내부의 수직 기류
2) 굴뚝효과에 영향을 미치는 요소
   ① 건물의 높이
   ② 건물 내·외의 온도차
   ③ 화재실의 온도
   ④ 외벽의 기밀도
   ⑤ 각 층간의 공기누설

답 ④

72 예상제연구역에 공기가 유입되는 순간의 풍속은 5 m/s 이하가 되도록 하고, 유입구의 구조는 유입 공기를 상향으로 분출하지 않도록 설치해야 한다. 다만, 유입구가 바닥에 설치되는 경우에는 상향으로 분출이 가능하며 이때의 풍속은 1 m/s 이하가 되도록 해야 한다.

답 ④

73 보기설명

가스	주요특징	연소물질
CO_2 (이산화탄소)	① 무색, 무미, 무취의 불연성 기체 ② 다량 존재 시 호흡속도 증가	탄소성분 함유 물질
CO (일산화탄소)	① 허용농도 10ppm ② 무색, 무미, 무취의 환원성 기체 ③ 헤모글로빈과 결합하여 산소운반기능 저하 ④ 염소와 반응하여 포스겐 생성	탄소성분 함유 물질
HCN (시안화수소)	① 허용농도 10ppm ② 맹독성 가스로 0.3% 농도에서 즉사	질소 함유 물질
H_2S (황화수소)	① 허용농도 10ppm ② 달걀 썩은 냄새, 신경계통에 영향 ③ 가연성가스이면서 독성가스	석유, 고무, 동물의 털, 가죽 등과 같이 황성분을 함유물질

답 ②

74 ① 연소열 : 물질이 완전 산화되는 과정에서 발생하는 열
② 분해열 : 화합물질이 분해될 때 발생하는 열
③ 자연발열 : 가연물이 외부에서 열을 공급받지 않고 축적된 열에 의해 발화점 이상으로 온도상승 시 발열

답 ③

75 굴뚝효과(연돌효과)
건물 내부와 외부 또는 두 내부 공간 상하간의 온도 차이에 의한 밀도 차이로 발생하는 건물 내부의 수직 기류

답 ③

76　과산화수소 위험물
　　• 제6류 위험물, 지정수량 : 300kg
　　• 무기화합물로서 비중은 물보다 무겁다.(1보다 크다)
　　• 불연성 물질, 수용성(물에 잘 녹는다), 강산화제　　　　　　　　　　　　　　　　답 ①

77　주성분은 프로판(C_3H_8), 부탄(C_4H_{10})으로 공기보다 1.5배 무겁다.　　　　　　답 ④

78　① 아크열 : 스위치 개폐(on, off)에 따른 아크 때문에 발생
　　② 유도열 : 도체 주위에 자장이 존재할 때 전류가 흘러 발생하는 열
　　③ 저항열 : 저항을 갖는 도체에 전류가 흐를 때 발생하는 열
　　④ 정전기열 : 정전기가 방전할 때 발생하는 열　　　　　　　　　　　　　　　　답 ③

79　대두유(콩기름)는 동식물유류 중 반건성유에 해당하는 물질로 기름걸레를 장기간 방치할 경우 산화열 축적에 의해 화재발생 가능성이 있다.　　　　　　　　　　　　　　　　　　　　　답 ②

80　단백포
　　• 주성분 : 동물성 가수분해 단백질+기포안정제
　　• 사용농도 : 3%, 6%
　　• 변질의 우려가 있어 저장 유효기간이 짧다.　　　　　　　　　　　　　　　　　　답 ④

문제 81~90

81 화재발생 시 발생하는 연기에 대한 설명으로 틀린 것은?

① 연기의 유동속도는 수평방향이 수직방향보다 빠르다.
② 동일한 가연물에 있어 환기지배형 화재가 연료지배형 화재에 비하여 연기발생량이 많다.
③ 고온상태의 연기는 유동확산이 빨라 화재전파의 원인이 되기도 한다.
④ 연기는 일반적으로 불완전 연소시에 발생한 고체, 액체, 기체 생성물의 집합체이다.

82 전기불꽃, 아크 등이 발생하는 부분을 기름 속에 넣어 폭발을 방지하는 방폭구조는?

① 내압방폭구조
② 유입방폭구조
③ 안전증방폭구조
④ 특수방폭구조

83 자연발화의 방지방법이 아닌 것은?

① 통풍이 잘 되도록 한다.
② 퇴적 및 수납 시 열이 쌓이지 않게 한다.
③ 높은 습도를 유지한다.
④ 저장실의 온도를 낮게 한다.

84 소화약제의 형식승인 및 제품검사의 기술기준상 강화액 소화약제의 응고점은 몇 ℃ 이하이어야 하는가?

① 0
② -20
③ -25
④ -30

85 물질의 연소 시 산소 공급원이 될 수 없는 것은?

① 탄화칼슘
② 과산화나트륨
③ 질산나트륨
④ 압축공기

86 Fourier법칙(전도)에 대한 설명으로 틀린 것은?
① 이동열량은 전열체의 단면적에 비례한다.
② 이동열량은 전열체의 두께에 비례한다.
③ 이동열량은 전열체의 열전도도에 비례한다.
④ 이동열량은 전열체 내·외부의 온도차에 비례한다.

87 다음 중 인화점이 가장 낮은 물질은?
① 산화프로필렌
② 이황화탄소
③ 메틸알코올
④ 등유

88 다음 중 발화점이 가장 낮은 물질은?
① 휘발유
② 이황화탄소
③ 적린
④ 황린

89 발화온도 500[℃]에 대한 설명으로 다음 중 가장 옳은 것은?
① 500[℃]로 가열하면 산소 공급없이 인화한다.
② 500[℃]로 가열하면 공기 중에서 스스로 타기 시작한다.
③ 500[℃]로 가열하여도 점화원이 없으면 타지 않는다.
④ 500[℃]로 가열하면 마찰열에 의하여 연소한다.

90 분말소화약제 중 탄산수소칼륨($KHCO_3$)과 요소($CO(NH_2)_2$)와의 반응물을 주성분으로 하는 소화약제는?
① 제1종 분말
② 제2종 분말
③ 제3종 분말
④ 제4종 분말

문제 81~90 해설 및 답안

"소방원론"

81 연기의 유동속도는 수직방향이 수평방향보다 빠르다.
※ 연기의 이동속도
① 수평방향 : 0.5~1 m/s
② 수직방향 : 2~3 m/s
③ 계단, 승강로 : 3~5 m/s

답 ①

82 유입 방폭구조(o)
점화원이 될 우려가 있는 부분을 **절연유** 속에 넣어 폭발성가스와 접촉하지 않도록 한 구조

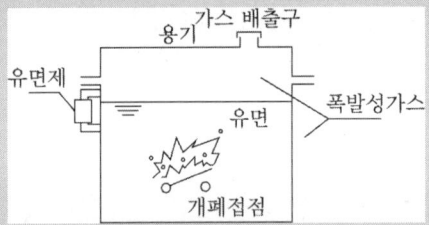

답 ②

83 자연발화 방지법
① 습도를 낮출 것
② 저장실의 온도를 낮출 것
③ 정촉매 작용을 하는 물질을 피할 것
④ 통풍을 원활하게 하여 열축적을 방지할 것

답 ③

84 강화액 소화약제
알카리 금속염류의 수용액인 경우에는 알카리성 반응을 나타내어야 한다.
강화액소화약제의 **응고점은 -20 ℃ 이하**이어야 한다.

답 ②

85 탄화칼슘(CaC_2)은 제3류 위험물로서 가연물에 해당하며, 과산화나트륨과 질산나트륨은 제1류 위험물로서 산소공급원이다.

답 ①

86 푸리에의 전도법칙
① 열량 $q = \dfrac{\lambda}{l} A \triangle T$ [W]
  (λ : 열전도도(열전도율), l : 두께, A : 단면적, $\triangle T$: 온도차)
② 열량은 열전도도, 단면적 및 온도차에 비례하고, **두께에 반비례**한다.

답 ②

87 주요물질(액체 가연물)의 인화점

물질	인화점(℃)	물질	인화점(℃)
다이에틸에터	-45	메틸알코올	11
휘발유	-43~-20	에틸알코올	13
아세트알데하이드	-38	등유	30~60
산화프로필렌	-37	중유	60~150
이황화탄소	-30	크레오소트유	74
아세톤, 시안화수소	-18	나이트로벤젠	87.8
초산에틸	-4	글리세린	160
톨루엔	4.5	방청유	200

답 ①

88 보기설명
① 휘발유 : 300℃
② 이황화탄소 : 100℃
③ 적린 : 260℃
④ 황린 : 34℃

답 ④

89 착화온도(발화온도) : 공기 중에서 서서히 가열하면 직접 화기를 근접시키지 않아도 불을 일으키기 시작하는 최저온도

답 ②

90 분말소화약제의 종류

종별	주성분	색	적용화재
제1종	탄산수소나트륨($NaHCO_3$)	백색	BC급
제2종	탄산수소칼륨($KHCO_3$)	담회색	BC급
제3종	인산암모늄($NH_4H_2PO_4$)	담홍색(또는 황색)	ABC급
제4종	탄산수소칼륨($KHCO_3$) + 요소($CO(NH_2)_2$)	회색	BC급

답 ④

문제 91~100

91 다음 중 가연물의 제거를 통한 소화 방법과 무관한 것은?
① 산불의 확산방지를 위하여 산림의 일부를 벌채한다.
② 화학반응기의 화재 시 원료 공급관의 밸브를 잠근다.
③ 전기실 화재 시 IG-541 약제를 방출한다.
④ 유류탱크 화재 시 주변에 있는 유류탱크의 유류를 다른 곳으로 이동시킨다.

92 건물화재의 표준시간-온도곡선에서 화재발생 후 1시간이 경과할 경우 내부 온도는 약 몇 ℃ 정도 되는가?
① 125
② 325
③ 640
④ 925

93 프로판가스의 연소범위(vol%)에 가장 가까운 것은?
① 9.8 ~ 28.4
② 2.5 ~ 81
③ 4.0 ~ 75
④ 2.1 ~ 9.5

94 주된 연소 형태가 표면연소인 가연물로만 나열된 것은?
① 숯, 목탄
② 석탄, 종이
③ 나프탈렌, 파라핀
④ 니트로셀룰로오스, 질화면

95 목조건축물의 화재특성으로 틀린 것은?
① 습도가 낮을수록 연소 확대가 빠르다.
② 화재진행속도는 내화건축물보다 빠르다.
③ 화재최성기의 온도는 내화건축물보다 낮다.
④ 화재성장속도는 횡방향보다 종방향이 빠르다.

96 Halon 1301의 증기 비중은 약 얼마인가? (단, 원자량은 C 12, F 19, Br 80, Cl 35.5 이고, 공기의 평균분자량은 29이다.)

① 4.14
② 5.14
③ 6.14
④ 7.14

97 0 ℃ 1 atm 상태에서 부탄(C_4H_{10}) 1 mol을 완전 연소시키기 위해 필요한 산소의 mol 수는?

① 2
② 4
③ 5.5
④ 6.5

98 TLV(Threshold Limit Value)가 가장 높은 가스는?

① 시안화수소
② 포스겐
③ 일산화탄소
④ 이산화탄소

99 0 ℃, 1기압에서 11.2 l의 기체질량이 22g이었다면 이 기체의 분자량은 얼마인가? (단, 이상기체를 가정한다.)

① 22
② 35
③ 44
④ 56

100 다음 중 연소속도와 가장 관계가 깊은 것은?

① 증발속도
② 환원속도
③ 산화속도
④ 혼합속도

문제 91~100 해설 및 답안 "소방원론"

91 전기실 화재시 IG-541 약제를 방출하는 것은 질식소화이다. **답** ③

92 표준시간-온도곡선 상 내화시간

시간	30분	1시간	2시간	3시간
온도(℃)	840	925	1,010	1,050

답 ④

93 주요 물질의 연소범위

물 질	에틸렌	프로판	메탄	수소
연소범위(vol%)	3.1~32	2.1~9.5	5~15	4~75

답 ④

94

연소의 종류	특 징	물질의 종류
표면연소	가연물의 표면에서 산소와 반응하여 연소하는 현상으로 휘발성분이 없어 가연성 증기증발도 없고 열분해 반응도 없기 때문에 불꽃이 없는 것이 특징이다.	숯, 목탄, 금속분, 코크스

답 ①

95 화재최성기의 온도는 목조건축물이 내화건축물보다 높다.
건축물의 구조, 형태에 따른 화재진행 현상

건축물	화재성상	최고온도
목재 건축물	고온 단기형	1,300[℃]
내화 건축물	저온 장기형	900~1,000[℃]

답 ③

96 Halon 1301의 화학식 : CF_3Br
Halon 1301의 분자량 $= 12 + 19 \times 3 + 80 = 149$
증기밀도(증기비중) $= \dfrac{분자량}{29} = \dfrac{149}{29} = 5.14$ **답** ②

97 미정계수법

$C_mH_n + (m + \dfrac{n}{4})O_2 \rightarrow mCO_2 + \dfrac{n}{2}H_2O$ 에 대입하면 m=4, n=10이므로

$C_4H_{10} + (4 + \dfrac{10}{4})O_2 \rightarrow 4CO_2 + \dfrac{10}{2}H_2O$

$C_4H_{10} + 6.5O_2 \rightarrow 4CO_2 + 5H_2O$ 에서 산소의 몰수는 6.5 mol이 된다.

※ 표준상태(0℃, 1 atm 상태), atm(대기압) : atmospheric pressure **답** ④

98 TLV(Threshold Limit Value) : 허용한계농도, 최대허용농도
독성물질의 섭취량과 사람에 대한 반응정도를 나타내는 관계에서 손상을 입히지 않는 농도
① 시안화수소 : 10ppm
② 포스겐 : 0.1ppm
③ 일산화탄소 : 50ppm
④ 이산화탄소 : 5,000ppm
답 ④

99 이상기체상태방정식
$PV = nRT = \dfrac{WRT}{M}$ 에서

분자량 $M = \dfrac{WRT}{PV} = \dfrac{22g \times 0.082 \times 273}{1 \times 11.2} = 43.97$

여기서, P : 절대압력(atm)
V : 체적(l)
W : 질량(g)
R : 기체상수(0.082 atm·l/mol·K)
답 ③

100 연소란 화학반응의 일종으로 가연물이 산소 중에서 산화반응을 하여 열과 빛을 내는 현상을 말하며 연소의 진행속도와 산화속도는 직접 관계된다.
답 ③

문제 101~110

101 열의 전달현상 중 복사현상과 가장 관계 깊은 것은?
① 푸리에 법칙
② 스테판-볼쯔만의 법칙
③ 뉴톤의 법칙
④ 옴의 법칙

102 열원으로서 화학적 에너지에 해당되지 않는 것은?
① 연소열
② 분해열
③ 마찰열
④ 용해열

103 불포화 섬유지나 석탄에 자연발화를 일으키는 원인은?
① 분해열
② 산화열
③ 발효열
④ 중합열

104 건축법령상 내력벽, 기둥, 바닥, 보, 지붕틀 및 주계단을 무엇이라 하는가?
① 내진구조부
② 건축설비부
③ 보조구조부
④ 주요구조부

105 건물의 주요구조부에 해당되지 않는 것은?
① 바닥
② 천장
③ 기둥
④ 주계단

106 내화건축물 화재의 진행과정으로 가장 옳은 것은?
① 화원 → 최성기 → 성장기 → 감퇴기
② 화원 → 감퇴기 → 성장기 → 최성기
③ 초기 → 성장기 → 최성기 → 감퇴기 → 종기
④ 초기 → 감퇴기 → 최성기 → 성장기 → 종기

107 목재건축물의 화재 진행과정을 순서대로 나열한 것은?
① 무염착화 – 발염착화 – 발화 – 최성기
② 무염착화 – 최성기 – 발염착화 – 발화
③ 발염착화 – 발화 – 최성기 – 무염착
④ 발염착화 – 최성기 – 무염착화 – 발화

108 그림에서 내화구조 건물의 표준 화재 온도시간곡선은?

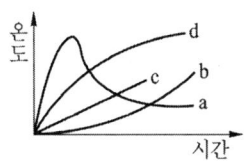

① a
② b
③ c
④ d

109 건축물의 내화구조 바닥이 철근콘크리조 또는 철골 철근콘크리트조인 경우 두께가 몇 [cm] 이상이어야 하는가?
① 4
② 5
③ 7
④ 10

110 내화구조의 기준 중 벽의 경우 벽돌조로서 두께가 최소 몇 cm이상이어야 하는가?
① 5
② 10
③ 12
④ 19

문제 101~110 해설 및 답안 "소방원론"

101 열의 전달형태
① 전도 : 푸리에의 법칙
② 대류 : 뉴턴의 냉각법칙
③ 복사 : 스테판–볼쯔만의 법칙   **답** ②

102 열에너지(열원의 종류)

화학적 에너지(화학열)	① 연소열	② 자연발열
	③ 분해열	④ 용해열
전기적 에너지(전기열)	① 저항열	② 유도열
	③ 유전열	④ 정전기열
	⑤ 아아크열	⑥ 낙뢰에 의한 열
기계적 에너지(기계열)	① 마찰 및 충격	② 단열 및 압축

답 ③

103 자연발화성 물질
① 분해열 : 니트로셀룰로오스, 셀룰로이드류, 니트로글리세린 등
② 산화열 : 건성유 및 반건성유, 원면, 석탄, 금속분, 고무조각 등
③ 발효열(미생물열) : 퇴비, 먼지, 건초 등
④ 흡착열 : 목탄, 활성탄, 유연탄 등
⑤ 중합열 : 시안화수소, 아크릴로니트릴, 스티렌, 초산비닐, 산화에틸렌 등   **답** ②

104 주요구조부 : 내력벽, 기둥, 바닥, 보, 지붕틀 및 주계단   **답** ④

105
1) 주요구조부
① 내력벽
② 지붕틀
③ 주 계단
④ 보
⑤ 바닥
⑥ 기둥
2) 주요구조부 제외부분
① 사이기둥
② 최하층의 바닥
③ 작은 보
④ 차양
⑤ 옥외계단   **답** ②

106 1) 내화 건축물의 화재
　　초기 → 성장기 → 최성기 → 감퇴기 → 종기
2) 목재 건축물의 화재 진행상황
　　화재원인 → 무염착화 → 발염착화 → 발화(출화)→ 최성기 → 연소낙하 → 진화　　　　답 ③

107 목재건축물의 화재 진행과정
화재원인–무염착화–발염착화–발화(출화)–성장기–최성기–연소낙하–진화　　　　답 ①

108 ① a : 목조건축물
② d : 내화구조 건축물　　　　답 ④

109 내화구조 기준
1) 바닥 : 철근콘크리트조 또는 철골철근콘크리트조로서 두께가 10센티미터 이상인 것
2) 벽 :
　① 철근콘크리트조 또는 철골철근 콘크리트조로서 두께가 10센티미터 이상인 것
　② 벽돌조로서 두께가 19센티미터 이상인 것
　③ 고온·고압의 증기로 양생된 경량기포 콘크리트패널 또는 경량기포 콘크리트블록조로서 두께가 10센티미터 이상인 것　　　　답 ④

110 내력벽의 내화구조 기준
① 철근콘크리트조 또는 철골철근콘크리트조로서 두께가 10센티미터 이상인 것
② 벽돌조로서 두께가 19센티미터 이상인 것
③ 고온·고압의 증기로 양생된 경량기포 콘크리트패널 또는 경량기포 콘크리트블록조로서 두께가 10센티미터 이상인 것　　　　답 ④

문제 111~120

111 건축물의 바깥쪽에 설치하는 피난계단의 구조 기준 중 계단의 유효너비는 몇 m 이상으로 하여야 하는가?

① 0.6
② 0.7
③ 0.8
④ 0.9

112 주요구조부가 내화구조로된 건축물에서 거실 각 부분으로부터 하나의 직통계단에 이르는 보행거리는 피난자의 안전상 몇 m 이하이어야 하는가?

① 50
② 60
③ 70
④ 80

113 피난로의 안전구획 중 2차 안전구획에 속하는 것은?

① 복도
② 계단부속실(계단전실)
③ 계단
④ 피난층에서 외부와 직면한 현관

114 건축물의 화재발생시 인간의 피난 특성으로 틀린 것은?

① 평상시 사용하는 출입구나 통로를 사용하는 경향이 있다.
② 화재의 공포감으로 인하여 빛을 피해 어두운 곳으로 몸을 숨기는 경향이 있다.
③ 화염, 연기에 대한 공포감으로 발화지점의 반대방향으로 이동하는 경향이 있다.
④ 화재시 최초로 행동을 개시한 사람을 따라 전체가 움직이는 경향이 있다.

115 건물 내 피난 동선의 조건으로 옳지 않은 것은?

① 2개 이상의 방향으로 피난할 수 있어야 한다.
② 가급적 단순한 형태로 한다.
③ 통로의 말단은 안전한 장소이어야 한다.
④ 수직동선은 금하고 수평동선만 고려한다.

116 피난층에 대한 정의로 옳은 것은?

① 지상으로 통하는 피난계단이 있는 층
② 비상용 승강기의 승강장이 있는 층
③ 비상용 출입구가 설치되어 있는 층
④ 직접 지상으로 통하는 출입구가 있는 층

117 위험물안전관리법령에서 정하는 위험물의 한계에 대한 정의로 틀린 것은?

① 황은 순도가 60 중량퍼센트 이상인 것
② 인화성고체는 고형알코올 그 밖에 1기압에서 인화점이 섭씨 40도 미만인 고체
③ 과산화수소는 그 농도가 35 중량퍼센트 이상인 것
④ 제 1석유류는 아세톤, 휘발유 그 밖에 1기압에서 인화점이 섭씨 21도 미만인 것

118 과산화칼륨이 물과 접촉하였을 때 발생하는 것은?

① 산소
② 수소
③ 메탄
④ 아세틸렌

119 다음 중 제1류 위험물로 그 성질이 산화성고체인 것은?

① 황린
② 아염소산염류
③ 금속분류
④ 황

120 마그네슘의 화재시 이산화탄소 소화약제를 사용하면 안 되는 주된 이유는?

① 마그네슘과 이산화탄소가 반응하여 흡열반응을 일으키기 때문이다.
② 마그네슘과 이산화탄소가 반응하여 가연성의 탄소가 생성되기 때문이다.
③ 마그네슘이 이산화탄소에 녹기 때문이다.
④ 이산화탄소에 의한 질식의 우려가 있기 때문이다.

문제 111~120 해설 및 답안
"소방원론"

111 옥외 피난계단의 유효너비는 0.9 m 이상   답 ④

112 직통계단 설치기준

구 분	기 준
일반 건축물	보행거리 30 m 이하
내화구조 또는 불연재료로 된 건축물	보행거리 50 m 이하
16층 이상의 공동주택	보행거리 40 m 이하

답 ①

113 안전구획
1차 : 복도
2차 : 계단부속실(계단전실)
3차 : 계단   답 ②

114 인간의 본능적 피난행동
1) 귀소본능 : 피난 시 인간은 평소에 사용하는 문, 길, 통로를 사용한다.
2) 퇴피본능 : 화세의 급격한 확대로 각자의 공포심이 증가하면 발화지점의 반대방향으로 이동한다.
3) 지광본능 : 화재 시 발생되는 연기 또는 정전 등으로 가시거리가 짧아져 시야가 흐려지면 인간은 어두운 곳에서 개구부, 조명부 등의 밝은 불빛을 따라 행동한다.
4) 추종본능 : 판단력의 약화로 한명의 지도자에 의해 최초로 행동을 함으로서 전체가 이끌려지는 습성이다.
5) 좌회본능 : 좌측통행을 하고 시계 반대방향으로 회전하려는 본능   답 ②

115 피난동선의 구비조건
1) 가급적 단순형태가 좋다.
2) 어느 곳에서도 2개 이상의 방향으로 피난할 수 있어야 한다.
3) 피난동선의 말단은 화재로부터 안전한 장소이어야 한다.
4) 수평동선(복도)과 수직 동선(계단)으로 구분된다.
5) 피난동선은 가급적 상호 반대 방향으로 다수의 출구와 연결되는 것이 좋다.
6) 피난동선은 일상생활의 동선과 일치시킨다. 피난동선에는 비상의 통로, 계단을 이용하도록 한다. 수직동선 및 수평동선을 고려하여 설정한다.   답 ④

116 피난층 : 직접 지상으로 통하는 출입구가 있는 층   답 ④

117 보기설명
• 황은 순도가 **60중량퍼센트 이상**인 것을 말하며, 순도측정을 하는 경우 불순물은 활석 등 불연성물질과 수분으로 한정한다.
• 과산화수소는 그 농도가 **36 중량퍼센트** 이상인 것   답 ③

118 과산화칼륨
① 제1류 위험물 중 알칼리금속의 과산화물에 해당하며 물과 접촉시 산소를 발생한다.
② 반응식 : $2K_2O_2 + 4H_2O \rightarrow 4KOH + O_2$ 　　　답 ①

119 보기설명
① 황린 : 제3류 위험물
② 아염소산염류 : 제1류 위험물
③ 금속분류 : 제2류 위험물
④ 황 : 제2류 위험물 　　　답 ②

120 마그네슘은 이산화탄소와 반응하여 산화마그네슘과 가연성의 탄소를 생성시킨다.
$2Mg + CO_2 \rightarrow 2MgO + C$ 　　　답 ②

문제 121~130

121 칼륨에 화재가 발생할 경우에 주수를 하면 안 되는 이유로 가장 옳은 것은?

① 산소가 발생하기 때문에
② 질소가 발생하기 때문에
③ 수소가 발생하기 때문에
④ 수증기가 발생하기 때문에

122 제2류 위험물에 해당하지 않는 것은?

① 황
② 황화인
③ 적린
④ 황린

123 주수소화 시 가연물에 따라 발생하는 가연성 가스의 연결이 틀린 것은?

① 탄화칼슘 - 아세틸렌
② 탄화알루미늄 - 프로판
③ 인화칼슘 - 포스핀
④ 수소화리튬 - 수소

124 인화칼슘과 물이 반응할 때 생성되는 가스는?

① 아세틸렌
② 황화수소
③ 황산
④ 포스핀

125 화재의 위험에 대한 설명으로 옳지 않은 것은?

① 인화점 및 착화점이 낮을수록 위험하다.
② 착화 에너지가 작을수록 위험하다.
③ 비점 및 융점이 높을수록 위험하다.
④ 연소범위는 넓을수록 위험하다.

126 연소생성물의 주요 특성의 연결로 옳지 않은 것은?

① CO – 헤모글로빈과 결합해 산소운반기능 약화
② H_2S – 달걀 썩은 냄새
③ $COCl_2$ – 맹독성 가스로 허용농도는 0.1ppm
④ HCN – 맹독성 가스로 0.3ppm의 농도에서 즉사

127 제3류 위험물로서 자연발화성만 있고 금수성이 없기 때문에 물속에 보관하는 물질은?

① 염소산암모늄
② 황린
③ 칼륨
④ 질산

128 소화기구 및 자동소화장치의 화재안전기술기준에 따르면 소화기구(자동확산소화기는 제외)는 거주자 등이 손쉽게 사용할 수 있는 장소에 바닥으로부터 높이 몇 m 이하의 곳에 비치하여야 하는가?

① 0.5
② 1.0
③ 1.5
④ 2.0

129 방호공간 안에서 화재의 세기를 나타내고 화재가 진행되는 과정에서 온도에 따라 변하는 것으로 온도–시간 곡선으로 표시할 수 있는 것은?

① 화재저항
② 화재가혹도
③ 화재하중
④ 화재플럼

130 이산화탄소 소화약제 저장용기의 설치장소에 대한 설명 중 옳지 않는 것은?

① 반드시 방호구역 내의 장소에 설치한다.
② 온도의 변화가 적은 곳에 설치한다.
③ 방화문으로 구획된 실에 설치한다.
④ 해당 용기가 설치된 곳임을 표시하는 표지를 한다.

문제 121~130 해설 및 답안 "소방원론"

121 ① 칼륨과 물의 화학반응식 : 2K + 2H$_2$O → 2KOH + H$_2$
② 칼륨화재에 물을 방사하면 수소가 발생하여 폭발한다. 답 ③

122 황린은 제3류 위험물에 해당한다. 답 ④

123 탄화알루미늄과 물과의 반응식
Al$_4$C$_3$ + 12H$_2$O → 4Al(OH)$_3$ + 3CH$_4$에서 메탄(CH$_4$)이 발생한다. 답 ②

124 물과 자연 발화성 및 금수성 물질인 제3류 위험물과 반응 시 반응생성물

품 명	반응생성물
탄화칼슘	소 석 회(수산화칼슘)
	아세틸렌
인화칼슘	소 석 회(수산화칼슘)
	포스핀(인화수소)

답 ④

125 비점 및 융점이 낮을수록 위험하다.
위험물과 화재와의 상호관계

항 목	위험도
온도, 압력	높을수록 위험
인화점, 융점, 비등점, 착화점	**낮을수록 위험**
연소범위	넓을수록 위험
하한계	낮을수록 위험
비중, 점성	낮을수록 위험

답 ③

126 HCN(시안화수소) : 맹독성 가스로 0.3% 이상의 농도에서 즉사, 허용농도는 10ppm 답 ④

127 보기설명
① 염소산암모늄 : 제1류 위험물
② **황린** : 제3류 위험물 중 자연발화성 물질, 물속에 보관
③ 칼륨 : 제3류 위험물 중 금수성물질
④ 질산 : 제6류 위험물 답 ②

128 소화기구는 바닥으로부터 높이 1.5[m] 이하의 곳에 비치하여야 한다. 답 ③

129 화재가혹도(화재심도)
① 방호공간 안에서 화재의 세기를 나타내고 화재가 진행되는 과정에서 온도에 따라 변하는 것으로 온도-시간 곡선으로 표시
② 화재가혹도=화재강도×화재하중

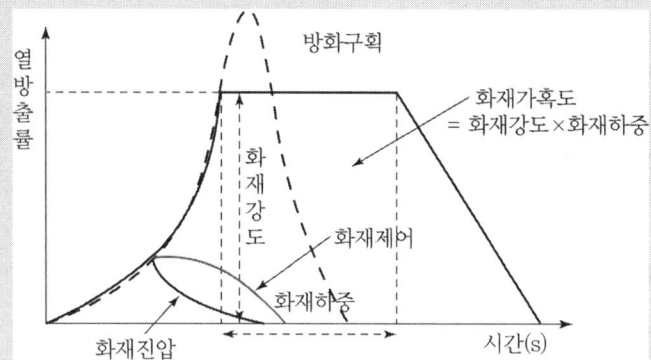

③ 화재강도 : 최고온도, 화재하중 : 최고온도의 지속시간   답 ②

130 방호구역외의 장소에 설치할 것. 다만, 방호구역내에 설치할 경우에는 피난 및 조작이 용이하도록 피난구 부근에 설치하여야 한다.   답 ①

문제 131~140

131 소화의 방법으로 틀린 것은?
① 가연성 물질을 제거한다.
② 불연성 가스의 공기 중 농도를 높인다.
③ 산소의 공급을 원활히 한다.
④ 가연성 물질을 냉각시킨다.

132 물리적 소화방법이 아닌 것은?
① 연쇄반응의 억제에 의한 방법
② 냉각에 의한 방법
③ 공기와의 접촉 차단에 의한 방법
④ 가연물 제거에 의한 방법

133 화학적 소화방법에 해당하는 것은?
① 모닥불을 모래로 덮어 소화
② 모닥불에 물을 뿌려 소화
③ 유류화재를 할론 1301로 소화
④ 지하실 화재를 이산화탄소로 소화

134 연소의 4요소 중 자유활성기(free radical)의 생성을 저하시켜 연쇄반응을 중지시키는 소화방법은?
① 제거소화
② 냉각소화
③ 질식소화
④ 억제소화

135 산소의 농도를 낮추어 소화하는 방법은?
① 냉각소화
② 질식소화
③ 제거소화
④ 억제소화

136 소화약제로 사용되는 물에 관한 소화성능 및 물성에 대한 설명으로 틀린 것은?
① 비열과 증발잠열이 커서 냉각소화 효과가 우수하다.
② 물(15℃)의 비열은 약 1 cal/g·℃
③ 물(100℃)의 증발잠열은 439.6 cal/g 이다.
④ 물의 기화에 의한 팽창된 수증기는 질식소화 작용을 할 수 있다.

137 물이 소화약제로서 사용되는 장점으로 가장 거리가 먼 것은?
① 가격이 저렴하다.
② 많은 양을 구할 수 있다.
③ 증발잠열이 크다.
④ 가연물과 화학반응이 일어나지 않는다.

138 소화약제로서 물에 관한 설명으로 틀린 것은?
① 수소결합을 하므로 증발잠열이 작다.
② 가스계 소화약제에 비해 사용 후 오염이 크다.
③ 무상으로 주수하면 중질유 화재에도 사용할 수 있다.
④ 타 소화약제에 비해 비열이 크기 때문에 냉각효과가 우수하다.

139 물 소화약제를 어떠한 상태로 주수할 경우 전기화재의 진압에서도 소화능력을 발휘할 수 있는가?
① 물에 의한 봉상주수
② 물에 의한 적상주수
③ 물에 의한 무상주수
④ 어떤 상태의 주수에 의해서도 효과가 없다.

140 물의 소화력을 증대시키기 위하여 첨가하는 첨가제 중 물의 유실을 방지하고 건물, 임야 등의 입체 면에 오랫동안 잔류하게 하기 위한 것은?
① 증점제
② 강화액
③ 침투제
④ 유화제

문제 131~140 해설 및 답안 "소방원론"

131
① 질식소화 : 가연성 물질을 제거한다.
② 제거소화 : 불연성 가스의 공기 중 농도를 높인다.
③ 질식소화 : 산소의 공급을 차단한다.
④ 냉각소화 : 가연성 물질을 냉각시킨다. **답** ③

132 보기설명
물리적소화 : 질식소화, 냉각소화, 제거소화
① 연쇄반응의 억제에 의한 방법–화학적소화(부촉매소화)
② 냉각에 의한 방법–냉각소화
③ 공기와의 접촉 차단에 의한 방법–질식소화
④ 가연물 제거에 의한 방법–제거소화 **답** ①

133 물리적 소화와 화학적 소화
1) 물리적소화 : 질식, 냉각, 제거소화
2) 화학적소화 : 부촉매(억제) 소화
3) 보기설명
 ① 모닥불을 모래로 덮어 소화 : 질식소화
 ② 모닥불에 물을 뿌려 소화 : 냉각소화
 ③ 유류화재를 할론 1301로 소화 : **부촉매(억제) 소화**
 ④ 지하실 화재를 이산화탄소로 소화 : 질식소화 **답** ③

134 억제소화(부촉매소화) : 자유활성기(free radical)의 생성을 저하시켜 연쇄반응을 중지시키는 소화
 답 ④

135 소화원리

연소의 4요소	소화원리	소화방법	비고
가연물	가연물의 제거	제거소화	
산 소	산소희석, 산소차단	질식소화	물리적 소화
점화원	연소점 이하로 냉각	냉각소화	
연쇄반응	연쇄반응의 억제	억제소화 (부촉매 소화)	화학적 소화

답 ②

136 물(100℃)의 증발잠열은 539.6cal/g(일반적으로 539 cal/g을 사용함)이다. **답** ③

137 가연물이 특정 위험물인 경우에 화학반응을 일으켜 연소 또는 폭발을 일으킬 수 있다.
  ※ 물을 소화약제로 사용하는 이유
   1) 가격이 싸고 쉽게 구할 수 있다.
   2) 비열이 크기 때문에 가열물질에 주수하면 흡수열량이 크고
   3) 기화잠열이 539[kcal/kg]으로 크며
   4) 물을 증발시키면 부피가 약 1,600배로 팽창하여 산소농도의 희석, 즉 질식효과도 기대할 수 있다. 답 ④

138 물은 비열 및 증발잠열이 커서 냉각능력이 우수(수소결합과 극성공유결합을 하므로) 답 ①

139 무상주수 : 안개처럼 분무형태로 방사하여 소화하는 방법으로 주된 소화효과는 질식소화이다.

소화설비	소화효과	적응화재
물 소화설비	냉각효과	A급 일반화재
물분무 소화설비 (무상주수)	냉각효과 질식효과 희석효과 유화효과	A급 일반화재 B급 유류화재 C급 전기화재

답 ③

140 증점제
물의 소화력을 증대시키기 위하여 첨가하는 첨가제 중 물의 유실을 방지하고 건물, 임야 등의 입체면에 오랫동안 잔류하게 하기 위한 것 답 ①

문제 141~150

141 소화약제로 사용되는 이산화탄소에 대한 설명으로 옳은 것은?

① 산소와 반응 시 흡열반응을 일으킨다.
② 산소와 반응하여 불연성 물질을 발생시킨다.
③ 산화하지 않으나 산소와는 반응한다.
④ 산소와 반응하지 않는다.

142 이산화탄소의 물성으로 옳은 것은?

① 임계온도 : 31.35 ℃, 증기비중 : 0.529
② 임계온도 : 31.35 ℃, 증기비중 : 1.529
③ 임계온도 : 0.35 ℃, 증기비중 : 1.529
④ 임계온도 : 0.35 ℃, 증기비중 : 0.529

143 가연성물질별 소화에 필요한 이산화탄소 소화약제의 설계농도로 틀린 것은?

① 메탄 : 34 vol%
② 천연가스 : 37 vol%
③ 에틸렌 : 49 vol%
④ 아세틸렌 : 53 vol%

144 다음 중 상온·상압에서 액체인 것은?

① 탄산가스
② 할론 1301
③ 할론 2402
④ 할론 1211

145 제3종 분말소화약제의 주성분은?

① 인산암모늄
② 탄산수소칼륨
③ 탄산수소나트륨
④ 탄산수소칼륨과 요소

146 주성분이 인산염류인 제 3종 분말소화약제가 다른 분말소화약제와 다르게 A급 화재에 적용할 수 있는 이유는?

① 열분해 생성물이 CO_2가 열을 흡수하므로 냉각에 의하여 소화된다.
② 열분해 생성물인 수증기가 산소를 차단하여 탈수작용을 한다.
③ 열분해 생성물인 메타인산(HPO_3)이 산소의 차단 역할을 하므로 소화가 된다.
④ 열분해 생성물인 암모니아가 부촉매작용을 하므로 소화가 된다.

147 다음의 소화약제 중 오존 파괴 지수(ODP)가 가장 큰 것은?

① 할론 104
② 할론 1301
③ 할론 1211
④ 할론 2402

148 할로겐화합물 소화약제에 관한 설명으로 옳지 않은 것은?

① 연쇄반응을 차단하여 소화한다.
② 할로겐족 원소가 사용된다.
③ 전기에 도체이므로 전기화재에 효과가 있다.
④ 소화약제의 변질 분해 위험성이 낮다.

149 소화약제 중 HFC-125의 화학식으로 옳은 것은?

① CHF_2CF_3
② CHF_3
③ CF_3CHFCF_3
④ CF_3I

150 할론계 소화약제의 주된 소화효과 및 방법에 대한 설명으로 옳은 것은?

① 소화약제의 증발잠열에 의한 소화방법이다.
② 산소의 농도를 15% 이하로 낮게 하는 소화방법이다.
③ 소화약제의 열분해에 의해 발생하는 이산화탄소에 의한 소화방법이다.
④ 자유활성기(free radical)의 생성을 억제하는 소화방법이다.

문제 141~150 해설 및 답안

"소방원론"

141 이산화탄소는 완전연소 시 생성되는 물질로서 더 이상 산소와 반응하지 않는다.　답 ④

142 이산화탄소의 물성

구분	비고
분자량	44
증기비중	1.52
삼중점	−56.3 ℃
임계온도	31.35 ℃
임계압력	72.9 atm
승화점	−78.5 ℃

답 ②

143 아세틸렌 - 66 vol%

방호대상물	설계농도(%)
수소	75
아세틸렌	66
일산화탄소	64
산화에틸렌	53
에틸렌	49
에탄	40
석탄가스, 천연가스	37
사이크로프로판	37
이소부탄, 프로판	36
부탄, 메탄	34

답 ④

144　① 탄산가스 : 상온 · 상압에서 기체
　　② 할론 1301 : 상온 · 상압에서 기체
　　③ 할론 2402 : 상온 · 상압에서 액체
　　④ 할론 1211 : 상온 · 상압에서 기체

답 ③

145 분말소화약제의 성상

종별	주성분	화학식	착색	적응화재
제1종	탄산수소나트륨 (중탄산나트륨)	$NaHCO_3$	백색	BC급
제2종	탄산수소칼륨 (중탄산칼륨)	$KHCO_3$	담회색 (또는 담자색)	BC급
제3종	제1인산염 (인산암모늄)	$NH_4H_2PO_4$	담홍색 (또는 황색)	ABC급
제4종	탄산수소칼륨+요소	$KHCO_3 + (NH_2)_2CO$	회색	BC급

답 ①

146 제3종 분말이 A급 화재에 적용할 수 있는 이유는 열분해생성물인 메타인산(HPO_3)과 올토인산(H_3PO_4)이 발생하여 산소공급을 차단하는 역할을 하기 때문이다.   답 ③

147 오존파괴지수가 큰 순서
할론 1301 > 할론 1211 > 할론 2402 > 할론 104   답 ②

148 할로겐화합물 소화약제는 전기에 비도전성(부도체)이므로 전기화재에 효과가 있다.   답 ③

149 펜타플루오로에탄(HFC-125)
화학식 : CHF_2CF_3
설계농도 : 11.5%   답 ①

150 할론계 소화약제의 주된 소화효과 : 부촉매 소화(화학적 소화, 억제소화)   답 ④

'소방전기일반' 파이널 150제

문제 01~10

01 1개의 용량이 25 W인 객석유도등 10개가 연결되어 있다. 이 회로에 흐르는 전류는 약 몇 [A]인가? (단, 전원 전압은 220 V이고, 기타 선로손실 등은 무시한다.)

① 0.88 A   ② 1.14 A   ③ 1.25 A   ④ 1.36 A

02 100 V, 500 W의 전열선 2개를 같은 전압에서 직렬로 접속한 경우와 병렬로 접속한 경우의 전력은 각각 몇 W인가?

① 직렬 : 250, 병렬 : 500
② 직렬 : 250, 병렬 : 1000
③ 직렬 : 500, 병렬 : 500
④ 직렬 : 500, 병렬 : 1000

03 자기 인덕턴스 L_1, L_2가 각각 4 [mH], 9 [mH]인 두 코일이 이상적인 결합이 되었다면 상호 인덕턴스는 몇 [mH]인가? (단, 결합계수는 1이다.)

① 6   ② 12   ③ 24   ④ 36

04 대칭 n상의 환상결선에서 선전류와 상전류(환상전류) 사이의 위상차는?

① $\frac{n}{2}\left(1-\frac{2}{\pi}\right)$
② $\frac{n}{2}\left(1-\frac{\pi}{2}\right)$
③ $\frac{\pi}{2}\left(1-\frac{2}{n}\right)$
④ $\frac{\pi}{2}\left(1-\frac{n}{2}\right)$

05 자유공간에서 무한히 넓은 평면에 면전하밀도 σ(C/m²)가 균일하게 분포되어 있는 경우 전계의 세기(E)는 몇 V/m인가?(단, ϵ_0는 진공의 유전율이다.)

① $E=\frac{\sigma}{\epsilon_0}$
② $E=\frac{\sigma}{2\epsilon_0}$
③ $E=\frac{\sigma}{2\pi\epsilon_0}$
④ $E=\frac{\sigma}{4\pi\epsilon_0}$

06 그림과 같이 반지름 r [m]인 원의 원주상 임의의 2점 a, b 사이에 전류 I[A]가 흐른다. 원의 중심에서의 자계의 세기는 몇 [A/m]인가?

① $\dfrac{I\theta}{4\pi r}$
② $\dfrac{I\theta}{4\pi r^2}$
③ $\dfrac{I\theta}{2\pi r}$
④ $\dfrac{I\theta}{4\pi r^2}$

07 동일한 전류가 흐르는 두 평행 도선 사이에 작용하는 힘이 F_1 이다. 두 도선 사이의 거리를 2.5배로 늘였을 때 두 도선 사이 작용하는 힘 F_2는?

① $F_2 = \dfrac{1}{2.5}F_1$
② $F_2 = \dfrac{1}{2.5^2}F_1$
③ $F_2 = 2.5F_1$
④ $F_2 = 6.25F_1$

08 테브난의 정리를 이용하여 그림 (a)의 회로를 그림 (b)와 같은 등가회로로 만들고자 할 때 V_{th}[V]와 $R_{th}[\Omega]$은?

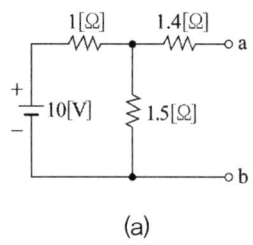
(a)
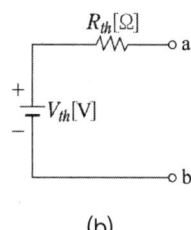
(b)

① 5[V], 2[Ω]
② 5[V], 3[Ω]
③ 6[V], 2[Ω]
④ 6[V], 3[Ω]

09 회로에서 a와 b 사이에 나타나는 전압 V_{ab}(V)는?

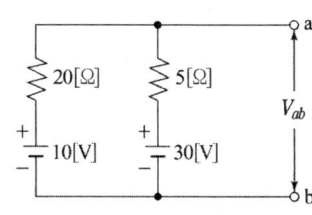

① 20
② 23
③ 26
④ 28

10 정현파 전압의 평균값이 150 V이면 최댓값은 약 몇 V인가?

① 235.6
② 212.1
③ 106.1
④ 95.5

문제 01~10 해설 및 답안

"소방전기일반"

01 전류 $I = \dfrac{P}{V} = \dfrac{25\,W \times 10개}{220\,V} = 1.14$ **답** ②

02 저항의 계산 $R = \dfrac{V^2}{P} = \dfrac{100^2}{500} = 20\,\Omega$

직렬로 접속한 경우 합성저항 : $20 + 20 = 40\,\Omega$

병렬로 접속한 경우 합성저항 : $\dfrac{20 \times 20}{20 + 20} = 10\,\Omega$

직렬로 접속한 경우 전력 : $P = \dfrac{V^2}{R} = \dfrac{100^2}{40} = 250\,W$

병렬로 접속한 경우 전력 : $P = \dfrac{V^2}{R} = \dfrac{100^2}{10} = 1,000\,W$ **답** ②

03 상호 인덕턴스 $M = k \times \sqrt{L_1 \times L_2} = 1 \times \sqrt{4 \times 9} = 6\,mH$

k : 결합계수, L_1, L_2 : 자기 인덕턴스 **답** ①

04 대칭 n상 위상차

$\theta = \left(\dfrac{\pi}{2} - \dfrac{\pi}{n}\right) = \dfrac{\pi}{2}\left(1 - \dfrac{2}{n}\right)$

여기서, n : 상수 **답** ③

05 무한평면(무한평판) 전계의 세기 $E = \dfrac{\sigma}{2\epsilon_0}$

도체 표면에서의 전계의 세기 $E = \dfrac{\sigma}{\epsilon_0}$ **답** ②

06 자계의 세기 $H = \dfrac{I}{2r} \times \dfrac{\theta}{2\pi} = \dfrac{I\theta}{4\pi r}$ **답** ①

07 두 평행 도선 사이에 작용하는 힘

$F = \dfrac{\mu_0 I_1 I_2}{2\pi r} \propto \dfrac{1}{r}$ 이므로

힘 $F_2 = \dfrac{\dfrac{1}{2.5r}}{\dfrac{1}{r}} \times F_1 = \dfrac{1}{2.5} \times F_1$ **답** ①

08 $V_{th} = \dfrac{1.5}{1+1.5} \times 10 = 6[\text{V}]$

$R_{th} = 1.4 + \dfrac{1 \times 1.5}{1+1.5} = 2[\Omega]$

답 ③

09 밀만의 정리

$V_{ab} = \dfrac{\dfrac{V_1}{R_1} + \dfrac{V_2}{R_2}}{\dfrac{1}{R_1} + \dfrac{1}{R_2}}$, $\quad V_{ab} = \dfrac{\dfrac{10}{20} + \dfrac{30}{5}}{\dfrac{1}{20} + \dfrac{1}{5}} = 26$

답 ③

10 평균값 $= \dfrac{2}{\pi} \times$ 최댓값

최댓값 $= \dfrac{\pi}{2} \times 150 = 235.62$ V

답 ①

문제 11~20

11 50Hz의 3상 전압을 전파 정류하였을 때 리플(맥동) 주파수(Hz)는?
① 50
② 100
③ 150
④ 300

12 그림은 비상시에 대비한 예비전원의 공급회로이다. 직류 전압을 일정하게 유지하기 위하여 콘덴서를 설치한다면 그 위치로 적당한 곳은?

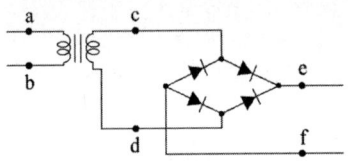

① a와 b 사이
② c와 d 사이
③ e와 f 사이
④ c와 e 사이

13 다음 중 직류전동기의 제동법이 아닌 것은?
① 회생제동
② 정상제동
③ 발전제동
④ 역전제동

14 60 Hz, 4극의 3상 유도전동기가 정격 출력일 때 슬립이 2 %이다. 이 전동기의 동기속도(rpm)은?
① 1200
② 1764
③ 1800
④ 1836

15 직류 전압계의 내부저항이 500 Ω, 최대 눈금이 50 V라면, 이 전압계에 3 kΩ의 배율기를 접속하여 전압을 측정할 때 최대 측정치는 몇 V인가?
① 250
② 300
③ 350
④ 500

16 변위를 압력으로 변환하는 장치로 옳은 것은?

① 다이어프램
② 가변 저항기
③ 벨로우즈
④ 노즐 플래퍼

17 다음 중 쌍방향성 전력용 반도체 소자인 것은?

① SCR
② IGBT
③ TRIAC
④ DIODE

18 절연저항 시험에서 "전로의 사용전압이 500 V 이하인 경우 1.0 MΩ 이상"이란 뜻으로 가장 알맞은 것은?

① 누설전류가 0.5 mA 이하이다.
② 누설전류가 5 mA 이하이다.
③ 누설전류가 15 mA 이하이다.
④ 누설전류가 30 mA 이하이다.

19 반지름 20 cm, 권수 50회인 원형코일에 2 A의 전류를 흘려주었을 때 코일 중심에서 자계(자기장)의 세기(AT/m)는?

① 70
② 100
③ 125
④ 250

20 논리식 $Y = \overline{A}\,\overline{B}C + A\overline{B}\,\overline{C} + A\overline{B}C$를 간단히 표현한 것은?

① $\overline{A} \cdot (B+C)$
② $\overline{B} \cdot (A+C)$
③ $\overline{C} \cdot (A+B)$
④ $C \cdot (A+\overline{B})$

문제 11~20 해설 및 답안　　　　　　　　　　　　　　　　　　"소방전기일반"

11

구분	단상반파	단상전파	3상반파	3상전파
맥동주파수	f	$2f$	$3f$	$6f$
50 Hz인 경우	50	100	150	300
60 Hz인 경우	60	120	180	360

답 ④

12 콘덴서(condenser)는 Bridge 회로에서 정류된 직류전압을 평활하게 하기 위하여 정류회로의 출력단, 즉 e와 f 사이에 설치한다.　　답 ③

13 직류전동기의 제동법
① 회생제동 : 위치에너지를 이용하여 발전기로 구동시켜 발생 전력을 전원에 되돌려 제동
② 역전제동(역상제동, pluuging) : 전동기를 역회전시켜 급제동
③ 발전제동 : 저항 내에서 열에너지(줄열)를 발생시켜 제동　　답 ②

14 동기속도 $N_s = \dfrac{120f}{P} = \dfrac{120 \times 60}{4} = 1800 \,[\text{rpm}]$

전동기의 회전속도 $N = (1-s)N_s = (1-0.02) \times 1800 = 1764 \,[\text{rpm}]$　　답 ②

15 배율기 저항 $R_m = (m-1)r_v = \left(\dfrac{V}{V_a} - 1\right)r_v$

여기서, m : 배율, 　r_v : 전압계 내부저항[Ω]
　　　　V_a : 측정전압[V], V : 확대전압[V]

최대전압 $V = \left(1 + \dfrac{R_m}{r_v}\right) \times V_a$

$V = \left(1 + \dfrac{R_m}{r_v}\right) \times V_a = \left(1 + \dfrac{3 \times 10^3}{500}\right) \times 50 = 350$　　답 ③

16 변환요소

변환량	변환요소
압력 → 변위	다이어프램, 벨로우즈, 스프링
변위 → 압력	유압분사관, 노즐 플래퍼, 스프링
변위 → 전압	차동변압기, 포텐셔미터, 전위차계
온도 → 임피던스	정온식감지선형 감지기, 측온 저항(열선, 서미스터)
온도 → 전압	열전대

답 ④

17 ① 단방향 전류 소자 : Diode, SCR(실리콘 정류기, 단방향성 3단자), GTO(단방향성 3단자), BJT, MOSFET, IGBT, SCS(단방향성 4단자)
② 쌍방향 전류 소자 : DIAC(다이액, 쌍방향성 2단자), TRIAC(트라이액, 쌍방향성 3단자)

답 ③

18 누설전류 $I = \dfrac{V}{R} = \dfrac{500}{1 \times 10^6} = 5 \times 10^{-4}\,\text{A} = 0.5\,\text{mA}$

답 ①

19 원형코일 중심의 자계
$$H = \dfrac{NI}{2a} = \dfrac{50 \times 2}{2 \times 0.2} = 250\,\text{AT/m}$$
여기에서, N : 권수, I : 전류(A), a : 반지름(m)

답 ④

20 $Y = \overline{A}\overline{B}C + A\overline{B}\overline{C} + A\overline{B}C$
$\quad = \overline{A}\overline{B}C + A\overline{B}\overline{C} + A\overline{B}C + A\overline{B}C$
$\quad = \overline{B}C(A + \overline{A}) + A\overline{B}(C + \overline{C})$
$\quad = \overline{B}C + A\overline{B} = \overline{B}(A + C)$

답 ②

문제 21~30

21 200 V 전원에 접속하면 1 kW의 전력을 소비하는 저항을 100 V 전원에 접속하면 소비전력은?

① 250 W　　　　　　　　② 500 W
③ 750 W　　　　　　　　④ 900 W

22 축전지의 자기 방전을 보충함과 동시에 상용부하에 대한 전력 공급은 충전기가 부담하도록 하되, 충전기가 부담하기 어려운 일시적인 대전류 부하는 축전지로 하여금 부담하게 하는 충전방식은?

① 균등충전
② 급속충전
③ 부동충전
④ 세류충전

23 서로 다른 두 개의 금속도선 양 끝을 연결하여 폐회로를 구성한 후, 양단에 온도차를 주었을 때 두 접점 사이에서 기전력이 발생하는 효과는?

① 톰슨 효과
② 제어백 효과
③ 펠티에 효과
④ 핀치 효과

24 공기 중에서 50 kW 방사 전력이 안테나에서 사방으로 균일하게 방사될 때, 안테나에서 1 km 거리에 있는 점에서의 전계의 실효값은 약 몇 V/m인가?

① 0.87　　　　　　　　② 1.22
③ 1.73　　　　　　　　④ 3.98

25 내압이 1.0 kV이고 정전용량이 각각 0.01 μF, 0.02 μF, 0.04 μF인 3개의 커패시터를 직렬로 연결했을 때 전체 내압은 몇 V인가?

① 1500　　　　　　　　② 1750
③ 2000　　　　　　　　④ 2200

26 길이 1 cm마다 감은 권선수가 50회인 무한장 솔레노이드에 500 mA의 전류를 흘릴 때 솔레노이드 내부에서의 자계의 세기는 몇 AT/m인가?
① 1250
② 2500
③ 12500
④ 25000

27 코일을 지나가는 자속이 변화하면 코일에 기전력이 발생한다. 이때 유기되는 기전력의 방향을 결정하는 법칙은?
① 렌츠의 법칙
② 플레밍의 왼손법칙
③ 키르히호프의 제2법칙
④ 플레밍의 오른손법칙

28 회로에서 저항 20[Ω]에 흐르는 전류[A]는?
① 0.8
② 1.0
③ 1.8
④ 2.8

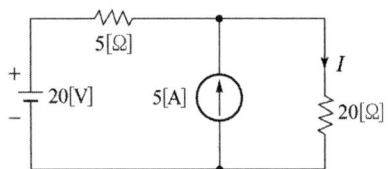

29 저항 R_1, R_2와 인덕턴스 L이 직렬로 연결된 회로에서 시정수[s]는?
① $\dfrac{R_1 + R_2}{L}$
② $-\dfrac{R_1 + R_2}{L}$
③ $\dfrac{L}{R_1 + R_2}$
④ $\dfrac{-L}{R_1 + R_2}$

30 인덕턴스가 0.5 H인 코일의 리액턴스가 753.6 Ω일 때 주파수는 약 몇 Hz인가?
① 120
② 240
③ 360
④ 480

문제 21~30 해설 및 답안
"소방전기일반"

21 전력 $P = \dfrac{V^2}{R}$ 이므로

$$\dfrac{P'}{P} = \dfrac{\dfrac{V'^2}{R}}{\dfrac{V^2}{R}} \text{에서} \quad \dfrac{P'}{1000} = \dfrac{\dfrac{100^2}{R}}{\dfrac{200^2}{R}} = 0.25$$

$$\therefore P' = 0.25 \times 1000 = 250 \text{ W}$$

답 ①

22 부동충전 : 축전지의 자기 방전을 보충함과 동시에 상용 부하에 대한 전력 공급은 충전기가 부담하도록 하되 충전기가 부담하기 어려운 일시적인 대 전류 부하는 축전지로 하여금 부담하게 하는 방식

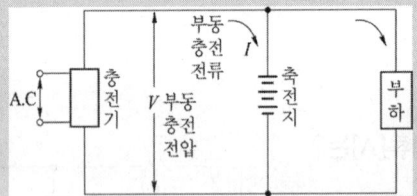

답 ③

23 ① 제어백(seebeck) 효과 : **두 종류의 금속을 접속하여 폐회로를 만들고 두 접속점에 온도의 차이를** 주면 기전력이 발생하여 전류가 흐르는 현상
② 펠티에(peltier) 효과 : **두 종류의 금속의 접속점에 전류를 흘리면 열의 흡수 또는 발생이 나타나는** 현상
③ 핀치(pinch)효과 : 직류전압을 인가하면 전류는 도선의 중심 쪽으로 흐르려고 하는 현상

답 ②

24 단위면적당의 전력(포인팅 벡터)

$$P = \dfrac{P_s}{S} = \dfrac{P_s}{4\pi r^2} \text{ 에서}$$

$$P = \dfrac{50 \times 10^3}{4 \times 3.14 \times (10^3)^2} = 3.98 \times 10^{-3} \text{ W/m}^2$$

$$P = E \times H = \dfrac{E^2}{377} \text{ 에서}$$

$$E = \sqrt{377 \times P} = \sqrt{377 \times 3.98 \times 10^{-3}} = 1.22 \text{ V/m}$$

답 ②

25 전압 $V = \dfrac{Q}{C}$ 에서 정전용량(C)에 반비례하므로 각 콘덴서에 가해지는 전압

$$V_1 : V_2 : V_3 = \dfrac{1}{0.01} : \dfrac{1}{0.02} : \dfrac{1}{0.04} = 10 : 5 : 2.5$$

전체 내압은 정전용량이 가장 작은 콘덴서를 기준으로 하므로

$V_1 = \dfrac{10}{17.5} \times V_{\max}$

$1000 = \dfrac{10}{17.5} \times V_{\max}$

$V_{\max} = \dfrac{17.5}{10} \times 1000 = 1750[\text{V}]$

답 ②

26 자계의 세기

$H = \dfrac{NI}{l} = \dfrac{50 \times 500 \times 10^{-3}}{0.01} = 2500[\text{AT/m}]$

답 ②

27
1) 렌츠의 법칙 : 자속변화에 의한 유기기전력의 방향을 결정하는 법칙
2) 플레밍의 왼손법칙 : 자계내에서 도체에 전류를 흘리면 전자력이 발생하게 되며 이때 이 전자력의 방향을 결정하는 법칙
3) 키르히호프의 제2법칙(전압법칙) : 회로망 중에서 임의의 한 폐회로에서 기전력의 합은 전압강하의 합과 같다. 즉, 임의의 한 폐회로를 따라 존재하는 모든 전압(전압원 + 전압 강하)의 대수적 합은 0이다.
4) 플레밍의 오른손 법칙 : 자계 내에서 도체가 운동하면 유도기전력이 도체에 발생하게 되며 이때 이 유도기전력의 방향을 결정하는 법칙

답 ①

28 중첩의 원리

① 전압원 단락 $I_1 = \dfrac{5}{5+20} \times 5 = 1[\text{A}]$

② 전류원 개방 $I_2 = \dfrac{20}{5+20} = 0.8[\text{A}]$

③ 합성전류 : $1 + 0.8 = 1.8[\text{A}]$

답 ③

29 $R_1 + R_2$를 R이라 하면 $R-L$ 직렬 회로와 같다.

$R-L$ 직렬 회로에서 시정수 $\tau = \dfrac{L}{R}[\text{s}]$ 이므로,

$\therefore \tau = \dfrac{L}{R} = \dfrac{L}{R_1 + R_2}$

답 ③

30 주파수 $f = \dfrac{X_L}{2\pi L} = \dfrac{753.6}{2\pi \times 0.5} = 239.88[\text{Hz}]$

여기서, X_L : 유도성리액턴스[Ω]
　　　　L : 인덕턴스[H]

답 ④

문제 31~40

31 그림과 같은 회로에서 단자 a, b 사이에 주파수 f[Hz]의 정현파 전압을 가했을 때 전류계 A_1, A_2의 값이 같았다. 이 경우 f, L, C 사이의 관계로 옳은 것은?

① $f = \dfrac{1}{2\pi^2 LC}$

② $f = \dfrac{1}{4\pi\sqrt{LC}}$

③ $f = \dfrac{1}{\sqrt{2\pi^2 LC}}$

④ $f = \dfrac{1}{2\pi\sqrt{LC}}$

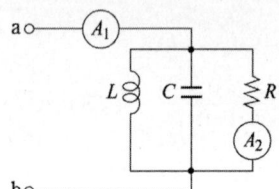

32 $R = 10[\Omega]$, $\omega L = 20[\Omega]$인 직렬회로에 $220\angle 0°$ V의 교류 전압을 가하는 경우 이 회로에 흐르는 전류는 약 몇 [A]인가?

① $24.5\angle -26.5°$
② $9.8\angle -63.4°$
③ $12.2\angle -13.2°$
④ $73.6\angle -79.6°$

33 단상 반파 정류회로를 통해 평균 26 V의 직류 전압을 출력하는 경우, 정류 다이오드에 인가되는 역방향 최대 전압은 약 몇 V인가? (단, 직류 측에 평활회로(필터)가 없는 정류회로이고, 다이오드의 순방향 전압은 무시한다.)

① 26
② 37
③ 58
④ 82

34 변압기의 1차 권수가 10회, 2차 권수가 300회인 경우 2차 단자에서 1500[V]의 전압을 얻고자 하는 경우 1차 단자에서 인가하여야 할 전압은?

① 50[V]
② 100[V]
③ 220[V]
④ 380[V]

35 동기발전기의 병렬조건으로 틀린 것은?

① 기전력의 크기가 같을 것
② 기전력의 위상이 같을 것
③ 기전력의 주파수가 같을 것
④ 극수가 같을 것

36 그림과 같은 회로에서 전압계 3개로 단상 전력을 측정하고자 할 때의 유효전력은?

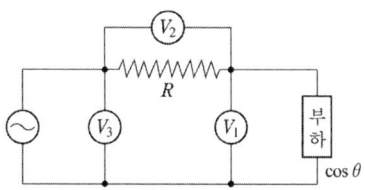

① $P = \dfrac{R}{2}(V_3^2 - V_1^2 - V_2^2)$
② $P = \dfrac{1}{2R}(V_3^2 - V_1^2 - V_2^2)$
③ $P = \dfrac{R}{2}(V_3^2 + V_1^2 + V_2^2)$
④ $P = \dfrac{1}{2R}(V_3^2 + V_1^2 + V_2^2)$

37 입력이 $r(t)$이고, 출력이 $c(t)$인 제어시스템이 다음의 식과 같이 표현될 때 이 제어시스템의 전달함수 ($G(s) = \dfrac{C(s)}{R(s)}$)는? (단, 초기값은 0이다.)

$$2\dfrac{d^2c(t)}{dt^2} + 3\dfrac{dc(t)}{dt} + c(t) = 3\dfrac{dr(t)}{dt} + r(t)$$

① $\dfrac{3s+1}{2s^2+3s+1}$
② $\dfrac{2s^2+3s+1}{s+3}$
③ $\dfrac{3s+1}{s^2+3s+2}$
④ $\dfrac{s+3}{s^2+3s+2}$

38 다음의 논리식을 간단히 표현한 것은?

$$Y = \overline{A}\overline{B}C + \overline{A}B\overline{C} + \overline{A}BC$$

① $\overline{A} \cdot (B+C)$
② $\overline{B} \cdot (A+C)$
③ $\overline{C} \cdot (A+B)$
④ $C \cdot (A+\overline{B})$

39 그림과 같은 다이오드 논리회로의 명칭은?

① NOT 회로
② AND 회로
③ OR 회로
④ NAND 회로

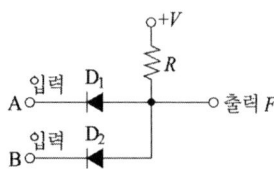

40 입력 $r(t)$, 출력 $c(t)$인 제어시스템에서 전달함수 $G(s)$는? (단, 초기값은 0이다.)

$$\frac{d^2c(t)}{dt^2}+3\frac{dc(t)}{dt}+2c(t)=\frac{dr(t)}{dt}+3r(t)$$

① $\dfrac{3s+1}{2s^2+3s+1}$

② $\dfrac{s^2+3s+2}{s+3}$

③ $\dfrac{s+1}{s^2+3s+2}$

④ $\dfrac{s+3}{s^2+3s+2}$

문제 31~40 해설 및 답안

"소방전기일반"

31 전류계 A_1과 A_2에 흐르는 전류가 같은 경우는 병렬공진의 경우이다.
즉, $Y_0 = \dfrac{1}{R} + j\left(\dfrac{1}{X_C} - \dfrac{1}{X_L}\right)$ 에서 허수부가 0 이어야 하므로
$\dfrac{1}{X_C} = \dfrac{1}{X_L}$, $\omega C = \dfrac{1}{\omega L}$, $\omega^2 LC = 1$
$\therefore f = \dfrac{1}{2\pi\sqrt{LC}}$ [Hz]

답 ④

32 ① 임피던스의 크기 $Z = \sqrt{10^2 + 20^2} = 10\sqrt{5}$
② 위상 $\theta = \tan^{-1}\dfrac{X_L}{R} = \tan^{-1}\dfrac{20}{10} = 63.43°$
③ 전류 $I = \dfrac{V}{Z} = \dfrac{220\angle 0°}{10\sqrt{5}\angle 63.43°} = 9.84\angle -63.43°$

답 ②

33 단상 반파 정류회로의 역방향 최대 전압
$PIV = \sqrt{2}\,E = \pi \times E_d = \pi \times 26 = 81.68$ [V]

답 ④

34 권수비(권선비)
$a = \dfrac{N_1}{N_2} = \dfrac{V_1}{V_2}$ (N_1, N_2 : 1, 2차 권수, V_1, V_2 : 1, 2차 전압)
$\dfrac{10}{300} = \dfrac{V_1}{1500}$, 1차 단자전압 $V_1 = \dfrac{10}{300} \times 1500 = 50$ [V]

답 ①

35 동기 발전기의 병렬 운전 조건
① 기전력의 크기가 같을 것
② 기전력의 위상이 같을 것
③ 기전력의 주파수가 같을 것
④ 기전력의 파형이 같을 것
⑤ 상회전 방향이 같을 것

답 ④

36 3전압계법
① 역률 $\cos\theta = \dfrac{V_3^2 - V_1^2 - V_2^2}{2V_1 V_2}$
② 소비전력 $P = V_1 I \cos\theta = \dfrac{1}{2R}(V_3^2 - V_1^2 - V_2^2)$

답 ②

37 $2\dfrac{d^2c(t)}{dt^2}+3\dfrac{dc(t)}{dt}+c(t)=3\dfrac{dr(t)}{dt}+r(t)$

$2s^2C(s)+3sC(s)+C(s)=3sR(s)+R(s)$

$\dfrac{C(s)}{R(s)}=\dfrac{3s+1}{2s^2+3s+1}$ 　　　　　　　　　　답 ①

38 $Y=\overline{A}\,\overline{B}C+\overline{A}B\overline{C}+\overline{A}BC$

$=\overline{A}\,\overline{B}C+\overline{A}B\overline{C}+\overline{A}BC+\overline{A}BC$

$=\overline{A}C(\overline{B}+B)+\overline{A}B(C+\overline{C})$

$=\overline{A}B+\overline{A}C=\overline{A}(B+C)$ 　　　　　　답 ①

39 논리곱 회로(AND 회로)
① 논리식(출력식) $X=A\cdot B$
② 주요특성

유접점	무접점	논리회로	진리표		
(유접점 회로)	(다이오드 회로)	$X=A\cdot B$	A	B	X
			0	0	0
			0	1	0
			1	0	0
			1	1	1

답 ②

40 $s^2C(s)+3sC(s)+2C(s)=sR(s)+3R(s)$

전달함수 $G(s)=\dfrac{C(s)}{R(s)}=\dfrac{s+3}{s^2+3s+2}$

※ $s^3=\dfrac{d^3}{dt^3}$, $s^2=\dfrac{d^2}{dt^2}$, $s=\dfrac{d}{dt}$ 　　　　답 ④

문제 41~50

41 0 ℃에서 저항이 10 Ω이고, 저항의 온도계수가 0.0043인 전선이 있다. 30 ℃에서 이 전선의 저항은 약 몇 Ω인가?

① 0.013
② 0.68
③ 1.4
④ 11.3

42 권선수가 100회인 코일에 유도되는 기전력의 크기가 e_1이다. 이 코일의 권선수를 200회로 늘렸을 때 유도되는 기전력의 크기(e_2)는?

① $e_2 = \dfrac{1}{4} e_1$
② $e_2 = \dfrac{1}{2} e_1$
③ $e_2 = 2e_1$
④ $e_2 = 4e_1$

43 용량 0.02 μF 콘덴서 2개와 0.01 μF 콘덴서 1개를 병렬로 접속하여 24 V의 전압을 가하였다. 합성용량은 몇 μF이며, 0.01 μF 콘덴서에 축적되는 전하량은 몇 C인가?

① 0.05, 0.12 × 10^{-6}
② 0.05, 0.24 × 10^{-6}
③ 0.03, 0.12 × 10^{-6}
④ 0.03, 0.24 × 10^{-6}

44 그림과 같은 회로에 평형 3상 전압 200 V를 인가한 경우 소비된 유효전력(kW)은?
(단, $R = 20$ Ω, $X = 10$ Ω)

① 1.6
② 2.4
③ 2.8
④ 4.8

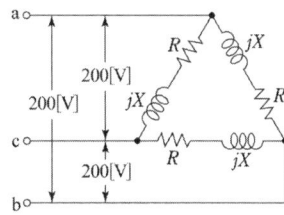

45 정현파 전압의 평균값과 최댓값과의 관계식 중 옳은 것은?

① $V_{av} = 0.707 V_m$
② $V_{av} = 0.840 V_m$
③ $V_{av} = 0.637 V_m$
④ $V_{av} = 0.956 V_m$

46 저항 6[Ω]과 유도리액턴스 8[Ω]이 직렬로 접속된 회로에 100[V]의 교류전압을 가할 때 흐르는 전류의 크기는 몇 [A]인가?
  ① 10   ② 30
  ③ 50   ④ 80

47 단상 반파 정류회로에서 교류 실효값 220V를 정류하면 직류 평균전압은 약 몇 V인가? (단, 정류기의 전압강하는 무시한다.)
  ① 58   ② 73
  ③ 88   ④ 99

48 직류 발전기의 자극수 4, 전기자 도체 수 500, 각 자극의 유효자속 수 0.01[Wb], 회전수 1800[rpm]인 경우 유기기전력은 얼마인가? (단, 전기자 권선은 파권이다.)
  ① 100[V]
  ② 150[V]
  ③ 200[V]
  ④ 300[V]

49 자기용량이 10 kVA인 단권변압기를 그림과 같이 접속하였을 때 역률 80 %의 부하에 몇 kW의 전력을 공급할 수 있는가?
  ① 8
  ② 54
  ③ 80
  ④ 88

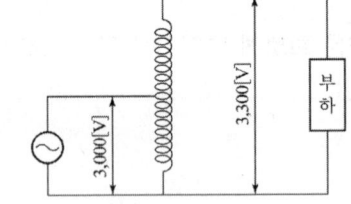

50 분류기를 사용하여 내부 저항이 R_A인 전류계의 배율을 9로 하기 위한 분류기의 저항 R_S [Ω]은?
  ① $R_S = \dfrac{1}{8} R_A$
  ② $R_S = \dfrac{1}{9} R_A$
  ③ $R_S = 8 R_A$
  ④ $R_S = 9 R_A$

문제 41~50 해설 및 답안

"소방전기일반"

41 저항 $R_T = R_t[1+\alpha_t(T-t)] = 10[1+0.0043(30-0)] = 11.29[\Omega]$ 　답 ④

42 ① 인덕턴스 $L = \dfrac{\mu A N^2}{l}$ 의 관계에서 인덕턴스 L은 N^2(권수의 제곱)에 비례

② 유도기전력 $e = -L\dfrac{di}{dt}$ 의 관계에서 e는 인덕턴스(L)에 비례

③ 유도기전력 e는 N^2(권수의 제곱)에 비례하므로

④ $e_2 = \left(\dfrac{N_2}{N_1}\right)^2 \times e_1 = \left(\dfrac{200}{100}\right)^2 \times e_1 = 4e_1$ 　답 ④

43 ① 합성정전용량 : 병렬연결이므로 합산하면 된다.
$C_T = 0.02 \times 2개 + 0.01 \times 1개 = 0.05\mu F$

② 충전되는 전기량
$Q = CV = 0.01 \times 10^{-6} \times 24 = 0.24 \times 10^{-6}[C]$ 　답 ②

44 유효전력

$P = 3I_p^2 R = 3 \times \dfrac{V_p^2}{R^2+X^2} \times R = 3 \times \dfrac{200^2}{20^2+10^2} \times 20$
$= 4800[W] = 4.8[kW]$ 　답 ④

45

파 형	정현파	정현반파	삼각파	구형반파	구형파
실효값	$\dfrac{I_m}{\sqrt{2}}$	$\dfrac{I_m}{2}$	$\dfrac{I_m}{\sqrt{3}}$	$\dfrac{I_m}{\sqrt{2}}$	I_m
평균값	$\dfrac{2I_m}{\pi}$	$\dfrac{I_m}{\pi}$	$\dfrac{I_m}{2}$	$\dfrac{I_m}{2}$	I_m

정현파의 평균값 $V_{av} = \dfrac{2I_m}{\pi}$, $V_{av} = 0.637 I_m$

여기서, V_{av} : 전압의 평균값[V]
V_m : 전압의 최댓값[V] 　답 ③

46 전류

$I = \dfrac{V}{Z} = \dfrac{V}{\sqrt{R^2+X_L^2}} = \dfrac{100}{\sqrt{6^2+8^2}} = 10[A]$ 　답 ①

47 단상 반파정류
$E_d = 0.45E_a - e = 0.45 \times 220 - 0 = 99[\text{V}]$
여기서, E_a : 교류전압(V)
e : 전압강하(V), $\dfrac{\sqrt{2}}{\pi} \fallingdotseq 0.45$

답 ④

48 파권이므로 병렬회로수 $a = 2$이다.
$\therefore E = \dfrac{pZ}{a}\phi\dfrac{N}{60} = \dfrac{4 \times 500}{2} \times 0.01 \times \dfrac{1800}{60} = 300[\text{V}]$

답 ④

49 부하용량
$W = \dfrac{V_h}{V_h - V_l} \times w = \dfrac{3300}{3300 - 3000} \times 10 = 110[\text{kVA}]$
부하전력 : $100[\text{kVA}] \times 0.8 = 88[\text{kW}]$

답 ④

50 분류기의 저항
$R_s = \dfrac{1}{m-1}r = \dfrac{1}{9-1} \times r = \dfrac{r}{8}$
여기에서, m : 배율
r : 전류계의 내부저항

답 ①

문제 51~60

51 그림과 같은 회로에서 분류기의 배율은?
(단, 전류계 A의 내부저항은 R_A이며, R_S는 분류기 저항이다.)

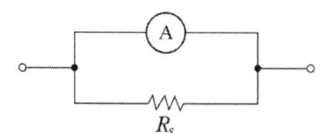

① $\dfrac{R_A}{R_A + R_S}$ ② $\dfrac{R_S}{R_A + R_S}$ ③ $\dfrac{R_A + R_S}{R_S}$ ④ $\dfrac{R_A + R_S}{R_A}$

52 그림과 같은 다이오드 게이트 회로에서 출력전압은?
(단, 다이오드내의 전압강하는 무시한다.)

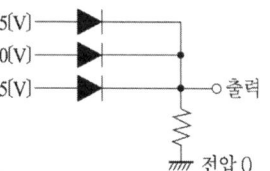

① 10[V]   ② 5[V]
③ 1[V]   ④ 0[V]

53 다이오드를 여러 개 병렬로 접속하는 경우에 대한 설명으로 옳은 것은?
① 과전류로부터 보호할 수 있다.
② 과전압으로부터 보호할 수 있다.
③ 부하측의 맥동률을 감소시킬 수 있다.
④ 정류기의 역방향 전류를 감소시킬 수 있다.

54 $X = A\overline{B}C + \overline{A}BC + \overline{A}\,\overline{B}\,\overline{C} + \overline{A}\,\overline{B}C + A\overline{B}\,\overline{C}$ 를 가장 간소화한 것은?
① $\overline{A}BC + \overline{B}$ ② $B + \overline{A}C$
③ $\overline{B} + \overline{A}C$ ④ $\overline{A}\,\overline{B}C + B$

55 시퀀스제어에 관한 설명 중 옳지 않은 것은?
① 기계적 계전기접점이 사용된다.
② 논리회로가 조합 사용된다.
③ 시간 지연요소가 사용된다.
④ 전체시스템에 연결된 접점들이 일시에 동작할 수 있다.

56 한 코일의 전류가 매초 150 A의 비율로 변화할 때 다른 코일에 10 V의 기전력이 발생하였다면 두 코일의 상호 인덕턴스(H)는?

① $\dfrac{1}{3}$ ② $\dfrac{1}{5}$
③ $\dfrac{1}{10}$ ④ $\dfrac{1}{15}$

57 비투자율 $\mu_s = 500$, 평균 자로의 길이 1 m의 환상 철심 자기회로에 2 mm의 공극을 내면 전체의 자기저항은 공극이 없을 때의 약 몇 배가 되는가?

① 5 ② 2.5
③ 2 ④ 0.5

58 한 변의 길이가 l인 정삼각형 회로에 I의 전류가 흐를 때 회로 중심에서의 자계의 세기는?

① $H = \dfrac{2\sqrt{2}\,I}{\pi l}$ ② $H = \dfrac{9I}{2\pi l}$
③ $H = \dfrac{\sqrt{2}\,I}{2\pi l}$ ④ $H = \dfrac{\sqrt{3}\,I}{\pi l}$

59 유전율 ε, 투자율 μ의 공간을 전파하는 전자파의 전파속도 v[m/s]의 표현식으로 옳은 것은?

① $v = \sqrt{\varepsilon\mu}$ ② $v = \sqrt{\dfrac{\varepsilon}{\mu}}$
③ $v = \sqrt{\dfrac{\mu}{\varepsilon}}$ ④ $v = \dfrac{1}{\sqrt{\varepsilon\mu}}$

60 히스테리시스 곡선의 종축과 횡축은?

① 종축 : 자속밀도, 횡축 : 투자율
② 종축 : 자계의 세기, 횡축 : 투자율
③ 종축 : 자계의 세기, 횡축 : 자속밀도
④ 종축 : 자속밀도, 횡축 : 자계의 세기

문제 51~60 해설 및 답안

51 분류기 저항 $R_s = \dfrac{1}{(m-1)} r_a [\Omega]$

여기서, m : 배율, r_a : 전류계 내부저항

배율 $m = 1 + \dfrac{r_a}{R_s} = 1 + \dfrac{R_A}{R_S} = \dfrac{R_S + R_A}{R_S}$

답 ③

52 그림의 다이오드 게이트 회로는 OR게이트 회로로서, 입력의 어느 하나가 1이면, 출력도 1인 회로이다. 따라서, 입력이 5[V]이므로, 출력도 5[V]이다.

답 ②

53 다이오드의 연결
직렬연결 : 과전압으로부터 보호
병렬연결 : 과전류로부터 보호

답 ①

54 ① 카르노 맵으로 해석하면 $X = \overline{A}C + \overline{B}$

A\BC	00	01	11	10
0	1	1	1	
1	1	1		

② 논리식으로 해석하면
$X = A\overline{B}C + \overline{A}BC + \overline{A}\overline{B}\overline{C} + \overline{A}\overline{B}C + A\overline{B}\overline{C}$
$= \overline{A}C(B+\overline{B}) + \overline{B}C(A+\overline{A}) + \overline{A}\overline{B}(\overline{C}+C) + \overline{B}\overline{C}(\overline{A}+A)$
$= \overline{A}C + \overline{B}C + \overline{A}\overline{B} + \overline{B}\overline{C}$
$= \overline{A}C + \overline{B}(C + \overline{B} + \overline{C})$
$= \overline{A}C + \overline{B}$

답 ③

55 시퀀스란 「현상이 일어나는 순서」를 말하며, 또한 시퀀스 제어란 「미리 정해 놓은 순서 또는 일정한 논리에 의하여 정해진 순서에 따라 제어의 각 단계를 순서적으로 진행하는 제어」로 되어 있다. 즉, **전체 시스템에 연결된 접점들이 일시에 동작할 수 없다.**

답 ④

56 기전력 $e = M \dfrac{di}{dt}$ 에서

$10[V] = M \times 150[A/s]$

상호인덕턴스 $M = \dfrac{10}{150} = \dfrac{1}{15}$

여기서, di : 전류의 변화량(A)
dt : 시간의 변화(s)

답 ④

57 ① 공극이 없을 때의 자기저항

$$R_m = \frac{l}{\mu S} = \frac{l}{\mu_0 \mu_s S}$$

② 공극이 있을 때의 자기저항

$$R_g = R_m + R_0 = \frac{l}{\mu_0 \mu_s S} + \frac{l_g}{\mu_0 S}$$

③ 자기저항의 비

$$\frac{R_g}{R_m} = \frac{R_m + R_o}{R_m} = 1 + \frac{R_0}{R_m} = 1 + \frac{\frac{l_g}{\mu_0 S}}{\frac{l}{\mu_0 \mu_s S}} = 1 + \mu_s \frac{l_g}{l} = 1 + 500 \times \frac{2 \times 10^{-3} m}{1m} = 2$$

여기서, l_g : 공극의 길이[m]
　　　　l : 전체 길이(m)

답 ③

58 정방형(정사각형) 중심에서의 자계의 세기 $H = \dfrac{2\sqrt{2}I}{\pi l}$

정삼각형 중심에서의 자계의 세기 $H = \dfrac{9I}{2\pi l}$

정육각형 중심에서의 자계의 세기 $H = \dfrac{\sqrt{3}I}{\pi l}$

답 ②

59 전파속도

$$v = f\lambda = \frac{1}{\sqrt{\varepsilon \mu}} = \frac{3 \times 10^8}{\sqrt{\varepsilon_s \mu_s}} [m/s]$$

여기서, 유전율 ε[F/m], 투자율 μ[H/m], f : 주파수[Hz], λ : 파장[m]

답 ④

60 히스테리시스 곡선
　　B : 자속밀도[Wb/m²]
　　H : 자계의 세기[AT/m](횡축)
　　Br : 잔류자기(종축)
　　Hc : 보자력
① 영구자석의 구비조건
　　• 잔류자기 및 보자력이 클 것
　　• 히스테리면적이 클 것
② 전자석의 구비조건
　　• 잔류자기가 클 것
　　• 보자력 및 히스테리면적이 작을 것

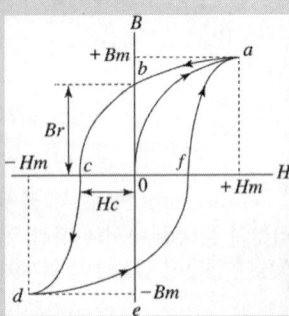

답 ④

문제 61~70

61 어떤 측정계기의 지시값을 M, 참값을 T 라 할 때 보정률은 몇 [%]인가?

① $\dfrac{T-M}{M} \times 100$ ② $\dfrac{M}{M-T} \times 100$

③ $\dfrac{T-M}{T} \times 100$ ④ $\dfrac{T}{M-T} \times 100$

62 단방향 대전류의 전력용 스위칭 소자로서 교류의 위상 제어용으로 사용되는 정류소자는?

① 서미스터   ② SCR
③ 제너다이오드   ④ UJT

63 다음 소자 중에서 온도 보상용으로 쓰이는 것은?

① 서미스터   ② 바리스터
③ 제너다이오드   ④ 터널다이오드

64 그림의 시퀀스(계전기 접점)회로를 논리식으로 표현하면?

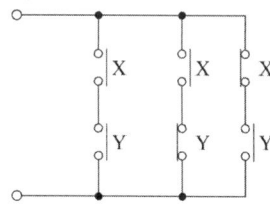

① X+Y   ② (XY)+(X$\overline{Y}$)($\overline{X}$Y)
③ (X+Y)(X+$\overline{Y}$)($\overline{X}$+Y)   ④ (X+Y)+(X+$\overline{Y}$)+($\overline{X}$+Y)

65 그림의 논리기호를 표시한 것으로 옳은 식은?

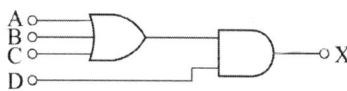

① X = (A · B · C) · D   ② X = (A+B+C) · D
③ X = (A · B · C)+D   ④ X = A+B+C+D

66 제어요소의 구성으로 옳은 것은?
① 조절부와 조작부
② 비교부와 검출부
③ 설정부와 검출부
④ 설정부와 비교부

67 잔류편차가 있는 제어 동작은?
① 비례 제어
② 적분 제어
③ 비례 적분 제어
④ 비례 적분 미분 제어

68 블록선도의 전달함수 $\left(\dfrac{C(s)}{R(s)}\right)$는?

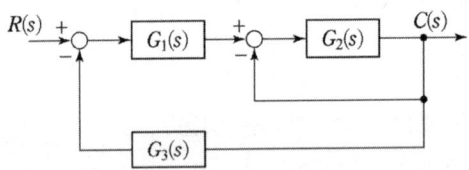

① $\dfrac{G_1(s)G_2(s)}{1+G_1(s)G_2(s)G_3(s)}$
② $\dfrac{G_1(s)G_2(s)}{1+G_1(s)+G_1(s)G_2(s)G_3(s)}$
③ $\dfrac{G_1(s)G_2(s)}{1+G_2(s)+G_1(s)G_2(s)G_3(s)}$
④ $\dfrac{G_1(s)G_2(s)}{1+G_3(s)+G_1(s)G_2(s)G_3(s)}$

69 평행한 왕복 전선에 10 A의 전류가 흐를 때 전선 사이에 작용하는 전자력(N/m)은? (단, 전선의 간격은 40 cm이다.)
① 5×10^{-5} N/m, 서로 반발하는 힘
② 5×10^{-5} N/m, 서로 흡인하는 힘
③ 7×10^{-5} N/m, 서로 반발하는 힘
④ 7×10^{-5} N/m, 서로 흡인하는 힘

70 코일에 전류가 흐를 때 생기는 자력의 세기를 설명한 것 중 옳은 것은?
① 자력의 세기와 전류와는 무관하다.
② 자력의 세기와 전류는 반비례한다.
③ 자력의 세기는 전류에 비례한다.
④ 자력의 세기는 전류의 2승에 비례한다.

문제 61~70 해설 및 답안 "소방전기일반"

61 오차율 $= \dfrac{M-T}{T} \times 100(\%)$

보정률 $= \dfrac{T-M}{M} \times 100(\%)$

여기서, M : 지시값
 T : 참값

답 ①

62 ① 서미스터 : 온도에 의해 저항값이 변화하는 반도체로 온도 보상용, 온도 계측용으로 사용
② SCR : 실리콘 제어정류기, 단방향 대전류의 전력용 스위칭 소자로서 교류의 위상 제어용
③ 제너다이오드 : 정전압 정류작용
④ UJT : 단접합 트랜지스터

답 ②

63

종류	특성	적용
서미스터	온도의 변화에 따라 저항값이 변화하는 반도체로 부 온도특성이 있다.	온도보상용, 온도계측용
바리스터	서지전압에 대한 보호용	스위치 및 계전기의 접점 개폐시, 불꽃제어용
제너다이오드	정전압 정류작용 (전원 전압을 일정하게 유지)	정전압회로용, 미터기 보호용

답 ①

64 논리식 $= XY + X\overline{Y} + \overline{X}Y$
$= X(Y+\overline{Y}) + Y(X+\overline{X})$
$= X + Y$

답 ①

65 A, B, C는 3입력 OR 회로로서 논리식은 A+B+C로 표현할 수 있다. 또한, D와는 2입력 AND회로로 연결되어 있으므로 논리식은 다음과 같다.
출력 $X = (A+B+C) \cdot D$

답 ②

66 제어요소
조절부와 조작부로 구성, 동작신호를 받아 조작량으로 변환
① 조절부 : 제어계가 작용을 하는데 필요한 신호를 만든다.
② 조작부 : 조절부로 받은 신호를 조작량으로 변환한다.

답 ①

67 조절부의 동작에 의한 분류

구분	약호	특징
비례동작	P	잔류편차 발생
적분동작	I	잔류편차 제거
미분동작	D	오차가 커지는 것을 미리 방지
비례적분동작	PI	**잔류편차 제거**, 정상특성 개선
비례미분동작	PD	응답 속응성의 개선
비례적분 미분동작	PID	잔류편차 제거, 응답 속응성의 개선 응답의 오버슈트 감소, 최적제어

답 ①

68 전달함수

$$\frac{C(s)}{R(s)} = \frac{\text{전향경로의 합}}{1-\text{루프이득의 합}}$$

$$= \frac{G_1(s)G_2(s)}{1-(-G_1(s)G_2(s)G_3(s)-G_2(s))}$$

$$= \frac{G_1(s)G_2(s)}{1+G_2(s)+G_1(s)G_2(s)G_3(s)}$$

답 ③

69 전선 사이에 작용하는 전자력

$$F = \frac{2I_1I_2}{r} \times 10^{-7} = \frac{2\times 10\times 10}{0.4}\times 10^{-7} = 5\times 10^{-5}[\text{N/m}]$$

왕복도선에는 서로 반발하는 힘(반발력, 척력), 평행도선에는 서로 흡인하는 힘(흡인력, 인력)이 작용하다.

답 ①

70 기자력 $F = NI$ [AT]

단, F : 기자력[N]
　　N : 권수
　　I : 전류[A]

기자력(자력의 세기)은 권수와 전류의 곱에 비례하며, 권수가 일정할 경우 전류에 비례한다.

답 ③

문제 71~80

71 원형 단면적이 $S[m^2]$, 평균자로의 길이가 $l\,[m]$, 1[m]당 권선수가 N회인 공심 환상솔레노이드에 $I[A]$의 전류를 흘릴 때 철심 내의 자속은?

① $\dfrac{NI}{l}$ ② $\dfrac{\mu_0 SNI}{l}$

③ $\mu_0 SNI$ ④ $\dfrac{\mu_0 SN^2 I}{l}$

72 다음의 단상 유도전동기 중 기동 토크가 가장 큰 것은?
① 세이딩 코일형
② 콘덴서 기동형
③ 분상 기동형
④ 반발 기동형

73 그림과 같은 회로에서 a-b간의 합성저항은?

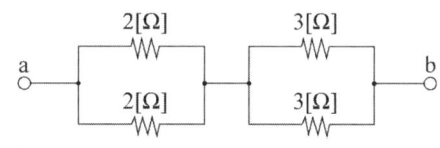

① 2.5[Ω]   ② 5[Ω]
③ 7.5[Ω]   ④ 10[Ω]

74 교류에서 파형의 개략적인 모습을 알기 위해 사용하는 파고율과 파형률에 대한 설명으로 옳은 것은?

① 파고율 = $\dfrac{실효값}{평균값}$, 파형률 = $\dfrac{평균값}{실효값}$

② 파고율 = $\dfrac{최댓값}{실효값}$, 파형률 = $\dfrac{실효값}{평균값}$

③ 파고율 = $\dfrac{실효값}{최댓값}$, 파형률 = $\dfrac{평균값}{실효값}$

④ 파고율 = $\dfrac{최댓값}{평균값}$, 파형률 = $\dfrac{평균값}{실효값}$

75 블록선도에서 외란 $D(s)$의 입력에 대한 출력 $C(s)$의 전달함수 $\left(\dfrac{C(s)}{D(s)}\right)$는?

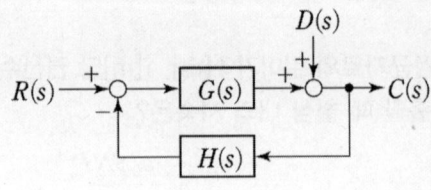

① $\dfrac{G(s)}{H(s)}$
② $\dfrac{1}{1+G(s)H(s)}$
③ $\dfrac{H(s)}{G(s)}$
④ $\dfrac{G(s)}{1+G(s)H(s)}$

76 무한장 솔레노이드에서 자계의 세기에 대한 설명으로 틀린 것은?

① 솔레노이드 내부에서의 자계의 세기는 전류의 세기에 비례한다.
② 솔레노이드 내부에서의 자계의 세기는 코일의 권수에 비례한다.
③ 솔레노이드 내부에서의 자계의 세기는 위치에 관계없이 일정한 평등 자계이다.
④ 자계의 방향과 암페어 적분 경로가 서로 수직인 경우 자계의 세기가 최대이다.

77 회로에서 전류 I는 약 몇 A인가?

① 0.92
② 1.125
③ 1.29
④ 1.38

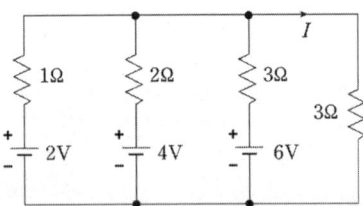

78 상순이 a, b, c 인 경우 V_a, V_b, V_c를 3상 불평형 전압이라 하면 정상분 전압은?
(단, $\alpha = e^{j2\pi/3} = 1\angle 120°$)

① $\dfrac{1}{3}(V_a + V_b + V_c)$
② $\dfrac{1}{3}(V_a + \alpha V_b + \alpha^2 V_c)$
③ $\dfrac{1}{3}(V_a + \alpha^2 V_b + \alpha V_c)$
④ $\dfrac{1}{3}(V_a + \alpha V_b + \alpha V_c)$

79 SCR(silicon-controlled rectifier)에 대한 설명으로 틀린 것은?

① PNPN 소자이다.
② 스위칭 반도체 소자이다.
③ 양방향 사이리스터이다.
④ 교류의 전력제어용으로 사용된다.

80 그림의 회로에서 a와 c 사이의 합성 저항은?

① $\dfrac{9}{10}R$
② $\dfrac{10}{9}R$
③ $\dfrac{7}{10}R$
④ $\dfrac{10}{7}R$

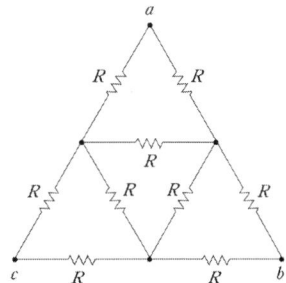

문제 71~80 해설 및 답안 "소방전기일반"

71 자속 $\phi = \dfrac{F}{R_m} = \dfrac{NI}{\dfrac{l}{\mu S}} = \dfrac{\mu SNI}{l}$ 의 관계에서

공심일 때 투자율 $\mu = \mu_0 \mu_s = \mu_0$ (공심일 때 비투자율 $\mu_s = 1$),
1 m당 권선수가 N회 이므로
자속 $\phi = \mu_0 SNI$ **답 ③**

72 단상 유도전동기의 기동토크가 큰 순서
반발기동형 > 반발유도형 > 콘덴서기동형 > 분상기동형 > 세이딩코일형   **답 ④**

73 합성저항 계산
$$R_t = \dfrac{2\times 2}{2+2} + \dfrac{3\times 3}{3+3} = 2.5[\Omega]$$

[별해] 두 개의 동일한 저항을 병렬연결하면 하나일 때의 1/2배가 되므로,

합성저항 $R_o = 2 \times \dfrac{1}{2} + 3 \times \dfrac{1}{2} = 2.5[\Omega]$ **답 ①**

74 파고율 = $\dfrac{최댓값}{실효값}$ 파형률 = $\dfrac{실효값}{평균값}$ **답 ②**

75 출력 $C(s) = D(s) - C(s)G(s)H(s)$
$C(s) + C(s)G(s)H(s) = D(s)$
$C(s)[1 + G(s)H(s)] = D(s)$
$\dfrac{C(s)}{D(s)} = \dfrac{1}{[1 + G(s)H(s)]}$ **답 ④**

76 무한장 솔레노이드

자계의 세기 $H = \dfrac{NI}{l}$[AT/m]

(여기서, I : 전류[A], N : 권수, l : 길이[m])
① 코일의 권수에 비례한다.
② 전류의 세기에 비례한다.
③ 솔레노이드 내부에서의 자계의 세기는 평등자계이다.   **답 ④**

77 3[Ω] 양단에 걸리는 전압
$$V = \dfrac{\dfrac{2}{1} + \dfrac{4}{2} + \dfrac{6}{3}}{\dfrac{1}{1} + \dfrac{1}{2} + \dfrac{1}{3} + \dfrac{1}{3}} = 2.77[V]$$

전류 $I = \dfrac{2.77}{3} = 0.92[A]$ 　　　　답 ①

78 대칭좌표법

① 영상분 전압 : $\dfrac{1}{3}(V_a + V_b + V_c)$

② 정상분 전압 : $\dfrac{1}{3}(V_a + \alpha V_b + \alpha^2 V_c)$

③ 역상분 전압 : $\dfrac{1}{3}(V_a + \alpha^2 V_b + \alpha V_c)$ 　　　　답 ②

79 SCR(silicon-controlled rectifier)
단방향 사이리스터(역저지 3극 사이리스터), 단방향성 3단자 소자이다. 　　　　답 ③

80 델타(△)결선된 저항을 성형(Y)결선으로 변환하면 저항값은 1/3배가 되므로
1) △결선된 ①, ②, ③을 Y로 변환하면

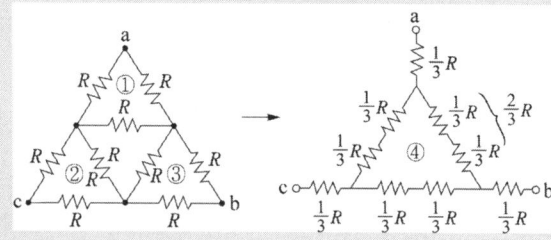

2) △결선된 ④를 Y로 변환하면

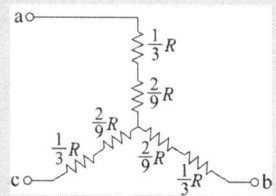

따라서, ac 사이의 합성저항 $R_{ac} = \dfrac{1}{3}R + \dfrac{2}{9}R + \dfrac{2}{9}R + \dfrac{1}{3}R = \dfrac{10}{9}R$ 　　　　답 ②

문제 81~90

81 잔류편차를 제거, 정상특성을 개선하는 제어 동작은?

① 비례 제어
② 적분 제어
③ 비례 적분 제어
④ 비례 적분 미분 제어

82 그림과 같은 정류회로에서 R에 걸리는 전압의 최대값은 몇 V인가?
(단, $v_2(t) = 20\sqrt{2}\sin\omega t$ 이다.)

① 20
② $20\sqrt{2}$
③ 40
④ $40\sqrt{2}$

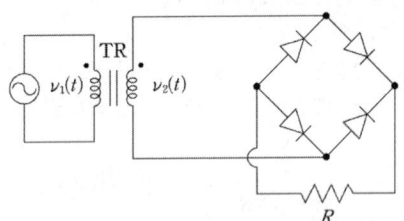

83 그림과 같은 논리회로의 출력 Y는?

① AB
② A + B
③ A
④ B

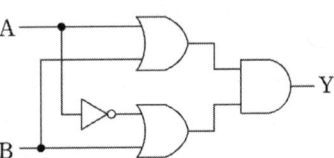

84 3상 농형 유도전동기를 Y-△ 기동방식으로 기동할 때 전류 I_1(A)과 △결선으로 직입(전전압) 기동할 때 전류 I_2(A)의 관계는?

① $I_1 = \dfrac{1}{\sqrt{3}}I_2$
② $I_1 = \dfrac{1}{3}I_2$
③ $I_1 = \sqrt{3}\,I_2$
④ $I_1 = 3I_2$

85 목표값이 다른 양과 일정한 비율 관계를 가지고 변화하는 제어방식은?

① 정치제어
② 추종제어
③ 프로그램제어
④ 비율제어

86 각 상의 임피던스가 $Z=6+j8[\Omega]$인 △결선의 평형 3상 부하에 선간전압이 220 V인 대칭 3상 전압을 가했을 때 이 부하로 흐르는 선전류의 크기는 약 몇 A인가?
① 13 ② 22
③ 38 ④ 66

87 그림의 블록선도에서 $\dfrac{C(s)}{R(s)}$을 구하면?

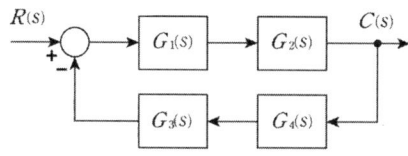

① $\dfrac{G_1(s)+G_2(s)}{1+G_1(s)G_2(s)+G_3(s)G_4(s)}$
② $\dfrac{G_1(s)G_2(s)}{1+G_1(s)G_2(s)G_3(s)G_4(s)}$
③ $\dfrac{G_3(s)G_4(s)}{1+G_1(s)G_2(s)G_3(s)G_4(s)}$
④ $\dfrac{G_1(s)G_2(s)}{1+G_1(s)G_2(s)+G_3(s)G_4(s)}$

88 한 변의 길이가 150 mm인 정방형 회로에 1 A의 전류가 흐를 때 회로 중심에서의 자계의 세기는 약 몇 AT/m인가?
① 5 ② 6 ③ 9 ④ 21

89 정전용량이 각각 1 μF, 2 μF, 3 μF이고, 내압이 모두 동일한 3개의 커패시터가 있다. 이 커패시터들을 직렬로 연결하여 양단에 전압을 인가한 후 전압을 상승시키면 가장 먼저 절연이 파괴되는 커패시터는? (단, 커패시터의 재질이나 형태는 동일하다.)
① 1 μF ② 2 μF ③ 3 μF ④ 3개 모두

90 그림과 같은 블록선도의 전달함수 ($\dfrac{C(s)}{R(s)}$)는?

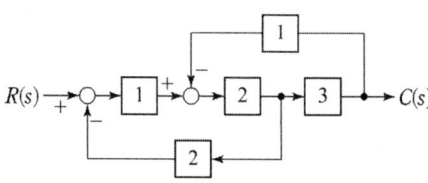

① $\dfrac{6}{23}$ ② $\dfrac{6}{17}$ ③ $\dfrac{6}{15}$ ④ $\dfrac{6}{11}$

문제 81~90 해설 및 답안 "소방전기일반"

81 조절부의 동작에 의한 분류

구분	약호	특징
비례동작	P	잔류편차 발생
적분동작	I	잔류편차 제거
미분동작	D	오차가 커지는 것을 미리 방지
비례적분동작	PI	**잔류편차 제거**, 정상특성 개선
비례미분동작	PD	응답 속응성의 개선
비례적분 미분동작	PID	잔류편차 제거, 응답 속응성의 개선 응답의 오버슈트 감소, 최적제어

답 ③

82 브리지 정류회로에서 최대역전압

$$PIV = \sqrt{2}\,E = \sqrt{2} \times \frac{20\sqrt{2}}{\sqrt{2}} = 20\sqrt{2}$$

답 ②

83 출력 $Y = (A+B) \cdot (\overline{A}+B)$
$\quad\quad = A\overline{A} + AB + \overline{A}B + B \quad (A\overline{A}=0)$
$\quad\quad = B(A+\overline{B}+1) = B \quad (A+\overline{B}+1=1)$

답 ④

84 Y-△ 기동방식으로 기동할 때 전류 I_1

$$\frac{I_Y}{I_\Delta} = \frac{\frac{V}{\sqrt{3}\,Z}}{\sqrt{3}\,\frac{V}{Z}} = \frac{1}{3}, \quad I_Y = \frac{1}{3}I_\Delta$$

△결선으로 직입기동할 때 전류 I_2, $\quad I_1 = \frac{1}{3}I_2$

답 ②

85 목표값에 의한 분류
① 정치제어 : 목표 값이 시간에 관계없이 일정. (프로세스제어, 자동조정)
② 추종제어 : 목표 값이 임의의 시간변화를 하는 경우 제어량을 그 값에 추종시켜 제어하는 방식
③ 프로그램제어 : 목표 값이 미리 정해진 시간변화
④ 비율제어 : 목표 값이 일정한 비율을 가지고 변화한다.

답 ④

86 △결선시 선전류

$$I_l = \sqrt{3} \times \frac{V}{Z} = \sqrt{3} \times \frac{220}{\sqrt{6^2+8^2}} = 22\sqrt{3} = 38.1[A]$$

답 ③

87
$$\frac{C(s)}{R(s)} = \frac{전향경로의\ 합}{1-루프이득의\ 합}$$
$$= \frac{G_1(s)G_2(s)}{1-[-G_1(s)G_2(s)G_3(s)G_4(s)]}$$
$$= \frac{G_1(s)G_2(s)}{1+G_1(s)G_2(s)G_3(s)G_4(s)}$$

답 ②

88 ① 정방형(정사각형) 중심에서의 자계의 세기 $H = \dfrac{2\sqrt{2}I}{\pi l} = \dfrac{2\sqrt{2} \times 1}{\pi \times 0.15} = 6[\text{AT/m}]$

② 정삼각형 중심에서의 자계의 세기 : $H = \dfrac{9I}{2\pi l}$

③ 정육각형 중심에서의 자계의 세기 : $H = \dfrac{\sqrt{3}I}{\pi l}$

답 ②

89 $V_1 = \dfrac{Q}{C_1},\ V_2 = \dfrac{Q}{C_2},\ V_3 = \dfrac{Q}{C_3}$

내전압이 같은 콘덴서를 직렬로 연결한 경우 각 콘덴서 양단간에 걸리는 전압은 정전용량에 반비례하므로 용량이 제일 작은 $1[\mu\text{F}]$의 콘덴서가 제일 먼저 파괴된다.

답 ①

90
$$\frac{C(s)}{R(s)} = \frac{전향경로의\ 합}{1-루프이득의\ 합}$$
$$= \frac{1 \times 2 \times 3}{1-(-1 \times 2 \times 2 - 2 \times 3 \times 1)}$$
$$= \frac{6}{1-(-10)} = \frac{6}{11}$$

답 ④

문제 91~100

91 그림의 단상 반파 정류회로에서 R에 흐르는 전류의 평균값은 약 몇 A 인가?
(단, $v(t) = 220\sqrt{2}\sin wt\,[\mathrm{V}]$, $R = 16\sqrt{2}\,[\Omega]$, 다이오드의 전압강하는 무시한다.)

① 3.2
② 3.8
③ 4.4
④ 5.2

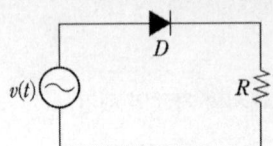

92 3상 유도 전동기를 Y 결선으로 운전했을 때 토크가 T_Y이었다. 이 전동기를 동일한 전원에서 △결선으로 운전했을 때 토크($T_\triangle$)는?

① $T_\triangle = 3T_Y$
② $T_\triangle = \sqrt{3}\,T_Y$
③ $T_\triangle = \dfrac{1}{3}T_Y$
④ $T_\triangle = \dfrac{1}{\sqrt{3}}T_Y$

93 어떤 코일의 임피던스를 측정하고자 한다. 이 코일에 30 V의 직류전압을 가했을 때 300 W가 소비되었고, 100 V의 실효치 교류전압을 가했을 때 1,200 W가 소비되었다. 이 코일의 리액턴스[Ω]는?

① 2
② 4
③ 6
④ 8

94 진공 중에서 원점에 10^{-8} C의 전하가 있을 때 점(1, 2, 2)m에서의 전계의 세기는 약 몇 V/m 인가?

① 0.1
② 1
③ 10
④ 100

95 60 Hz의 3상 전압을 반파 정류하였을 때 리플(맥동) 주파수[Hz]는?

① 60
② 120
③ 180
④ 360

96 시퀀스회로를 논리식으로 표현하면?

① $C = A + \overline{B} \cdot C$
② $C = A \cdot \overline{B}C$
③ $C = A \cdot C + \overline{B}$
④ $C = (A + C) \cdot \overline{B}$

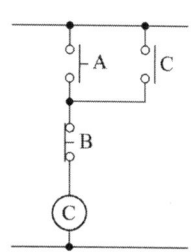

97 그림의 회로에서 a-b 간에 V_{ab}(V)를 인가했을 때 c-d간의 전압이 100V이었다. 이때 a-b 간에 인가한 전압(V_{ab})은 몇 V인가?

① 104
② 106
③ 108
④ 110

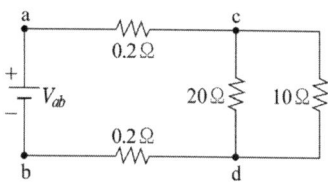

98 바리스터(varistor)의 용도는?

① 정전류 제어용
② 정전압 제어용
③ 과도한 전류로부터 회로보호
④ 과도한 전압으로부터 회로보호

99 균일한 자기장 내에서 운동하는 도체에 유도된 기전력의 방향을 나타내는 법칙은?

① 플레밍의 왼손 법칙
② 플레밍의 오른손 법칙
③ 암페어의 오른나사 법칙
④ 패러데이의 전자유도 법칙

100 $R=10[\Omega]$, $C=33[\mu F]$, $L=20[mH]$인 RLC 직렬회로의 공진주파수는 약 몇 Hz 인가?

① 169
② 176
③ 196
④ 206

문제 91~100 해설 및 답안

"소방전기일반"

91 단상 반파 정류회로
직류전류
$$I_d = 0.45\frac{E}{R} = 0.45 \times \frac{220\sqrt{2}/\sqrt{2}}{16\sqrt{2}} = 4.38[A]$$

답 ③

92 유도전동기의 토크는 전압의 제곱에 비례한다.
유도전동기를 Y로 기동 시 전압은 $\frac{1}{\sqrt{3}}$로 감소하므로
토크는 $T = (\frac{1}{\sqrt{3}})^2 = \frac{1}{3}$,
△결선 운전시 토크는 Y 기동 시보다 토크가 3배 크다.

답 ①

93 ① 저항 $R = \frac{V^2}{P} = \frac{30^2}{300} = 3\,\Omega$

② 소비전력 $P = I^2R$의 관계에서

③ $1200 = I^2 \times 3$, 전류 $I = \sqrt{\frac{P}{R}} = \sqrt{\frac{1200}{3}} = 20[A]$

④ 임피던스 $Z = \frac{V}{I} = \frac{100}{20} = \sqrt{3^2 + X^2}$

⑤ 리액턴스 $X = 4[\Omega]$

답 ②

94 거리벡터 $\vec{r} = i + 2j + 2k$
거리 $r = \sqrt{1^2 + 2^2 + 2^2} = 3[m]$
전계의 세기 $E = 9 \times 10^9 \times \frac{Q}{r^2} = 9 \times 10^9 \times \frac{10^{-8}}{3^2} = 10[V/m]$

답 ③

95

구분	단상반파	단상전파	3상반파	3상전파
맥동주파수	f	$2f$	$3f$	$6f$
50 Hz인 경우	50	100	150	300
60 Hz인 경우	60	120	180	360

답 ③

96 A와 C는 병렬연결, $\overline{B}$와는 직렬연결이므로
출력 $C = (A+C) \cdot \overline{B}$

답 ④

97 전체전류 $I = I_{20} + I_{10} = \dfrac{100}{20} + \dfrac{100}{10} = 15[A]$

$V_{ab} = V_{ac} + V_{cd} + V_{bd} = 15\,A \times 0.2\,\Omega + 100\,V + 15\,A \times 0.2\,\Omega = 106\,V$

답 ②

98 바리스터(varistor)
① 전압에 따라 저항 값이 현저하게 비직선형으로 변화하는 2극 반도체
② **서지 전압을 흡수**하여 전자회로를 보호
③ 전기접점의 **불꽃을 소거**하거나 반도체 정류기 등을 서지전압으로부터 보호하는데 사용

답 ④

99 보기설명
1) 패러데이의 전자유도 법칙 : 자속변화에 의한 유기기전력의 크기를 결정하는 법칙
2) 암페어의 오른나사 법칙 : 전류가 흐를 때 자기장의 방향은 오른나사의 진행방향과 같다는 법칙
3) 플레밍의 오른손 법칙 : 평등자계내 도체를 회전시키면 유도기전력이 발생하는 현상으로 도체의 운동에 따른 기전력의 방향을 결정, 발전기의 원리
4) 플레밍의 왼손법칙 : 평등자계내 도체에 전류를 흘리면 전류의 출입방향에 따라 정반대의 전자력이 발생하여 회전력(토크)이 발생한다. 전동기의 원리

답 ②

100 공진주파수
$$f = \dfrac{1}{2\pi\sqrt{LC}} = \dfrac{1}{2\pi\sqrt{33 \times 10^{-6} \times 20 \times 10^{-3}}} = 195.9[Hz]$$

여기서, L : 인덕턴스[H]
　　　　C : 정전용량[F]

답 ③

문제 101~100

101 다음 중 등전위면의 성질로 적당치 않은 것은?
① 전위가 같은 점들을 연결해 형성된 면이다.
② 등전위면간의 밀도가 크면 전기장의 세기는 커진다.
③ 항상 전기력선과 수평을 이룬다.
④ 유전체의 유전률이 일정하면 등전위면은 동심원을 이룬다.

102 다음과 같은 결합회로의 합성인덕턴스로 옳은 것은?

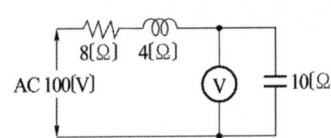

① $L_1 + L_2 + 2M$ ② $L_1 + L_2 - 2M$
③ $L_1 + L_2 - M$ ④ $L_1 + L_2 + M$

103 그림과 같은 회로에서 전압계 Ⓥ의 지시값은?
① 10[V]
② 50[V]
③ 80[V]
④ 100[V]

104 어떤 회로에 $v(t) = 150\sin wt$[V]의 전압을 가하니 $i(t) = 12\sin(wt - 30°)$[A]의 전류가 흘렀다. 이 회로의 소비전력(유효전력)은 약 몇 [W]인가?
① 390 ② 450
③ 780 ④ 900

105 역률 0.8인 전동기에 200 V의 교류전압을 가하였더니 10 A의 전류가 흘렀다. 피상전력은 몇 VA인가?
① 1000 ② 1200
③ 1600 ④ 2000

106 RLC 직렬회로에서 일반적인 공진조건으로 옳지 않은 것은?
① 리액턴스 성분이 0이 되는 조건
② 임피던스가 최대가 되어 전류가 최소로 되는 조건
③ 임피던스의 허수부가 0이 되는 조건
④ 전압과 전류가 동상이 되는 상태

107 RLC 직렬공진회로에 제 n 고조파의 공진주파수(f_n)는?

① $\dfrac{1}{\pi n \sqrt{LC}}$
② $\dfrac{1}{2\pi \sqrt{nLC}}$
③ $\dfrac{n}{\pi n \sqrt{LC}}$
④ $\dfrac{1}{2\pi n \sqrt{LC}}$

108 $R=4[\Omega]$, $\dfrac{1}{\omega C}=9[\Omega]$인 RC 직렬회로에 전압 $e(t)$를 인가할 때, 제3고조파 전류의 실효값의 크기는 몇 [A]인가? (단, $e(t)=50+10\sqrt{2}\sin\omega t+120\sqrt{2}\sin 3\omega t$[V])
① 4.4
② 12.2
③ 24
④ 34

109 회로에서 공진상태의 임피던스는 몇 [Ω]인가?

① $\dfrac{L}{CR}$
② $\dfrac{CR}{L}$
③ $\dfrac{CL}{R}$
④ $\dfrac{R}{CL}$

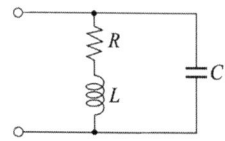

110 그림과 같은 회로에서 a, b단자에 흐르는 전류 I가 인가전압 E와 동위상이 되었다. 이때 L값은?

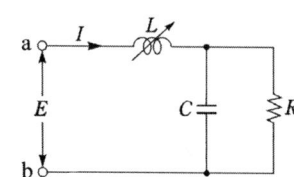

① $\dfrac{R}{1+\omega CR}$
② $\dfrac{R^2}{1+(\omega CR)^2}$
③ $\dfrac{CR^2}{1+\omega CR}$
④ $\dfrac{CR^2}{1+(\omega CR)^2}$

문제 101~110 해설 및 답안   "소방전기일반"

101 등전위면 : 전위의 크기가 일정한 선으로 둘러싸인 면적으로 전기력선이 수직으로 출입한다.

답 ③

102 인덕턴스의 직렬접속시 합성인덕턴스
① 가동결합시 $L_1 + L_2 + 2M$

② 차동결합시 $L_1 + L_2 - 2M$

답 ①

103 전체전류 $I = \dfrac{V}{Z} = \dfrac{100}{\sqrt{8^2 + (4-10)^2}} = 10[A]$

(임피던스 $Z = R + j(X_L - X_c) = 8 + j(4-10) = 8 - j6$)

전압계 ⓥ의 지시값 $V = IX_c = 10 \times 10 = 100[V]$

답 ④

104 소비전력 $P = VI\cos\theta = \dfrac{150}{\sqrt{2}} \times \dfrac{12}{\sqrt{2}} \times \cos 30° = 779.42[W]$

답 ③

105 ① 피상전력 $P = VI = 200 \times 10 = 2,000[VA]$
② 유효전력 $P = VI\cos\theta = 200 \times 10 \times 0.8 = 1,600[W]$
③ 무효전력 $P = VI\sin\theta = 200 \times 10 \times 0.6 = 1,200[Var]$

($\sin\theta = \sqrt{1-\cos^2\theta} = \sqrt{1-0.8^2} = 0.6$)

답 ④

106 직렬공진은 리액턴스 성분이 0인 조건이므로, 전압과 전류는 동상이 되고 임피던스가 최소로 되어 전류는 최대로 된다.

임피던스 $Z = R + j(wL - \dfrac{1}{wC})$ 에서

임피던스의 허수부가 0이 되는 조건이므로 $wL = \dfrac{1}{wC}$

답 ②

107 n고조파 RLC 직렬공진회로의 임피던스

$Z_n = R + j(nwL - \dfrac{1}{nwC})$

의 관계에서 공진발생조건은 임피던스의 허수부가 0일 때이므로

$nwL - \dfrac{1}{nwC} = 0$, $nwL = \dfrac{1}{nwC}$, $w^2 = \dfrac{1}{n^2LC}$, $(2\pi f_n)^2 = \dfrac{1}{n^2LC}$

공진주파수 $f_n = \dfrac{1}{2\pi n\sqrt{LC}}$

(여기서, n : 고조파 차수, L : 인덕턴스[H], C : 정전용량[F])

답 ④

108 ① 제3고조파 임피던스 $Z_3 = R - j\dfrac{1}{3wC} = 4 - j\dfrac{9}{3} = 4 - j3[\Omega]$

② 제3고조파 전류 $I_3 = \dfrac{V_3}{Z_3} = \dfrac{120\sqrt{2}/\sqrt{2}}{4-j3} = \dfrac{120}{\sqrt{4^2+3^2}} = 24[A]$

답 ③

109 공진상태의 임피던스

1) 합성 어드미턴스 $Y = \dfrac{1}{R+jwL} + jwC = \dfrac{R}{R^2+(wL)^2} + j\left\{wC - \dfrac{wL}{R^2+(wL)^2}\right\}$

2) 공진 발생조건 $wC = \dfrac{wL}{R^2+(wL)^2} \rightarrow R^2+(wL)^2 = \dfrac{L}{C}$

3) 공진상태의 임피던스

$Z = \dfrac{1}{Y} = \dfrac{1}{\dfrac{R}{R^2+(wL)^2}} = \dfrac{R^2+(wL)^2}{R} = \dfrac{\dfrac{L}{C}}{R} = \dfrac{L}{RC}$

답 ①

110 합성임피던스

$Z = jwL + \dfrac{\dfrac{R}{jwC}}{R+\dfrac{1}{jwC}} = jwL + \dfrac{R}{1+jwCR}$

$= jwL + \dfrac{R(1-jwCR)}{(1+jwCR)(1-jwCR)}$

$= jwL + \dfrac{R}{1+(wCR)^2} - \dfrac{jwCR^2}{1+(wCR)^2}$

$= \dfrac{R}{1+(wCR)^2} + j(wL - \dfrac{jwCR^2}{1+(wCR)^2})$

임피던스의 허수부가 0인 조건이므로

$(wL - \dfrac{wCR^2}{1+(wCR)^2}) = 0$, $wL = \dfrac{wCR^2}{1+(wCR)^2}$, $L = \dfrac{CR^2}{1+(wCR)^2}$

답 ④

문제 111~120

111 선간전압의 크기가 $100\sqrt{3}$ [V]인 대칭 3상 전원에 각 상의 임피던스가 $Z=30+j40[\Omega]$인 Y결선의 부하가 연결되었을 때 이 부하로 흐르는 선전류[A]의 크기는?

① 2
② $2\sqrt{3}$
③ 5
④ $5\sqrt{3}$

112 3상 유도 전동기의 출력이 25[HP], 전압이 220[V], 효율이 85[%]일 때, 이 전동기로 흐르는 전류는 약 몇 [A]인가?(단, 1[HP] = 0.746[kW])

① 40
② 45
③ 68
④ 70

113 단상변압기(용량 100[kVA]) 3대를 △결선으로 운전하던 중 한 대가 고장이 생겨 V결선하였다면 출력은 몇 [kVA] 인가?

① 200
② 300
③ $200\sqrt{3}$
④ $100\sqrt{3}$

114 비사인파의 일반적인 구성이 아닌 것은?

① 직류분
② 기본파
③ 삼각파
④ 고조파

115 각 전류의 대칭분 I_0, I_1, I_2가 모두 같게 되는 고장의 종류는?

① 1선 지락
② 2선 지락
③ 2선 단락
④ 3선 단락

116 **구동점 임피던스(driving point impedance) 함수에서 극점(pole)이란 무엇을 의미하는가?**

① 개방회로상태를 의미한다.
② 단락회로상태를 의미한다.
③ 전류가 많이 흐르는 상태를 의미한다.
④ 접지상태를 의미한다.

117 **발전기나 변압기의 내부회로 보호용으로 가장 적합한 것은?**

① 과전류계전기
② 접지계전기
③ 비율차동계전기
④ 온도계전기

118 **변압기의 임피던스 전압을 구하기 위하여 행하는 시험은?**

① 단락시험
② 유도저항시험
③ 무부하 통전시험
④ 무극성시험

119 **3상 유도전동기의 특성에서 토크, 2차 입력, 동기속도의 관계로 옳은 것은?**

① 토크는 2차 입력과 동기속도에 비례한다.
② 토크는 2차 입력에 비례하고 동기속도에 반비례한다.
③ 토크는 2차 입력에 반비례하고 동기속도에 비례한다.
④ 토크는 2차 입력의 제곱에 비례하고 동기속도의 제곱에 반비례한다.

120 **3상 유도전동기의 기동법이 아닌 것은?**

① Y-△ 기동법
② 기동 보상기법
③ 1차 저항 기동법
④ 전전압 기동법

문제 111~120 해설 및 답안 "소방전기일반"

111 Y결선시 선전류 $I_l = \dfrac{V}{\sqrt{3}\,Z} = \dfrac{100\sqrt{3}}{\sqrt{3}\times\sqrt{30^2+40^2}} = 2[A]$ 답 ①

112 전류 $I = \dfrac{P}{\sqrt{3}\,VI\cos\theta\eta} = \dfrac{25\times 0.746\times 10^3}{\sqrt{3}\times 220\times 0.85\times 0.85} = 67.74[A]$ 답 ③

113 V결선의 출력 $P_v = \sqrt{3}\,P_1[kVA]$ 이므로
$P_v = \sqrt{3}\times 100 = 173.2[kVA]$ 답 ④

114 **비사인파(비정현파) = 직류분 + 기본파 + 고조파** 답 ③

115 ① 1선 지락 : 각 전류의 대칭분 I_0, I_1, I_2가 모두 같게 되는 고장을 말한다.
② 2선 지락 : 각 전압의 대칭분 V_0, V_1, V_2가 모두 같게 되는 고장을 말한다. 답 ①

116 1) **극점**이란 구동점 임피던스 함수 $Z(s)$ 값이 무한대가 되는 것으로 **회로의 개방상태**를 의미한다.
2) 영점이란 구동점 임피던스 함수 $Z(s)$ 값이 0이 되는 것으로 회로의 단락상태를 의미한다. 답 ①

117 1) 과전류계전기 : 과부하 및 단락사고 검출용
2) 접지계전기 : 지락사고 검출용
3) **비율차동계전기 : 발전기나 변압기의 내부고장 검출용**
4) 온도계전기 : 기기의 온도검출용 답 ③

118 • 단락시험 : 임피던스 전압, 임피던스 와트(동손), 단락전류
• 무부하시험 : 철손, 무부하전류, 여자전류, 여자어드미턴스 답 ①

119 토크 $T = 0.975\dfrac{P_2}{N_s}[kg\cdot m]$에서 2차입력($P_2$)에 비례, 동기속도($N_s$)에 반비례 답 ②

120 3상유도전동기의 기동법
1) 권선형 유도전동기
 ① **2차 저항 기동법** : 비례추이를 이용하여 기동하는 방법
 ② 비례추이 : 2차 저항을 조절하여 기동토크를 증가, 기동전류를 감소시키는 방법
2) 농형 유도전동기
 ① 직입기동(전전압 기동)법 : 5.5[kW] 이하
 ② Y-△기동법 : 보통 5~15[kW] 전동기에 적용, 기동전류 및 기동토크를 1/3로 감소
 ③ 리액터기동
 ④ 기동보상기 기동법 답 ③

문제 121~130

121 3상 유도전동기를 Y결선으로 기동할 때 전류의 크기($|I_Y|$)와 △결선으로 기동할 때 전류의 크기($|I_\triangle|$)의 관계로 옳은 것은?

① $|I_Y| = \frac{1}{3}|I_\triangle|$
② $|I_Y| = \sqrt{3}|I_\triangle|$
③ $|I_Y| = \frac{1}{\sqrt{3}}|I_\triangle|$
④ $|I_Y| = \frac{\sqrt{3}}{2}|I_\triangle|$

122 단상변압기 권수비 $a=8$이고, 1차 교류전압은 110[V]이다. 변압기 2차 전압을 단상 반파 정류회로를 이용하여 정류했을 때 발생하는 직류전압의 평균치는 약 몇 [V]인가?

① 6.19
② 6.29
③ 6.39
④ 6.88

123 직류전동기의 회전수는 자속이 감소하면 어떻게 되는가?

① 속도가 저하한다.
② 불변이다.
③ 전동기가 정지한다.
④ 속도가 상승한다.

124 단상 변압기 3대를 △결선하여 부하에 전력을 공급하고 있는데, 변압기 1대의 고장으로 V결선을 한 경우 고장전의 몇 [%] 출력을 낼 수 있는가?

① 50[%]
② 57.7[%]
③ 66.7[%]
④ 86.6[%]

125 0.5 kVA의 수신기용 변압기가 있다. 이 변압기의 철손은 7.5 W이고, 전부하동손은 16 W이다. 화재가 발생하여 처음 2시간은 전부하로 운전되고, 다음 2시간은 1/2의 부하로 운전되었다고 한다. 4시간에 걸친 이 변압기의 전손실 전력량은 몇 Wh인가?

① 62
② 70
③ 78
④ 94

126 전원 전압을 일정하게 유지하기 위하여 사용하는 다이오드는?

① 쇼트키다이오드
② 터널다이오드
③ 제너다이오드
④ 버랙터다이오드

127 열감지기의 온도감지용으로 사용하는 소자는?

① 서미스터
② 바리스터
③ 제너다이오드
④ 발광다이오드

128 논리식 $F = \overline{A \cdot B}$와 같은 것은?

① $F = \overline{A} + \overline{B}$
② $F = A + B$
③ $F = \overline{A} \cdot \overline{B}$
④ $F = A \cdot B$

129 참값이 4.8 A인 전류를 측정하였더니 4.65 A이었다. 이 때 보정 백분율(%)은 약 얼마인가?

① +1.6
② −1.6
③ +3.2
④ −3.2

130 회로의 전압과 전류를 측정하기 위한 계측기의 연결방법으로 옳은 것은?

① 전압계: 부하와 직렬, 전류계: 부하와 병렬
② 전압계: 부하와 직렬, 전류계: 부하와 직렬
③ 전압계: 부하와 병렬, 전류계: 부하와 병렬
④ 전압계: 부하와 병렬, 전류계: 부하와 직렬

문제 121~130 해설 및 답안

"소방전기일반"

121 $\dfrac{I_Y}{I_\triangle} = \dfrac{\frac{V}{\sqrt{3}Z}}{\sqrt{3}\frac{V}{Z}} = \dfrac{1}{(\sqrt{3})^2} = \dfrac{1}{3}$, $I_Y = \dfrac{1}{3}I_\triangle$ 　　　답 ①

122 ① 2차 교류전압 $E_2 = \dfrac{E_1}{a} = \dfrac{110}{8} = 13.75[\text{V}]$
② 직류전압 $E_d = 0.45 E_2 = 0.45 \times 13.75 = 6.1875 = 6.19[\text{V}]$ 　　　답 ①

123 $n = K\dfrac{V - I_a R_a}{\phi}$ 에서 **자속이 감소하면 속도는 상승한다**. 　　　답 ④

124 V결선
1) 출력비 $= \dfrac{\text{고장 후 용량}}{\text{고장 전 용량}} = \dfrac{\sqrt{3}P}{3P} = \dfrac{\sqrt{3}}{3} = 0.577$
2) 변압기 이용률 $= \dfrac{\text{V결선시 용량}}{\text{2대의 용량}} = \dfrac{\sqrt{3}P}{2P} = \dfrac{\sqrt{3}}{2} = 0.866$ 　　　답 ②

125 전손실 = 철손 + 동손 $= T \times P_i + T \times \left(\dfrac{1}{m}\right)^2 P_c$
$= 7.5 \times 4 + \left\{16 + \left(\dfrac{1}{2}\right)^2 \times 16\right\} \times 2 = 70[\text{Wh}]$
(여기서, T : 시간, P_i : 철손, P_c : 동손) 　　　답 ②

126 ① 쇼트키다이오드 : 반도체+금속의 구조, 저전압 대전류 정류, 고속정류 가능
② 터널다이오드 : 증폭작용, 발진작용, 개폐(스위칭)작용
③ 제너다이오드 : 정전압 다이오드, 전원 전압을 일정하게 유지
④ 버랙터다이오드 : 가변용량 다이오드 　　　답 ③

127 서미스터
① 온도가 높아지면 저항값이 감소하는 특성을 갖는 반도체
② 부저항온도계수의 특성
③ 온도보상용, 온도감지용, 온도 계측용으로 사용 　　　답 ①

128 드모르간의 정리
① $F = \overline{A + B} = \overline{A} \cdot \overline{B}$
② $F = \overline{A \cdot B} = \overline{A} + \overline{B}$ 　　　답 ①

129 보정률 $= \dfrac{T-M}{M} \times 100(\%)$

오차율 $= \dfrac{M-T}{T} \times 100(\%)$

여기서, M : 지시값, T : 참값

보정률 $= \dfrac{T-M}{M} \times 100 = \dfrac{4.8-4.65}{4.65} \times 100 = +3.225 ≒ +3.2[\%]$

답 ③

130 ① 전압계 : 부하와 병렬연결
② 전류계 : 부하와 직렬연결

답 ④

문제 131~140

131 단상교류회로에 연결되어 있는 부하의 역률을 측정하고자 한다. 이 때 필요한 계측기의 구성으로 옳은 것은?

① 전압계, 전력계, 회전계
② 상순계, 전력계, 전류계
③ 전압계, 전류계, 전력계
④ 전류계, 전압계, 주파수계

132 그림과 같은 회로에서 각 계기의 지시값이 Ⓥ는 180 V, Ⓐ는 5 A, W는 720 W라면 이 회로의 무효전력(Var)은?

① 480
② 540
③ 960
④ 1200

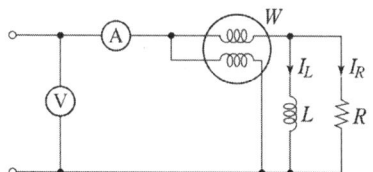

133 전류 측정 범위를 확대시키기 위하여 전류계와 병렬로 연결해야만 되는 것은?

① 배율기
② 분류기
③ 중계기
④ CT

134 최고 눈금 50 mV, 내부 저항이 100 Ω인 직류 전압계에 1.2 MΩ의 배율기를 접속하면 측정할 수 있는 최대 전압은 약 몇 V인가?

① 3   ② 60
③ 600   ④ 1200

135 지시계기에 대한 동작원리가 틀린 것은?

① 열전형 계기-대전된 도체 사이에 작용하는 정전력을 이용
② 가동 철편형 계기-전류에 의한 자기장이 연철편에 작용하는 힘을 이용
③ 전류력계형 계기-전류 상호간에 작용하는 힘을 이용
④ 유도형 계기-회전자기장 또는 이동 자기장과 이것에 의한 유도전류와의 상호작용을 이용

136 궤환제어계에서 제어요소에 대한 설명으로 옳은 것은?
① 조작부와 검출부로 구성되어 있다.
② 제어량을 검출하는 작용을 한다.
③ 목표값에 비례하는 신호를 발생하는 제어이다.
④ 동작신호를 조작량으로 변화시키는 요소이다.

137 제어요소가 제어 대상에 가하는 제어 신호로 제어장치의 출력인 동시에 제어 대상의 입력이 되는 것은?
① 조작량
② 제어량
③ 기준입력
④ 동작신호

138 제어 목표에 의한 분류 중 미지의 임의 시간적 변화를 하는 목표값에 제어량을 추종시키는 것을 목적으로 하는 제어법은?
① 정치 제어
② 비율 제어
③ 추종 제어
④ 프로그램 제어

139 적분 시간이 3[s]이고, 비례 감도가 5인 PI(비례적분) 제어 요소가 있다. 이 제어 요소의 전달함수는?

① $\dfrac{5s+5}{3s}$ ② $\dfrac{15s+5}{3s}$

③ $\dfrac{3s+3}{5s}$ ④ $\dfrac{15s+3}{5s}$

140 PD(비례 미분) 제어 동작의 특징으로 옳은 것은?
① 잔류편차 제거
② 간헐현상 제거
③ 불연속 제어
④ 응답 속응성 개선

문제 131~140 해설 및 답안

"소방전기일반"

131 역률 = $\dfrac{유효전력}{전압 \times 전류}$ 이므로 이를 측정하려면 **전력계와 전압계, 전류계**가 필요하다. 답 ③

132 ① 피상전력 $P_a = VI = 180 \times 5 = 900$ VA
② 유효전력 $P = 720$ W
③ 무효전력 $P_r = \sqrt{900^2 - 720^2} = 540$ Var 답 ②

133 배율기와 분류기
① 배율기 : 전압의 측정 범위를 확대시키기 위하여 전압계와 직렬로 연결
② 분류기 : 전류의 측정 범위를 확대시키기 위하여 전류계와 병렬로 연결 답 ②

134 배율기 저항 $R_m = (m-1)r_v$
$R_m = \left(\dfrac{V}{V_a} - 1\right)r_v$ 에 대입하면
$1.2 \times 10^6 = \left(\dfrac{V}{50 \times 10^{-3}} - 1\right) \times 100$
$V = 600.05$ [V]
여기에서, m : 배율$\left(=\dfrac{확대하고자\ 하는\ 전압}{전압계\ 지시값}\right)$ 답 ③

135 ① 열전형 : 다른 종류의 금속체 사이에 발생되는 기전력을 이용, 직·교류에 사용한다.
② 계기별 측정 가능한 전압의 종류 및 지시값

구분	전압의 종류	지시값
가동코일형	직류	평균값
정전형, 열전형	직류, 교류	평균값, 실효값
유도형	교류	실효값

답 ①

136 **제어요소**는 조절부와 조작부로 구성되며 **동작신호**를 받아 **조작량**으로 **변환**하여 제어대상에 공급한다.

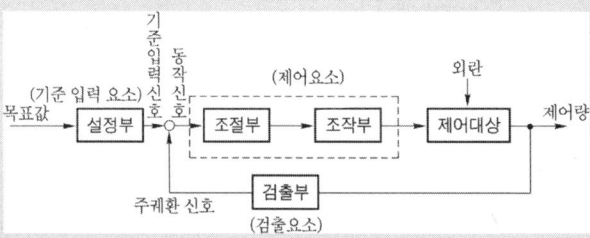

답 ④

137 조작량 : 제어요소가 제어 대상에 주는 제어 신호

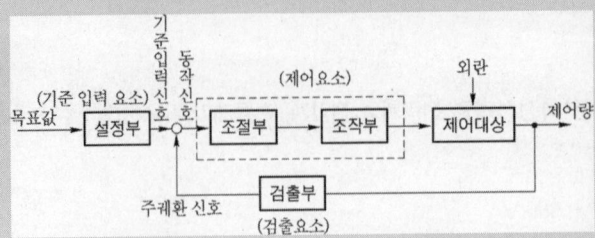

답 ①

138 제어목적에 의한 분류
① 정치제어 : 목표 값이 시간에 관계없이 일정. (프로세스제어, 자동조정)
② 추종제어 : 목표 값이 임의의 시간변화를 하는 경우 제어량을 그 값에 추종시켜 제어
③ 프로그램제어 : 목표 값이 미리 정해진 시간변화
④ 비율제어 : 목표 값이 일정한 비율을 가지고 변화

답 ③

139 비례 적분제어의 전달함수
$$= K_P(1+\frac{1}{T_I s}) = 5(1+\frac{1}{3s}) = 5(\frac{3s+1}{3s}) = \frac{15s+5}{3s}$$

여기서, K_P : 비례감도
　　　　T_I : 적분시간[s]

답 ②

140 조절부의 동작에 의한 분류

구분	약호	특징
비례동작	P	잔류편차 발생
적분동작	I	잔류편차 제거
미분동작	D	오차가 커지는 것을 미리 방지
비례적분동작	PI	① 잔류편차 제거 ② 제어계의 정상특성 개선 ③ 제어동작 중 가장 정밀한 제어 ④ 지상요소 ⑤ 잔류편차와 사이클링이 없어 널리 사용
비례미분동작	PD	응답 속응성의 개선
비례적분 미분동작	PID	① 잔류편차 제거 ② 응답선의 개선 ③ 응답의 오버슈트 감소 ④ 가장 이상적인 제어

답 ④

문제 141~150

141 다음과 같은 블록선도의 전체 전달함수는?

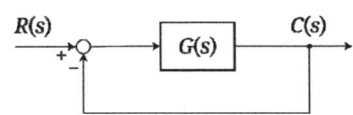

① $\dfrac{C(s)}{R(s)} = \dfrac{G(s)}{1+G(s)}$ ② $\dfrac{C(s)}{R(s)} = \dfrac{G(s)}{1-G(s)}$

③ $\dfrac{C(s)}{R(s)} = 1+G(s)$ ④ $\dfrac{C(s)}{R(s)} = 1-G(s)$

142 그림 (a)와 그림 (b)의 각 블록선도가 등가인 경우 전달함수 $G(s)$는?

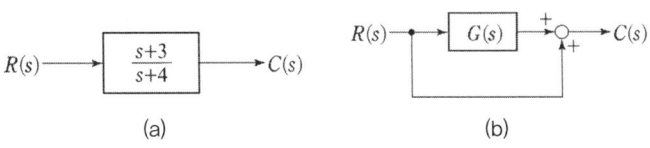

① $\dfrac{1}{s+4}$ ② $\dfrac{2}{s+4}$ ③ $\dfrac{-1}{s+4}$ ④ $\dfrac{-2}{s+4}$

143 변위를 전압으로 변환시키는 장치가 아닌 것은?

① 포텐셔미터   ② 차동변압기
③ 전위차계   ④ 측온저항체

144 그림과 같은 유접점 회로의 논리식은?

① A + BC
② AB + C
③ B + AC
④ AB + BC

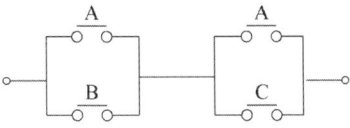

145 다음 그림과 같은 논리회로로 옳은 것은?

① OR 회로
② AND 회로
③ NOT 회로
④ NOR 회로

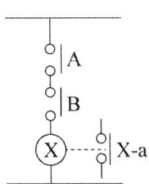

146 그림과 같은 무접점회로는 어떤 논리회로인가?

① NOR
② OR
③ NAND
④ AND

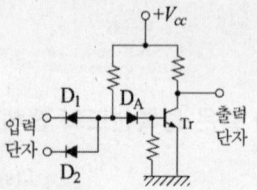

147 그림과 같은 게이트의 명칭은?

① AND
② OR
③ NOR
④ NAND

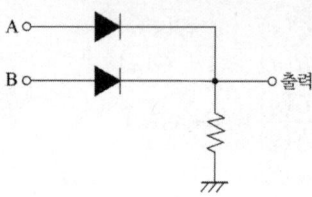

148 그림의 논리회로와 등가인 논리 게이트는?

① NOR
② NAND
③ NOT
④ OR

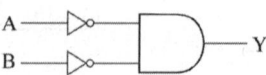

149 그림의 논리회로와 등가인 논리게이트는?

① NOR
② NAND
③ NOT
④ OR

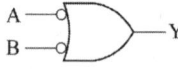

150 두 개의 입력신호 중 한 개의 입력만이 1일 때 출력신호가 1이 되는 논리 게이트는?

① EXCLUSIVE NOR
② NAND
③ EXCLUSIVE OR
④ AND

문제 141~150 해설 및 답안

"소방전기일반"

141 종합전달함수 $= \dfrac{\text{전향경로의 합계}}{1-\text{루프이득의합계}} = \dfrac{G(s)}{1-(-G(s))} = \dfrac{G(s)}{1+G(s)}$ 답 ①

142 (a)의 전달함수 : $\dfrac{s+3}{s+4}$ (b)의 전달함수 : $G(s)+1$

$\dfrac{s+3}{s+4} = G(s)+1$, $G(s) = \dfrac{s+3}{s+4} - 1 = \dfrac{s+3}{s+4} - \dfrac{s+4}{s+4} = \dfrac{-1}{s+4}$ 답 ③

143 변환요소

변환량	변환요소
압력 → 변위	다이어프램, 벨로우즈, 스프링
변위 → 압력	**유압분사관, 노즐 플래퍼, 스프링**
변위 → 전압	차동변압기, 포텐셔미터, 전위차계
온도 → 임피던스	**정온식감지선형 감지기, 측온 저항(열선, 서미스터)**
온도 → 전압	**열전대**

답 ④

144 논리식
A와 B는 병렬연결, A와 C가 병렬연결이고 직렬로 연결되어 있으므로
$= (A+B)(A+C) = A + AC + AB + BC$
$= A(1+C+B) + BC = A + BC$ 답 ①

145 AND회로 : 입력단자 A, B중 모두 ON되어야 출력이 ON되고 그 중 어느 한 단자라도 OFF되면 출력이 OFF되는 회로로 **논리식(출력식)** $X = A \cdot B$ 이다.

Loggic 회로	유접점 회로	무접점 회로	진리표		
			A	B	X
			0	0	0
			0	1	0
			1	0	0
			1	1	1

답 ②

146 NAND 회로

유접점	무접점	논리회로	진리표		
			A	B	X
			0	0	1
			0	1	1
			1	0	1
			1	1	0

① 입력신호 A, B 중 어느 하나가 OFF일 때 출력이 발생하는 회로
② 논리식(출력식) $X = \overline{A \cdot B} = \overline{A} + \overline{B}$ 답 ③

147 OR 게이트
① 출력식(논리식) : A+B
② 입력 A, B 중 어느 하나라도 ON이 되면 출력이 발생하는 회로 답 ②

148 NOR(부정 논리합) 회로
논리식 $Y = \overline{A} \cdot \overline{B} = \overline{A+B}$ 답 ①

149 NAND 게이트

논리식(출력식) $Y = \overline{A} + \overline{B} = \overline{A \cdot B}$ 답 ②

150 배타적 논리합 회로(EXCLUSIVE OR Gate)

유접점 회로	진리표	논리식(출력식)
	A B X 0 0 0 0 1 1 1 0 1 1 1 0	$X = A\overline{B} + \overline{A}B$

답 ③

'소방관계법규' 파이널 150제

문제 01~10

01 소방시설공사업법령상 소방시설업 등록을 하지 아니하고 영업을 한 자에 대한 벌칙은?
① 500만원 이하의 벌금
② 1년 이하의 징역 또는 1,000만원 이하의 벌금
③ 3년 이하의 징역 또는 3,000만원 이하의 벌금
④ 5년 이하의 징역

02 다음 중 소방기본법령상 한국소방안전원의 업무가 아닌 것은?
① 소방기술과 안전관리에 관한 교육 및 조사·연구
② 위험물탱크 성능시험
③ 소방기술과 안전관리에 관한 각종 간행물 발간
④ 화재 예방과 안전관리의식 고취를 위한 대국민 홍보

03 소방기본법령상 소방대장은 화재, 재난·재해 그 밖의 위급한 상황이 발생한 현장에 소방활동구역을 정하여 소방활동에 필요한 자로서 대통령령으로 정하는 사람 외에는 그 구역에의 출입을 제한할 수 있다. 다음 중 소방활동구역에 출입할 수 없는 사람은?
① 소방활동구역 안에 있는 소방대상물의 소유자·관리자 또는 점유자
② 전기·가스·수도·통신·교통의 업무에 종사하는 사람으로서 원활한 소방활동을 위하여 필요한 사람
③ 시·도지사가 소방활동을 위하여 출입을 허가한 사람
④ 의사·간호사 그 밖의 구조·구급업무에 종사하는 사람

04 소방기본법령에 따른 소방대원에게 실시할 교육·훈련 횟수 및 기간의 기준 중 다음 ( ) 안에 알맞은 것은?

횟수	기간
(㉠)년마다 1회	(㉡)주 이상

① ㉠ 2, ㉡ 2
② ㉠ 2, ㉡ 4
③ ㉠ 1, ㉡ 2
④ ㉠ 1, ㉡ 4

05 화재의 예방 및 안전관리에 관한 법령상 위험물 또는 물건의 보관기간은 소방본부 또는 소방서의 게시판에 공고하는 기간의 종료일 다음 날부터 며칠로 하는가?

① 3
② 4
③ 5
④ 7

06 화재의 예방 및 안전관리에 관한 법령상 화재의 예방상 위험하다고 인정되는 행위를 하는 사람에게 행위의 금지 또는 제한 명령을 할 수 있는 사람은?

① 소방관서장
② 시·도지사
③ 의용소방대원
④ 소방대상물의 관리자

07 화재의 예방 및 안전관리에 관한 법령상 화재안전조사위원회의 위원에 해당하지 아니하는 사람은?

① 소방기술사
② 소방시설관리사
③ 소방 관련 분야의 석사학위 이상을 취득한 사람
④ 소방 관련 법인 또는 단체에서 소방 관련 업무에 3년 이상 종사한 사람

08 화재의 예방 및 안전관리에 관한 법령상 불꽃을 사용하는 용접·용단 기구의 용접 또는 용단 작업장에서 지켜야 하는 사항 중 다음 ( ) 안에 알맞은 것은?

> - 용접 또는 용단 작업자로부터 반경 (㉠) m 이내에 소화기를 갖추어 둘 것
> - 용접 또는 용단 작업장 주변 반경 (㉡) m 이내에는 가연물을 쌓아두거나 놓아두지 말 것. 다만, 가연물의 제거가 곤란하여 방지포 등으로 방호조치를 한 경우는 제외한다.

① ㉠ 3, ㉡ 5
② ㉠ 5, ㉡ 3
③ ㉠ 5, ㉡ 10
④ ㉠ 10, ㉡ 5

09 소방시설 설치 및 관리에 관한 법령상 분말형태의 소화약제를 사용하는 소화기의 내용연수로 옳은 것은?(단, 소방용품의 성능을 확인받아 그 사용기한을 연장하는 경우는 제외한다.)
① 3년
② 5년
③ 7년
④ 10년

10 소방시설 설치 및 관리에 관한 법령상 둘 이상의 특정소방대상물이 내화구조로 된 연결통로가 벽이 없는 구조로서 그 길이가 몇 m 이하인 경우 하나의 소방대상물로 보는가?
① 6
② 9
③ 10
④ 12

문제 01~10 해설 및 답안 "소방관계법규"

01 3년 이하의 징역 또는 3천만원 이하의 벌금
① 소방시설업 등록을 하지 아니하고 영업을 한 자
② 부정한 청탁을 받고 재물 또는 재산상의 이익을 취득하거나 부정한 청탁을 하면서 재물 또는 재산상의 이익을 제공한 자
답 ③

02 안전원의 업무
1. 소방기술과 안전관리에 관한 교육 및 조사·연구
2. 소방기술과 안전관리에 관한 각종 간행물 발간
3. 화재 예방과 안전관리의식 고취를 위한 대국민 홍보
4. 소방업무에 관하여 행정기관이 위탁하는 업무
5. 소방안전에 관한 국제협력
6. 그 밖에 회원에 대한 기술지원 등 정관으로 정하는 사항
답 ②

03 소방활동구역의 출입자
1. 소방활동구역 안에 있는 소방대상물의 소유자·관리자 또는 점유자
2. 전기·가스·수도·통신·교통의 업무에 종사하는 사람으로서 원활한 소방활동을 위하여 필요한 사람
3. 의사·간호사 그 밖의 구조·구급업무에 종사하는 사람
4. 취재인력 등 보도업무에 종사하는 사람
5. 수사업무에 종사하는 사람
6. 그 밖에 소방대장이 소방활동을 위하여 출입을 허가한 사람
답 ③

04 교육·훈련횟수 및 기간

횟수	기간
2년마다 1회	2주 이상

답 ①

05 화재의 예방조치

위험물 또는 물건을 보관하는 경우 게시판에 공고하는 기간	14일
게시판에 공고하는 기간의 종료일 다음 날부터 보관기간	7일

답 ④

06 화재안전조사 결과에 따른 조치명령
① **소방관서장(소방청장, 소방본부장 또는 소방서장)**은 화재안전조사 결과에 따른 소방대상물의 위치·구조·설비 또는 관리의 상황이 화재예방을 위하여 보완될 필요가 있거나 화재가 발생하면 인명 또는 재산의 피해가 클 것으로 예상되는 때에는 행정안전부령으로 정하는 바에 따라 관계인에게 그 소방대상물의 개수(改修)·이전·제거, 사용의 금지 또는 제한, 사용폐쇄, 공사의 정지 또는 중지, 그 밖에 필요한 조치를 명할 수 있다.
답 ①

07 화재안전조사위원회의 위원
1. 과장급 직위 이상의 소방공무원
2. 소방기술사
3. 소방시설관리사
4. 소방 관련 분야의 석사학위 이상을 취득한 사람
5. 소방 관련 법인 또는 단체에서 소방 관련 업무에 5년 이상 종사한 사람
6. 소방공무원 교육기관, 「고등교육법」 제2조의 학교 또는 연구소에서 소방과 관련한 교육 또는 연구에 5년 이상 종사한 사람 답 ④

08 불꽃을 사용하는 용접·용단기구
1. 용접 또는 용단 작업자로부터 반경 5 m 이내에 소화기를 갖추어 둘 것
2. 용접 또는 용단 작업장 주변 반경 10 m 이내에는 가연물을 쌓아두거나 놓아두지 말 것. 다만, 가연물의 제거가 곤란하여 방지포 등으로 방호조치를 한 경우는 제외한다. 답 ③

09 10년 : 분말형태의 소화약제를 사용하는 소화기의 내용연수 답 ④

10 둘 이상의 특정소방대상물이 다음 각 목의 어느 하나에 해당되는 구조의 복도 또는 통로(이하 "연결통로"라 한다)로 연결된 경우에는 이를 하나의 소방대상물로 본다.
가. 내화구조로 된 연결통로가 다음의 어느 하나에 해당되는 경우
  1) 벽이 없는 구조로서 그 길이가 6m 이하인 경우
  2) 벽이 있는 구조로서 그 길이가 10m 이하인 경우. 다만, 벽 높이가 바닥에서 천장까지의 높이의 2분의 1 이상인 경우에는 벽이 있는 구조로 보고, 벽 높이가 바닥에서 천장까지의 높이의 2분의 1 미만인 경우에는 벽이 없는 구조로 본다. 답 ①

문제 11~20

11 소방시설 설치 및 관리에 관한 법령상 건축허가 등의 동의대상물 범위로 틀린 것은?

① 항공기 격납고
② 방송용 송·수신탑
③ 연면적이 400제곱미터 이상인 건축물
④ 지하층 또는 무창층이 있는 건축물로서 바닥면적이 50제곱미터 이상인 층이 있는 것

12 다음 조건을 참고하여 숙박시설이 있는 특정소방대상물의 수용인원 산정 수로 옳은 것은?

> 침대가 있는 숙박시설로서 1인용 침대의 수는 20개이고, 2인용 침대의 수는 10개이며, 종업원의 수는 3명이다.

① 33명　　② 40명　　③ 43명　　④ 46명

13 소방시설 설치 및 관리에 관한 법률상 소방시설 등의 자체점검 시 점검인력 배치기준 중 종합점검에 대한 점검인력 1단위가 하루 동안 점검할 수 있는 특정소방대상물의 연면적 기준으로 옳은 것은? (단, 보조 기술인력을 추가하는 경우는 제외한다.)

① 7,000 m²
② 8,000 m²
③ 10,000 m²
④ 12,000 m²

14 소방시설 설치 및 관리에 관한 법률상 소방시설 등의 자체점검 시 점검인력 배치기준 중 종합점검에서 최초점검이란 소방시설이 새로 설치되는 경우 「건축법」 제22조에 따라 건축물을 사용할 수 있게 된 날부터 며칠 이내에 점검하는 것을 말하는가?

① 10일
② 30일
③ 60일
④ 120일

15 위험물안전관리법 시행규칙상 제조소의 위치·구조 및 설비의 기준에 따른 급기구는 당해 급기구가 설치된 실의 바닥면적 150 m²마다 1개 이상으로 하되, 급기구의 크기는 몇 cm² 이상으로 해야 하는가?

① 300 cm²
② 450 cm²
③ 600 cm²
④ 800 cm²

16 소방시설공사업법령상 소방공사감리업을 등록한 자가 수행하여야 할 업무가 아닌 것은?
① 완공된 소방시설등의 성능시험
② 소방시설등 설계 변경 사항의 적합성 검토
③ 소방시설등의 설치계획표의 적법성 검토
④ 소방용품 형식승인 및 제품검사의 기술기준에 대한 적합성 검토

17 소방시설공사업법령에 따른 완공검사를 위한 현장확인 대상 특정소방대상물의 범위 기준으로 틀린 것은?
① 연면적 1만제곱미터 이상이거나 11층 이상인 특정소방대상물(아파트는 제외)
② 가연성가스를 제조·저장 또는 취급하는 시설 중 지상에 노출된 가연성가스탱크의 저장용량 합계가 1천톤 이상인 시설
③ 호스릴 방식의 소화설비가 설치되는 특정소방대상물
④ 문화 및 집회시설, 종교시설, 판매시설, 노유자시설, 수련시설, 운동시설, 숙박시설, 창고시설, 지하상가

18 위험물안전관리법령상 유별을 달리하는 위험물을 혼재하여 저장할 수 있는 것으로 짝지어진 것은?
① 제1류-제2류
② 제2류-제3류
③ 제3류-제4류
④ 제5류-제6류

19 위험물안전관리법령상 위험물 및 지정수량에 대한 기준 중 다음 ( ) 안에 알맞은 것은?

> 금속분이라 함은 알칼리금속·알칼리토류금속·철 및 마그네슘의 금속의 분말을 말하고, 구리분·니켈분 및 (㉠)마이크로미터의 체를 통과하는 것이 (㉡)중량 퍼센트 미만인 것은 제외한다.

① ㉠ 150, ㉡ 50
② ㉠ 53, ㉡ 50
③ ㉠ 50, ㉡ 150
④ ㉠ 50, ㉡ 53

20 위험물안전관리법령상 옥내주유취급소에 있어서 당해 사무소 등의 출입구 및 피난구와 당해 피난구로 통하는 통로·계단 및 출입구에 설치해야 하는 피난설비는?
① 유도등
② 구조대
③ 피난사다리
④ 완강기

문제 11~20 해설 및 답안
"소방관계법규"

11 건축허가등의 동의 대상물의 범위
1. 연면적이 400제곱미터 이상인 건축물이나 시설. 다만, 다음 각 목의 어느 하나에 해당하는 건축물이나 시설은 해당 목에서 정한 기준 이상인 건축물이나 시설로 한다.
   가. 학교시설: 100제곱미터
   나. 노유자(老幼者) 시설 및 수련시설: 200제곱미터
   다. 정신의료기관(입원실이 없는 정신건강의학과 의원은 제외하며, 이하 "정신의료기관"이라 한다): 300제곱미터
   라. 의료재활시설: 300제곱미터
2. 지하층 또는 무창층이 있는 건축물로서 바닥면적이 150제곱미터(공연장의 경우에는 100제곱미터) 이상인 층이 있는 것
3. 차고·주차장 또는 주차 용도로 사용되는 시설로서 다음 각 목의 어느 하나에 해당하는 것
   가. 차고·주차장으로 사용되는 바닥면적이 200제곱미터 이상인 층이 있는 건축물이나 주차시설
   나. 승강기 등 기계장치에 의한 주차시설로서 자동차 20대 이상을 주차할 수 있는 시설
4. 층수가 6층 이상인 건축물
5. 항공기 격납고, 관망탑, 항공관제탑, 방송용 송수신탑
6. 의원(입원실이 있는 것으로 한정한다)·조산원·산후조리원, 위험물 저장 및 처리 시설, 발전시설 중 풍력발전소·전기저장시설, 지하구(地下溝)
7. 요양병원. 다만, 의료재활시설은 제외한다.
8. 공장 또는 창고시설로서 「화재의 예방 및 안전관리에 관한 법률 시행령」 별표 2에서 정하는 수량의 750배 이상의 특수가연물을 저장·취급하는 것
9. 가스시설로서 지상에 노출된 탱크의 저장용량의 합계가 100톤 이상인 것   **답** ④

12 수용인원의 산정
수용인원 = 종사자 수 + 침대수(2인용은 2명)
        = 3명+1인용 20개 + 2인용×10개 = 43명

숙박시설이 있는 특정 소방대상물	침대가 있는 숙박시설	종사자 수+침대 수 (2인용 침대는 2개로 산정)
	침대가 없는 숙박시설	종사자 수 + $\dfrac{\text{바닥면적의 합계 } m^2}{3\ m^2}$

답 ③

13 점검한도 면적, 점검한도 세대수
1) 점검한도 면적

| 종합점검 | 8,000 m² | 보조 기술인력 1명 추가할 때마다 종합점검의 경우 2,000 m², |
| 작동점검 | 10,000 m² | 작동점검의 경우 2,500 m²을 가산 |

2) 점검한도 세대수

| 종합점검 | 250 세대 | 보조 기술인력 1명 추가할 때마다 종합점검, 작동점검 관계없이 |
| 작동점검 | | 60세대를 가산 |

답 ②

14 소방시설등에 대한 자체점검은 다음과 같이 구분

구 분	내 용
작동점검	소방시설등을 인위적으로 조작하여 소방시설이 정상적으로 작동하는지를 소방청장이 정하여 고시하는 소방시설등 작동점검표에 따라 점검하는 것을 말한다.
종합점검	소방시설등의 작동점검을 포함하여 소방시설등의 설비별 주요 구성 부품의 구조기준이 화재안전기준과「건축법」등 관련 법령에서 정하는 기준에 적합한 지 여부를 소방청장이 정하여 고시하는 소방시설등 종합점검표에 따라 점검하는 것을 말하며, 다음과 같이 구분한다. 1) **최초점검** : 법 제22조제1항제1호에 따라 소방시설이 새로 설치되는 경우「건축법」제22조에 따라 건축물을 사용할 수 있게 된 날부터 **60일 이내** 점검하는 것을 말한다. 2) 그 밖의 종합점검: 최초점검을 제외한 종합점검을 말한다.

답 ③

15 환기설비 기준

1) 환기는 자연배기방식으로 할 것
2) 급기구는 당해 급기구가 설치된 실의 바닥면적 150 m²마다 1개 이상으로 하되, 급기구의 크기는 800 cm² 이상으로 할 것. 다만 바닥면적이 150 m² 미만인 경우에는 다음의 크기로 하여야 한다.

바닥면적	급기구의 면적
60 m² 미만	150 cm² 이상
60 m² 이상 90 m² 미만	300 cm² 이상
90 m² 이상 120 m² 미만	450 cm² 이상
120 m² 이상 150 m² 미만	600 cm² 이상

3) 급기구는 낮은 곳에 설치하고 가는 눈의 구리망 등으로 인화방지망을 설치할 것
4) 환기구는 지붕위 또는 지상 2 m 이상의 높이에 회전식 고정벤티레이터 또는 루프팬 방식(roof fan: 지붕에 설치하는 배기장치)으로 설치할 것

답 ④

16 소방공사감리업자의 업무

1. 소방시설등의 설치계획표의 적법성 검토
2. 소방시설등 설계도서의 적합성(적법성과 기술상의 합리성을 말한다. 이하 같다) 검토
3. 소방시설등 설계 변경 사항의 적합성 검토
4. 「소방시설 설치 및 관리에 관한 법률」제2조제1항제7호의 소방용품의 위치·규격 및 사용 자재의 적합성 검토
5. 공사업자가 한 소방시설등의 시공이 설계도서와 화재안전기술기준에 맞는지에 대한 지도·감독
6. 완공된 소방시설등의 성능시험
7. 공사업자가 작성한 시공 상세 도면의 적합성 검토
8. 피난시설 및 방화시설의 적법성 검토
9. 실내장식물의 불연화(不燃化)와 방염 물품의 적법성 검토

답 ④

17 완공검사를 위한 현장확인 대상 특정소방대상물의 범위

1. 문화 및 집회시설, 종교시설, 판매시설, 노유자(老幼者)시설, 수련시설, 운동시설, 숙박시설, 창고시설, 지하상가 및「다중이용업소의 안전관리에 관한 특별법」에 따른 다중이용업소

2. 다음 각 목의 어느 하나에 해당하는 설비가 설치되는 특정소방대상물
   가. 스프링클러설비등
   나. **물분무등소화설비(호스릴 방식의 소화설비는 제외**한다)
3. 연면적 1만제곱미터 이상이거나 11층 이상인 특정소방대상물(아파트는 제외한다)
4. 가연성가스를 제조·저장 또는 취급하는 시설 중 지상에 노출된 가연성가스탱크의 저장용량 합계가 1천톤 이상인 시설 **답** ③

18 유별을 달리하는 위험물의 혼재기준

위험물의 구분	제1류	제2류	제3류	제4류	제5류	제6류
제1류		×	×	×	×	○
제2류	×		×	○	○	×
제3류	×	×		○	×	×
제4류	×	○	○		○	×
제5류	×	○	×	○		×
제6류	○	×	×	×	×	

답 ③

19 금속분 : 알칼리금속·알칼리토류금속·철 및 마그네슘외의 금속의 분말을 말하고, 구리분·니켈분 및 150마이크로미터의 체를 통과하는 것이 50중량퍼센트 미만인 것은 제외한다. **답** ①

20 관련법 : 위험물안전관리법 시행규칙 별표 17
(소화설비, 경보설비 및 **피난설비**의 기준)
옥내주유취급소에 있어서는 당해 사무소 등의 출입구 및 피난구와 당해 피난구로 통하는 통로·계단 및 출입구에 **유도등을 설치**하여야 한다. **답** ①

문제 21~30

21 소방시설 설치 및 관리에 관한 법률상 소방시설 등에 대하여 스스로 점검을 하지 아니하거나 관리업자 등으로 하여금 정기적으로 점검하게 하지 아니한 자에 대한 벌칙 기준으로 옳은 것은?

① 6개월 이하의 징역 또는 1000만원 이하의 벌금
② 1년 이하의 징역 또는 1000만원 이하의 벌금
③ 3년 이하의 징역 또는 1500만원 이하의 벌금
④ 3년 이하의 징역 또는 3000만원 이하의 벌금

22 소방기본법령상 소방활동장비와 설비의 구입 및 설치 시 국고보조의 대상이 아닌 것은?

① 소방자동차
② 사무용 집기
③ 소방헬리콥터 및 소방정
④ 소방전용통신설비 및 전산설비

23 소방기본법령상 소방본부 종합상황실의 실장이 서면·팩스 또는 컴퓨터통신 등으로 소방청 종합상황실에 보고하여야 하는 화재의 기준이 아닌 것은?

① 이재민이 100인 이상 발생한 화재
② 재산피해액이 50억원 이상 발생한 화재
③ 사망자가 3인 이상 발생하거나 사상자가 5인 이상 발생한 화재
④ 층수가 5층 이상이거나 병상이 30개 이상인 종합병원에서 발생한 화재

24 소방기본법령상 소방업무 상호응원협정 체결 시 포함되어야 하는 사항이 아닌 것은?

① 응원출동의 요청방법
② 응원출동훈련 및 평가
③ 응원출동대상지역 및 규모
④ 응원출동 시 현장지휘에 관한 사항

25 화재의 예방 및 안전관리에 관한 법률에 따른 화재예방강화지구의 관리기준 중 다음 (   ) 안에 알맞은 것은?

> - 소방본부장 또는 소방서장은 화재예방강화지구 안의 소방대상물의 위치·구조 및 설비 등에 대한 화재안전조사를 (㉠)회 이상 실시하여야 한다.
> - 소방본부장 또는 소방서장은 소방상 필요한 훈련 및 교육을 실시하고자 하는 때에는 화재예방강화지구 안의 관계인에게 훈련 또는 교육 (㉡)일 전까지 그 사실을 통보하여야 한다.

① ㉠ 월 1, ㉡ 7
② ㉠ 월 1, ㉡ 10
③ ㉠ 연 1, ㉡ 7
④ ㉠ 연 1, ㉡ 10

26 화재의 예방 및 안전관리에 관한 법률상 화재예방강화지구의 지정대상이 아닌 것은?
(단, 소방청장·소방본부장 또는 소방서장이 화재예방강화지구로 지정할 필요가 있다고 인정하는 지역은 제외한다.)

① 시장지역
② 고층건물이 밀집한 지역
③ 목조건물이 밀집한 지역
④ 공장·창고가 밀집한 지역

27 화재의 예방 및 안전관리에 관한 법률상 시·도지사가 화재예방강화지구로 지정할 필요가 있는 지역을 화재예방강화지구로 지정하지 아니하는 경우 해당 시·도지사에게 해당 지역의 화재예방강화지구 지정을 요청할 수 있는 자는?

① 행정안전부장관
② 소방청장
③ 소방본부장
④ 소방서장

28 화재의 예방 및 안전관리에 관한 법령상 특수가연물의 수량 기준으로 옳은 것은?

① 면화류 : 200 kg 이상
② 가연성고체류 : 500 kg 이상
③ 나무껍질 및 대팻밥 : 300 kg 이상
④ 넝마 및 종이부스러기 : 400 kg 이상

29 소방시설 설치 및 관리에 관한 법령상 건축허가등의 동의대상물의 범위 기준 중 틀린 것은?

① 건축등을 하려는 학교시설 : 연면적 200 m² 이상
② 노유자시설 : 연면적 200 m² 이상
③ 정신의료기관(입원실이 없는 정신건강의학과 의원은 제외) : 연면적 300 m² 이상
④ 장애인 의료재활시설 : 연면적 300 m² 이상

30 소방시설 설치 및 관리에 관한 법령상 특정소방대상물의 관계인이 특정소방대상물의 규모·용도 및 수용인원 등을 고려하여 갖추어야 하는 소방시설의 종류에 대한 기준 중 다음 ( ) 안에 알맞은 것은?

> 화재안전기술기준에 따라 소화기구를 설치하여야 하는 특정소방대상물은 연면적 (㉠)m² 이상인 것. 다만, 노유자시설의 경우에는 투척용 소화용구 등을 화재안전기술기준에 따라 산정된 소화기 수량의 (㉡) 이상으로 설치할 수 있다.

① ㉠ 33, ㉡ $\frac{1}{2}$
② ㉠ 33, ㉡ $\frac{1}{5}$
③ ㉠ 50, ㉡ $\frac{1}{2}$
④ ㉠ 50, ㉡ $\frac{1}{5}$

문제 21~30 해설 및 답안   "소방관계법규"

21 1년 이하의 징역 또는 1000만원 이하의 벌금 :
소방시설등에 대하여 스스로 점검을 하지 아니하거나 관리업자 등으로 하여금 정기적으로 점검하게 하지 아니한 자   **답 ②**

22 국고보조 대상사업의 범위(소방기본법 시행령)
1. 다음 각 목의 소방활동장비와 설비의 구입 및 설치
   가. 소방자동차
   나. 소방헬리콥터 및 소방정
   다. 소방전용통신설비 및 전산설비
   라. 그 밖에 방화복 등 소방활동에 필요한 소방장비
2. 소방관서용 청사의 건축(「건축법」 제2조제1항제8호에 따른 건축을 말한다)   **답 ②**

23 종합상황실 실장의 보고업무
1. 다음 각목의 1에 해당하는 화재
   가. 사망자가 5인 이상 발생하거나 사상자가 10인 이상 발생한 화재
   나. 이재민이 100인 이상 발생한 화재
   다. 재산피해액이 50억원 이상 발생한 화재
   라. 관공서 · 학교 · 정부미도정공장 · 문화재 · 지하철 또는 지하구의 화재
   마. 관광호텔, 층수가 11층 이상인 건축물, 지하상가, 시장, 백화점, 지정수량의 3천배 이상의 위험물의 제조소 · 저장소 · 취급소, 층수가 5층 이상이거나 객실이 30실 이상인 숙박시설, 층수가 5층 이상이거나 병상이 30개 이상인 종합병원 · 정신병원 · 한방병원 · 요양소, 연면적 1만5천제곱미터 이상인 공장 또는 화재예방강화지구에서 발생한 화재
   바. 철도차량, 항구에 매어둔 총 톤수가 1천톤 이상인 선박, 항공기, 발전소 또는 변전소에서 발생한 화재
   사. 가스 및 화약류의 폭발에 의한 화재
   아. 다중이용업소의 화재
2. 통제단장의 현장지휘가 필요한 재난상황
3. 언론에 보도된 재난상황
4. 그 밖에 소방청장이 정하는 재난상황   **답 ③**

24 소방업무의 상호응원 협정
1. 다음 각목의 소방활동에 관한 사항
   가. 화재의 경계 · 진압활동
   나. 구조 · 구급업무의 지원
   다. 화재조사활동
2. 응원출동대상지역 및 규모
3. 다음 각목의 소요경비의 부담에 관한 사항
   가. 출동대원의 수당 · 식사 및 피복의 수선
   나. 소방장비 및 기구의 정비와 연료의 보급
   다. 그 밖의 경비
4. 응원출동의 요청방법   **답 ④**

25 화재안전조사
① 조사권자 : 소방관서장(소방청장, 소방본부장 또는 소방서장)
② 실시 : 년 1회 이상 실시
③ 화재안전조사 시 관계인에게 서면통보 : 7일 전
④ 화재안전조사의 연기기한 : 화재안전조사 시작 3일 전까지

답 ④

26 화재예방강화지구의 지정

지정권자	시·도지사
화재 예방강화지구의 지정	1. 시장지역 2. 공장·창고가 밀집한 지역 3. 목조건물이 밀집한 지역 4. 노후·불량건축물이 밀집한 지역 5. 위험물의 저장 및 처리 시설이 밀집한 지역 6. 석유화학제품을 생산하는 공장이 있는 지역 7. 산업단지 8. 소방시설·소방용수시설 또는 소방출동로가 없는 지역 9. 물류단지 10. 소방관서장이 화재예방강화지구로 지정할 필요가 있다고 인정하는 지역

답 ②

27 화재예방강화지구의 지정
시·도지사가 화재예방강화지구로 지정할 필요가 있는 지역을 화재예방강화지구로 지정하지 아니하는 경우 소방청장은 해당 시·도지사에게 해당 지역의 화재예방강화지구 지정을 요청할 수 있다.

답 ②

28 특수가연물의 품명 및 지정수량

품명	수량
면화류	200킬로그램 이상
나무껍질 및 대팻밥	**400킬로그램 이상**
넝마 및 종이부스러기	**1,000킬로그램 이상**
사류(絲類)	1,000킬로그램 이상
볏짚류	**1,000킬로그램 이상**
가연성고체류	**3,000킬로그램 이상**
석탄·목탄류	10,000킬로그램 이상
가연성액체류	2세제곱미터 이상
목재가공품 및 나무부스러기	10세제곱미터 이상
합성수지류 발포시킨 것	20세제곱미터 이상
합성수지류 그 밖의 것	3,000킬로그램 이상

답 ①

29 건축허가등의 동의대상물의 범위
1. 연면적이 400제곱미터 이상인 건축물이나 시설. 다만, 다음 각 목의 어느 하나에 해당하는 건축물이나 시설은 해당 목에서 정한 기준 이상인 건축물이나 시설로 한다.

가. 학교시설: 100제곱미터
　　　나. 노유자(老幼者) 시설 및 수련시설: 200제곱미터
　　　다. 정신의료기관(입원실이 없는 정신건강의학과 의원은 제외하며, 이하 "정신의료기관"이라 한다): 300제곱미터
　　　라. 의료재활시설: 300제곱미터
　2. 지하층 또는 무창층이 있는 건축물로서 바닥면적이 150제곱미터(공연장의 경우에는 100제곱미터) 이상인 층이 있는 것
　3. 차고·주차장 또는 주차 용도로 사용되는 시설로서 다음 각 목의 어느 하나에 해당하는 것
　　　가. 차고·주차장으로 사용되는 바닥면적이 200제곱미터 이상인 층이 있는 건축물이나 주차시설
　　　나. 승강기 등 기계장치에 의한 주차시설로서 자동차 20대 이상을 주차할 수 있는 시설
　4. 층수가 6층 이상인 건축물
　5. 항공기 격납고, 관망탑, 항공관제탑, 방송용 송수신탑
　6. 의원(입원실이 있는 것으로 한정한다)·조산원·산후조리원, 위험물 저장 및 처리 시설, 발전시설 중 풍력발전소·전기저장시설, 지하구(地下溝)
　7. 요양병원. 다만, 의료재활시설은 제외한다.
　8. 공장 또는 창고시설로서「화재의 예방 및 안전관리에 관한 법률 시행령」별표 2에서 정하는 수량의 750배 이상의 특수가연물을 저장·취급하는 것
　9. 가스시설로서 지상에 노출된 탱크의 저장용량의 합계가 100톤 이상인 것　　　　답 ①

30　화재안전기술기준에 따라 소화기구를 설치하여야 하는 특정소방대상물은 연면적 (33) m² 이상인 것. 다만, 노유자시설의 경우에는 투척용 소화용구 등을 화재안전기술기준에 따라 산정된 소화기 수량의 (1/2) 이상으로 설치할 수 있다.　　　　답 ①

문제 31~40

31 소방시설 설치 및 관리에 관한 법령상 단독경보형 감지기를 설치하여야 하는 특정소방대상물의 기준으로 옳은 것은?

① 연면적 600 m² 미만의 기숙사
② 연면적 600 m² 미만의 숙박시설
③ 연면적 1,000 m² 미만의 아파트등
④ 교육연구시설 또는 수련시설 내에 있는 기숙사 또는 합숙소로서 연면적 2,000 m² 미만인 것

32 소방시설 설치 및 관리에 관한 법령상 자동화재탐지설비를 설치하여야 하는 특정소방대상물에 대한 기준 중 ( )에 알맞은 것은?

> 근린생활시설(목욕장 제외), 의료시설(정신의료기관 또는 요양병원 제외), 위락시설, 장례시설 및 복합건축물로서 연면적 ( )m² 이상인 것

① 400　　　　　　　　　　② 600
③ 1,000　　　　　　　　　④ 3,500

33 소방시설 설치 및 관리에 관한 법령상 특정소방대상물의 소방시설 설치의 면제기준 중 다음 ( )안에 알맞은 것은?

> 물분무등소화설비를 설치하여야 하는 차고·주차장에 ( )를 화재안전기술기준에 적합하게 설치한 경우에는 그 설비의 유효범위에서 설치가 면제된다.

① 옥내소화전설비　　　　② 스프링클러설비
③ 간이스프링클러설비　　④ 할로겐화합물 및 불활성기체 소화설비

34 소방시설 설치 및 관리에 관한 법령상 특정소방대상물의 소방시설 설치의 면제기준에 따라 연결살수설비를 설치면제 받을 수 있는 경우는?

① 송수구를 부설한 간이스프링클러설비를 설치하였을 때
② 송수구를 부설한 옥내소화전설비를 설치하였을 때
③ 송수구를 부설한 옥외소화전설비를 설치하였을 때
④ 송수구를 부설한 연결송수관설비를 설치하였을 때

35 소방시설공사업법령에 따른 소방시설업의 등록권자는?
① 국무총리 ② 소방서장
③ 시·도지사 ④ 한국소방안전원장

36 다음 중 상주 공사감리를 하여야 할 대상의 기준으로 옳은 것은?
① 지하층을 포함한 층수가 16층 이상으로서 300세대 이상인 아파트에 대한 소방시설의 공사
② 지하층을 포함한 층수가 16층 이상으로서 500세대 이상인 아파트에 대한 소방시설의 공사
③ 지하층을 포함하지 않은 층수가 16층 이상으로서 300세대 이상인 아파트에 대한 소방시설의 공사
④ 지하층을 포함하지 않은 층수가 16층 이상으로서 500세대 이상인 아파트에 대한 소방시설의 공사

37 소방시설공사업법령상 상주 공사감리 대상 기준 중 다음 ㉠, ㉡, ㉢에 알맞은 것은?

- 연면적 (㉠)m² 이상의 특정소방대상물(아파트 제외)에 대한 소방시설의 공사
- 지하층을 포함한 층수가 (㉡)층 이상으로서 (㉢)세대 이상인 아파트에 대한 소방시설의 공사

① ㉠ 10,000, ㉡ 11, ㉢ 600
② ㉠ 10,000, ㉡ 16, ㉢ 500
③ ㉠ 30,000, ㉡ 11, ㉢ 600
④ ㉠ 30,000, ㉡ 16, ㉢ 500

38 위험물안전관리법령상 제조소등에 설치하여야 할 자동화재탐지설비의 설치기준 중 ( ) 안에 알맞은 내용은? (단, 광전식분리형 감지기 설치는 제외한다.)

하나의 경계구역의 면적은 (㉠)m² 이하로 하고 그 한 변의 길이는 (㉡)m 이하로 할 것. 다만, 당해 건축물 그 밖의 공작물의 주요한 출입구에서 그 내부의 전체를 볼 수 있는 경우에 있어서는 그 면적은 1,000 m² 이하로 할 수 있다.

① ㉠ 300, ㉡ 20
② ㉠ 400, ㉡ 30
③ ㉠ 500, ㉡ 40
④ ㉠ 600, ㉡ 50

39 위험물안전관리법령상 정기점검의 대상인 제조소등의 기준으로 틀린 것은?
① 지하탱크저장소
② 이동탱크저장소
③ 지정수량의 10배 이상의 위험물을 취급하는 제조소
④ 지정수량의 20배 이상의 위험물을 저장하는 옥외탱크저장소

40 위험물안전관리법령상 위험물을 취급함에 있어서 정전기가 발생할 우려가 있는 설비에 설치할 수 있는 정전기 제거설비 방법이 아닌 것은?
① 접지에 의한 방법
② 공기를 이온화하는 방법
③ 자동적으로 압력의 상승을 정지시키는 방법
④ 공기 중의 상대습도를 70% 이상으로 하는 방법

문제 31~40 해설 및 답안   "소방관계법규"

31 단독경보형감지기 설치대상

교육연구시설 내에 있는 기숙사 또는 합숙소	연면적 2천 m² 미만
수련시설 내에 있는 기숙사 또는 합숙소	연면적 2천 m² 미만
수련시설(숙박시설이 있는 것만 해당)	
유치원	연면적 400 m² 미만
공동주택 중 연립주택 및 다세대주택→연동형으로 설치	

답 ④

32 근린생활시설(목욕장은 제외), 의료시설(정신의료기관 또는 요양병원은 제외), 위락시설, 장례시설 및 복합건축물 : 연면적 600 m² 이상   답 ②

33 물분무등소화설비를 설치하여야 하는 차고·주차장에 (스프링클러설비)를 화재안전기술기준에 적합하게 설치한 경우에는 그 설비의 유효범위에서 설치가 면제된다.   답 ②

34 연결살수설비를 설치하여야 하는 특정소방대상물에 송수구를 부설한 스프링클러설비, 간이스프링클러설비, 물분무소화설비 또는 미분무소화설비를 화재안전기술기준에 적합하게 설치한 경우 그 설비의 유효범위에서 설치가 면제된다.   답 ①

35 특정소방대상물의 소방시설공사등을 하려는 자는 업종별로 자본금(개인인 경우에는 자산 평가액을 말한다), 기술인력 등 대통령령으로 정하는 요건을 갖추어 특별시장·광역시장·특별자치시장·도지사 또는 특별자치도지사(이하 "시·도지사"라 한다)에게 소방시설업을 등록하여야 한다.   답 ③

36 상주 공사감리 대상(소방시설공사업법)

종류	대상
상주 공사감리	1. **연면적 3만제곱미터 이상**의 특정소방대상물(아파트는 제외)에 대한 소방시설의 공사 2. **지하층을 포함한 층수가 16층 이상으로서 500세대 이상인 아파트**에 대한 소방시설의 공사

답 ②

37 상주공사감리대상(소방시설공사업법 시행령 별표3)
1. 연면적 3만제곱미터 이상의 특정소방대상물(아파트는 제외한다)에 대한 소방시설의 공사
2. 지하층을 포함한 층수가 **16층 이상**으로서 **500세대 이상인 아파트**에 대한 소방시설의 공사

답 ④

38 관련법 : 관련법 : 위험물안전관리법 시행규칙 별표17(소화설비, 경보설비 및 피난설비의 기준)
자동화재탐지설비의 설치기준
하나의 경계구역의 면적은 600 m² 이하로 하고 그 한변의 길이는 50 m(광전식분리형 감지기를 설치할 경우에는 100 m) 이하로 할 것. 다만, 당해 건축물 그 밖의 공작물의 주요한 출입구에서 그 내부의 전체를 볼 수 있는 경우에 있어서는 그 면적을 1,000 m² 이하로 할 수 있다. **답** ④

39 제16조(정기점검의 대상인 제조소 등)
1. 관계인이 예방규정을 정하여야 하는 제조소 등
    ① 지정수량의 10배 이상의 위험물을 취급하는 제조소
    ② 지정수량의 100배 이상의 위험물을 저장하는 옥외저장소
    ③ 지정수량의 150배 이상의 위험물을 저장하는 옥내저장소
    ④ 지정수량의 **200배 이상의 위험물을 저장하는 옥외탱크저장소**
    ⑤ 암반탱크저장소
    ⑥ 이송취급소
    ⑦ 지정수량의 10배 이상의 위험물을 취급하는 일반취급소
2. 지하탱크저장소
3. 이동탱크저장소
4. 위험물을 취급하는 탱크로서 지하에 매설된 탱크가 있는 제조소 · 주유취급소 또는 일반취급소
답 ④

40 정전기 제거설비
1) 접지에 의한 방법
2) 공기 중의 상대습도를 70% 이상으로 하는 방법
3) 공기를 이온화하는 방법
답 ③

문제 41~50

41 소방기본법령에 따라 주거지역·상업지역 및 공업지역에 소방용수시설을 설치하는 경우 소방대상물과의 수평거리를 몇 m 이하가 되도록 해야 하는가?

① 50   ② 100
③ 150   ④ 200

42 소방용수시설 중 소화전과 급수탑의 설치기준으로 틀린 것은?

① 급수탑 급수배관의 구경은 100 mm 이상으로 할 것
② 소화전은 상수도와 연결하여 지하식 또는 지상식으로 할 것
③ 소방용호스와 연결하는 소화전의 연결금속구의 구경은 65 mm로 할 것
④ 급수탑의 개폐밸브는 지상에서 1.5 m 이상 1.8 m 이하의 위치에 설치할 것

43 화재의 예방 및 안전관리에 관한 법령상 소방관서장이 화재안전조사를 하려면 관계인에게 조사대상, 조사기간 및 조사사유 등을 최대 며칠 전에 서면으로 알려야 하는가? (단, 긴급하게 조사할 필요가 있는 경우와 사전에 통지하면 조사목적을 달성할 수 없다고 인정되는 경우는 제외한다.)

① 7
② 10
③ 12
④ 14

44 위험물안전관리법령상 제조소 또는 일반 취급소에서 취급하는 제4류 위험물의 최대 수량의 합이 지정수량의 48만배 이상인 사업소의 자체소방대에 두는 화학소방자동차 및 인원기준으로 다음 (   ) 안에 알맞은 것은?

화학소방자동차	자체소방대원의 수
(㉠)	(㉡)

① ㉠ 1대, ㉡ 5인
② ㉠ 2대, ㉡ 10인
③ ㉠ 3대, ㉡ 15인
④ ㉠ 4대, ㉡ 20인

45 소방기본법령상 출동한 소방대원에게 폭행 또는 협박을 행사하여 화재진압·인명구조 또는 구급활동을 방해한 사람에 대한 벌칙 기준은?

① 500만원 이하의 과태료
② 1년 이하의 징역 또는 1,000만원 이하의 벌금
③ 3년 이하의 징역 또는 3,000만원 이하의 벌금
④ 5년 이하의 징역 또는 5,000만원 이하의 벌금

46 소방신호의 종류가 아닌 것은?

① 진화신호
② 발화신호
③ 경계신호
④ 해제신호

47 화재의 예방 및 안전관리에 관한 법령상 특수가연물의 품명과 지정수량 기준의 연결이 틀린 것은?

① 사류 − 1,000 kg 이상
② 볏짚류 − 3,000 kg 이상
③ 석탄·목탄류 − 10,000 kg 이상
④ 합성수지류 중 발포시킨 것 − 20 m³ 이상

48 화재의 예방 및 안전관리에 관한 법령상 특정소방대상물의 관계인이 수행하여야 하는 소방안전관리 업무가 아닌 것은?

① 소방훈련의 지도·감독
② 화기(火氣) 취급의 감독
③ 피난시설, 방화구획 및 방화시설의 유지·관리
④ 소방시설이나 그 밖의 소방 관련 시설의 유지·관리

49 소방기본법령상 일반음식점에서 조리를 위하여 불을 사용하는 설비를 설치하는 경우 지켜야 하는 사항 중 다음 ( ) 안에 알맞은 것은?

- 주방설비에 부속된 배출덕트는 (㉠) mm 이상의 아연도금강판 또는 이와 동등 이상의 내식성 불연재료로 설치할 것
- 열을 발생하는 조리기구로부터 (㉡) m 이내의 거리에 있는 가연성 주요구조부는 석면판 또는 단열성이 있는 불연재료로 덮어 씌울 것

① ㉠ 0.5, ㉡ 0.15
② ㉠ 0.5, ㉡ 0.6
③ ㉠ 0.6, ㉡ 0.15
④ ㉠ 0.6, ㉡ 0.5

50 특정소방대상물에 설치하는 소방시설등의 유지·관리 등에 있어 대통령령 또는 화재안전기술기준의 변경으로 그 기준이 강화되는 경우 변경전의 대통령령 또는 화재안전기준이 적용되지 않고 강화된 기준이 적용되는 것은?

① 자동화재속보설비
② 옥내소화전설비
③ 간이스프링클러설비
④ 옥외소화전설비

문제 41~50 해설 및 답안
"소방관계법규"

41 소방용수시설의 설치기준 중 공통기준
가. 주거지역·상업지역 및 공업지역에 설치하는 경우 : 소방대상물과의 수평거리를 100미터 이하
나. 가목 외의 지역에 설치하는 경우 : 소방대상물과의 수평거리를 140미터 이하   답 ②

42 소방용수시설의 설치기준
① 소화전의 설치기준 : 상수도와 연결하여 지하식 또는 지상식의 구조로 하고, 소방용호스와 연결하는 소화전의 연결금속구의 구경은 65밀리미터로 할 것
② 급수탑의 설치기준 : 급수배관의 구경은 100밀리미터 이상으로 하고, 개폐밸브는 지상에서 1.5미터 이상 1.7미터 이하의 위치에 설치하도록 할 것   답 ④

43 **소방관서장**은 화재안전조사를 하려면 **7일 전**에 관계인에게 조사대상, 조사기간 및 조사사유 등을 서면으로 알려야 한다. 다만, 다음 각 호의 어느 하나에 해당하는 경우에는 그러하지 아니하다.
1. 화재, 재난·재해가 발생할 우려가 뚜렷하여 긴급하게 조사할 필요가 있는 경우
2. 화재안전조사의 실시를 사전에 통지하면 조사목적을 달성할 수 없다고 인정되는 경우   답 ①

44 자체소방대에 두는 화학소방자동차 및 인원

사업소의 구분	화학소방자동차	자체소방대원의 수
1. 제조소 또는 일반취급소에서 취급하는 제4류 위험물의 최대수량의 합이 지정수량의 3천배 이상 12만배 미만인 사업소	1대	5인
2. 제조소 또는 일반취급소에서 취급하는 제4류 위험물의 최대수량의 합이 지정수량의 12만배 이상 24만배 미만인 사업소	2대	10인
3. 제조소 또는 일반취급소에서 취급하는 제4류 위험물의 최대수량의 합이 지정수량의 24만배 이상 48만배 미만인 사업소	3대	15인
4. 제조소 또는 일반취급소에서 취급하는 제4류 위험물의 최대수량의 합이 지정수량의 48만배 이상인 사업소	**4대**	**20인**
5. 옥외탱크저장소에 저장하는 **제4류 위험물**의 최대수량이 지정수량의 **50만배 이상**인 사업소	2대	10인

답 ④

45 5년 이하의 징역 또는 5천만원 이하의 벌금
1. 제16조제2항을 위반하여 다음 각 목의 어느 하나에 해당하는 행위를 한 사람
   가. 위력(威力)을 사용하여 출동한 소방대의 화재진압·인명구조 또는 구급활동을 방해하는 행위
   나. **소방대가 화재진압·인명구조 또는 구급활동을 위하여 현장에 출동하거나 현장에 출입하는 것을 고의로 방해하는 행위**
   다. 출동한 소방대원에게 폭행 또는 협박을 행사하여 화재진압·인명구조 또는 구급활동을 방해하는 행위
   라. 출동한 소방대의 소방장비를 파손하거나 그 효용을 해하여 화재진압·인명구조 또는 구급활동을 방해하는 행위   답 ④

46 관련법 : 소방기본법 시행규칙 (**소방신호의 종류 및 방법**)
1) **경계신호** : 화재예방 상 필요하다고 인정 되거나 화재위험경보 시 발령
2) **발화신호** : 화재가 발생한 때 발령
3) **해제신호** : 소화활동이 필요 없다고 인정되는 때 발령
4) **훈련신호** : 훈련 상 필요하다고 인정되는 때 발령

답 ①

47 특수가연물의 품명 및 지정수량

품명		수량
면화류		200킬로그램 이상
나무껍질 및 대팻밥		400킬로그램 이상
넝마 및 종이부스러기		1,000킬로그램 이상
사류(絲類)		1,000킬로그램 이상
볏짚류		**1,000킬로그램 이상**
가연성고체류		3,000킬로그램 이상
석탄・목탄류		10,000킬로그램 이상
가연성액체류		2세제곱미터 이상
목재가공품 및 나무부스러기		10세제곱미터 이상
합성수지류	발포시킨 것	20세제곱미터 이상
	그 밖의 것	3,000킬로그램 이상

답 ②

48 특정소방대상물의 관계인의 소방안전관리자의 업무
1. 제36조에 따른 피난계획에 관한 사항과 대통령령으로 정하는 사항이 포함된 소방계획서의 작성 및 시행
2. 자위소방대(自衛消防隊) 및 초기대응체계의 구성, 운영 및 교육
3. 「소방시설 설치 및 관리에 관한 법률」 제16조에 따른 피난시설, 방화구획 및 방화시설의 관리
4. 소방시설이나 그 밖의 소방 관련 시설의 관리
5. 제37조에 따른 **소방훈련 및 교육**
6. 화기(火氣) 취급의 감독
7. 행정안전부령으로 정하는 바에 따른 소방안전관리에 관한 업무수행에 관한 기록・유지(제3호・제4호 및 제6호의 업무를 말한다)
8. 화재발생 시 초기대응
9. 그 밖에 소방안전관리에 필요한 업무

답 ①

49 가. 주방설비에 부속된 배출덕트(공기 배출통로)는 **0.5밀리미터 이상**의 아연도금강판 또는 이와 동등 이상의 내식성 불연재료로 설치할 것
나. 주방시설에는 동물 또는 식물의 기름을 제거할 수 있는 필터 등을 설치할 것
다. 열을 발생하는 조리기구는 반자 또는 선반으로부터 **0.6미터 이상** 떨어지게 할 것
라. 열을 발생하는 조리기구로부터 **0.15미터 이내**의 거리에 있는 가연성 주요구조부는 석면판 또는 단열성이 있는 불연재료로 덮어 씌울 것

답 ①

50

1. 다음 각 목의 소방시설 중 대통령령 또는 화재안전기준으로 정하는 것
   가. 소화기구
   나. **비상경보설비**
   다. **자동화재탐지설비**
   라. **자동화재속보설비**
   마. **피난구조설비**
2. 다음 각 목의 특정소방대상물에 설치하는 소방시설 중 대통령령 또는 화재안전기준으로 정하는 것
   가. 공동구
   나. 전력 및 통신사업용 지하구
   다. 노유자(老幼者) 시설
   라. 의료시설

노유자(老幼者) 시설	간이스프링클러설비, 자동화재탐지설비 및 단독경보형 감지기
의료시설	스프링클러설비, 간이스프링클러설비, 자동화재탐지설비 및 자동화재속보설비

답 ①

문제 51~60

51 특정소방대상물의 방염 등에 있어 방염대상물품에 해당되지 않는 것은?
① 목재 책상
② 카펫
③ 창문에 설치하는 커튼류
④ 전시용 합판

52 소방시설 설치 및 관리에 관한 법률상 중앙소방기술심의위원회의 심의사항이 아닌 것은?
① 화재안전기술기준에 관한 사항
② 소방시설의 설계 및 공사감리의 방법에 관한 사항
③ 소방시설에 하자가 있는지의 판단에 관한 사항
④ 소방시설공사의 하자를 판단하는 기준에 관한 사항

53 소방시설 설치 및 관리에 관한 법령상 화재안전기술기준을 달리 적용하여야 하는 특수한 용도 또는 구조를 가진 특정소방대상물인 원자력발전소에 설치하지 아니할 수 있는 소방시설은?
① 물분무등소화설비
② 스프링클러설비
③ 상수도소화용수설비
④ 연결살수설비

54 소방시설 설치 및 관리에 관한 법령상 소방안전관리대상물의 소방계획서에 포함되어야 하는 사항이 아닌 것은?
① 소방시설·피난시설 및 방화시설의 점검·정비계획
② 위험물안전관리법에 따라 예방규정을 정하는 제조소등의 위험물 저장·취급에 관한 사항
③ 특정소방대상물의 근무자 및 거주자의 자위소방대 조직과 대원의 임무에 관한 사항
④ 방화구획, 제연구획, 건축물의 내부 마감 재료(불연재료·준불연재료 또는 난연재료로 사용된 것) 및 방염물품의 사용현황과 그 밖의 방화구조 및 설비의 유지·관리계획

55 소방시설 설치 및 관리에 관한 법령상 수용인원 산정 방법 중 침대가 없는 숙박시설로서 해당 특정소방대상물의 종사자의 수는 5명, 복도, 계단 및 화장실의 바닥면적을 제외한 바닥면적이 158 m^2인 경우의 수용인원은 약 몇 명인가?
① 37
② 45
③ 58
④ 84

56 소방시설공사업법령에 따른 소방시설공사 중 특정소방대상물에 설치된 소방시설등을 구성하는 것의 전부 또는 일부를 개설, 이전 또는 정비하는 공사의 착공신고 대상이 아닌 것은?

① 수신반 ② 소화펌프
③ 동력(감시)제어반 ④ 제연설비의 제연구역

57 소방시설공사업법령에 따른 성능위주설계를 할 수 있는 자의 설계범위 기준 중 틀린 것은?

① 연면적 30,000 m² 이상인 특정소방대상물로서 공항시설
② 연면적 100,000 m² 이상인 특정소방대상물 (단, 아파트 등은 제외)
③ 지하층을 포함한 층수가 30층 이상인 특정소방대상물 (단, 아파트 등은 제외)
④ 하나의 건축물에 영화상영관이 10개 이상인 특정소방대상물

58 소방시설공사업법령상 하자보수를 하여야 하는 소방시설 중 하자보수 보증기간이 3년이 아닌 것은?

① 자동소화장치 ② 비상방송설비
③ 스프링클러설비 ④ 상수도소화용수설비

59 위험물안전관리법령상 위험물의 유별 저장·취급의 공통기준 중 다음 ( )안에 알맞은 것은?

( ) 위험물은 산화제와의 접촉·혼합이나 불티·불꽃·고온체와의 접근 또는 과열을 피하는 한편, 철분·금속분·마그네슘 및 이를 함유한 것에 있어서는 물이나 산과의 접촉을 피하고 인화성 고체에 있어서는 함부로 증기를 발생시키지 아니하여야 한다.

① 제1류 ② 제2류 ③ 제3류 ④ 제4류

60 위험물안전관리법령상 위험물시설의 설치 및 변경 등에 관한 기준 중 다음 ( ) 안에 들어갈 내용으로 옳은 것은?

제조소등의 위치·구조 또는 설비의 변경 없이 당해 제조소등에서 저장하거나 취급하는 위험물의 품명·수량 또는 지정수량의 배수를 변경하고자 하는 자는 변경하고자 하는 날의 (㉠)일 전까지 (㉡)이 정하는 바에 따라 (㉢)에게 신고하여야 한다.

① ㉠ : 1, ㉡ : 대통령령, ㉢ : 소방본부장
② ㉠ : 1, ㉡ : 행정안전부령, ㉢ : 시·도지사
③ ㉠ : 14, ㉡ : 대통령령, ㉢ : 소방서장
④ ㉠ : 14, ㉡ : 행정안전부령, ㉢ : 시·도지사

문제 51~60 해설 및 답안 "소방관계법규"

51 관련법 : 소방시설 설치 및 관리에 관한 법률 시행령 제20조(방염대상물품 및 방염성능기준)
방염대상 물품

1. 제조 또는 가공 공정에서 방염처리를 한 다음 각 목의 물품	2. 건축물 내부의 천장이나 벽에 부착하거나 설치하는 다음 각 목의 것. 다만, **가구류**(옷장, 찬장, 식탁, 식탁용 의자, 사무용 책상, 사무용 의자, 계산대)와 **너비 10센티미터 이하인 반자돌림대** 등과「건축법」제52조에 따른 내부 마감재료는 제외한다.
가. 창문에 설치하는 커튼류(블라인드를 포함한다) 나. 카펫 다. **벽지류(두께가 2밀리미터 미만인 종이벽지는 제외)** 라. 전시용 합판·목재 또는 섬유판, 무대용 합판·목재 또는 섬유판(합판·목재류의 경우 불가피하게 설치 현장에서 방염처리한 것을 포함한다) 마. 암막·무대막(영화상영관에 설치하는 스크린과 가상체험 체육시설업에 설치하는 스크린을 포함) 바. 섬유류 또는 합성수지류 등을 원료로 하여 제작된 소파·의자(단란주점영업, 유흥주점영업 및 노래연습장업의 영업장에 설치하는 것으로 한정)	가. 종이류(두께 2밀리미터 이상인 것)·합성수지류 또는 섬유류를 주원료로 한 물품 나. 합판이나 목재 다. 공간을 구획하기 위하여 설치하는 간이 칸막이(접이식 등 이동 가능한 벽체나 천장 또는 반자가 실내에 접하는 부분까지 구획하지 않는 벽체를 말한다) 라. 흡음(吸音)을 위하여 설치하는 흡음재(흡음용 커튼을 포함) 마. 방음(防音)을 위하여 설치하는 방음재(방음용 커튼을 포함)

답 ①

52 중앙소방기술심의위원회의 심의사항
① 화재안전기술기준에 관한 사항
② 소방시설의 설계 및 공사감리의 방법에 관한 사항
③ **소방시설공사의 하자를 판단하는 기준에 관한 사항**
④ 연면적 10만제곱미터 이상의 특정소방대상물에 설치된 소방시설의 설계 시공 감리의 하자 유무에 관한 사항
⑤ 새로운 소방시설과 소방용품 등의 도입 여부에 관한 사항
⑥ 소방시설의 구조 및 원리에서 공법이 특수한 설계 및 시공에 관한 사항

답 ③

53 소방시설을 설치하지 아니하는 특정소방대상물의 범위

특정소방대상물	소방시설
펄프공장의 작업장, 음료수 공장의 세정 또는 충전을 하는 작업장, 그 밖에 이와 비슷한 용도로 사용하는 것	스프링클러설비, 상수도소화용수설비 및 연결살수설비
정수장, 수영장, 목욕장, 농예·축산·어류양식용 시설, 그 밖에 이와 비슷한 용도로 사용되는 것	자동화재탐지설비, 상수도소화용수설비 및 연결살수설비
원자력발전소, 핵폐기물처리시설	**연결송수관설비 및 연결살수설비**

답 ④

54 소방안전관리대상물의 소방계획서에 포함되어야 하는 사항
1. 소방안전관리대상물의 위치·구조·연면적·용도 및 수용인원 등 일반 현황
2. 소방안전관리대상물에 설치한 소방시설·방화시설(防火施設), 전기시설·가스시설 및 위험물시설의 현황
3. 화재 예방을 위한 자체점검계획 및 진압대책
4. 소방시설·피난시설 및 방화시설의 점검·정비계획
5. 피난층 및 피난시설의 위치와 피난경로의 설정, 장애인 및 노약자의 피난계획 등을 포함한 피난계획
6. 방화구획, 제연구획, 건축물의 내부 마감재료(불연재료·준불연재료 또는 난연재료로 사용된 것을 말한다) 및 방염물품의 사용현황과 그 밖의 방화구조 및 설비의 유지·관리계획
7. 소방훈련 및 교육에 관한 계획
8. 특정소방대상물의 근무자 및 거주자의 자위소방대 조직과 대원의 임무(장애인 및 노약자의 피난 보조 임무를 포함한다)에 관한 사항
9. 증축·개축·재축·이전·대수선 중인 특정소방대상물의 공사장 소방안전관리에 관한 사항
10. 공동 및 분임 소방안전관리에 관한 사항
11. 소화와 연소 방지에 관한 사항
12. **위험물의 저장·취급에 관한 사항(예방규정을 정하는 제조소등은 제외한다)** 　답 ②

55 수용인원 = $5명 + \dfrac{158\,m^2}{3\,m^2} = 57.67 = 58명$ 　답 ③

56 착공신고 대상
특정소방대상물에 설치된 소방시설등을 구성하는 다음 각 목의 어느 하나에 해당하는 것의 전부 또는 일부를 개설(改設), 이전(移轉) 또는 정비(整備)하는 공사. 다만, 고장 또는 파손 등으로 인하여 작동시킬 수 없는 소방시설을 긴급히 교체하거나 보수하여야 하는 경우에는 신고하지 않을 수 있다.
가. **수신반(受信盤)**
나. **소화펌프**
다. **동력(감시)제어반** 　답 ④

57 성능위주설계를 하여야 하는 특정소방대상물의 범위
1. **연면적 20만제곱미터 이상인 특정소방대상물. 다만, 아파트등은 제외**
2. 50층 이상(지하층은 제외한다)이거나 지상으로부터 높이가 200미터 이상인 아파트등
3. 30층 이상(지하층을 포함한다)이거나 지상으로부터 높이가 120미터 이상인 특정소방대상물(아파트등은 제외)
4. 연면적 3만제곱미터 이상인 특정소방대상물로서 다음 각 목의 어느 하나에 해당하는 특정소방대상물
   가. 철도 및 도시철도 시설
   나. 공항시설
5. 창고시설 중 연면적 10만제곱미터 이상인 것 또는 지하층의 층수가 2개 층 이상이고 지하층의 바닥면적의 합계가 3만제곱미터 이상인 것
6. 하나의 건축물에 영화상영관이 10개 이상인 특정소방대상물
7. 지하연계 복합건축물에 해당하는 특정소방대상물
8. 터널 중 수저(水底)터널 또는 길이가 5천미터 이상인 것 　답 ②

58 하자보수 대상과 보증기간

2년	피난기구, 유도등, 유도표지, 비상경보설비, 비상조명등, **비상방송설비** 및 무선통신보조설비
3년	자동소화장치, 옥내소화전설비, 스프링클러설비, 간이스프링클러설비, 물분무등소화설비, 옥외소화전설비, 자동화재탐지설비, 상수도소화용수설비 및 소화활동설비(무선통신보조설비는 제외한다)

답 ②

59
(제2류) 위험물은 산화제와의 접촉·혼합이나 불티·불꽃·고온체와의 접근 또는 과열을 피하는 한편, 철분·금속분·마그네슘 및 이를 함유한 것에 있어서는 물이나 산과의 접촉을 피하고 인화성 고체에 있어서는 함부로 증기를 발생시키지 아니하여야 한다. 답 ②

60
제조소등의 위치·구조 또는 설비의 변경없이 당해 제조소등에서 저장하거나 취급하는 위험물의 품명·수량 또는 지정수량의 배수를 변경하고자 하는 자는 변경하고자 하는 날의 1일 전까지 행정안전부령이 정하는 바에 따라 시·도지사에게 신고하여야 한다. 답 ②

문제 61~70

61 제4류 위험물의 지정수량을 나타낸 것으로 잘못된 것은?

① 특수인화물 - 50리터
② 알코올류 - 400리터
③ 동식물유류 - 1000리터
④ 제4석유류 - 6000리터

62 소방기본법에서 정의하는 소방대상물에 해당되지 않는 것은?

① 산림
② 차량
③ 건축물
④ 항해 중인 선박

63 위험물안전관리법상 업무상 과실로 제조소등에서 위험물을 유출·방출 또는 확산시켜 사람의 생명·신체 또는 재산에 대하여 위험을 발생시킨 자에 대한 벌칙 기준은?

① 5년 이하의 금고 또는 2,000만원 이하의 벌금
② 5년 이하의 금고 또는 7,000만원 이하의 벌금
③ 7년 이하의 금고 또는 2,000만원 이하의 벌금
④ 7년 이하의 금고 또는 7,000만원 이하의 벌금

64 위험물안전관리법령상 제조소등 또는 허가를 받지 않고 지정수량 이상의 위험물을 저장 또는 취급하는 장소에서 위험물을 유출·방출 또는 확산시켜 사람의 생명·신체 또는 재산에 대하여 위험을 발생시킨 자에 대한 벌칙은?

① 무기 또는 3년 이상의 징역
② 무기 또는 5년 이상의 징역
③ 1년 이상 10년 이하의 징역
④ 5년 이하의 징역 또는 1억원 이하의 벌금

65 소방기본법령상 소방신호의 방법으로 틀린 것은?

① 타종에 의한 훈련신호는 연 3타 반복
② 싸이렌에 의한 발화신호는 5초 간격을 두고 10초씩 3회
③ 타종에 의한 해제신호는 상당한 간격을 두고 1타씩 반복
④ 싸이렌에 의한 경계신호는 5초 간격을 두고 30초씩 3회

66 화재의 예방 및 안전관리에 관한 법령상 화재안전조사를 정당한 사유 없이 거부·방해 또는 기피한 자에 대한 벌칙으로 옳은 것은?

① 3년 이하의 징역 또는 3천만원 이하의 벌금
② 1년 이하의 징역 또는 1천만원 이하의 벌금
③ 300만원 이하의 벌금
④ 100만원 이하의 벌금

67 소방시설 설치 및 관리에 관한 법률상 화재위험도가 낮은 특정소방대상물 중 소방대가 조직되어 24시간 근무하고 있는 청사 및 차고에 설치하지 아니할 수 있는 소방시설이 아닌 것은?

① 피난기구
② 비상방송설비
③ 연결송수관설비
④ 자동화재탐지설비

68 소방시설 설치 및 관리에 관한 법령상 시·도지사가 소방시설등의 자체점검을 하지 아니한 관리업자에게 영업정지를 명할 수 있으나, 이로 인해 국민에게 심한 불편을 줄 때에는 영업정지 처분을 갈음하여 과징금 처분을 한다. 과징금의 기준은?

① 1000만원 이하
② 2000만원 이하
③ 3000만원 이하
④ 5000만원 이하

69 소방시설 설치 및 관리에 관한 법령상 대통령령 또는 화재안전기준이 변경되어 그 기준이 강화되는 경우 기존의 노유자(老幼者)시설의 소방시설에 대해서 강화된 기준을 적용해야 하는 소방설비에 해당하지 않는 것은?

① 간이스프링클러설비
② 유도등
③ 자동화재탐지설비
④ 단독경보형 감지기

70 소방시설 설치 및 관리에 관한 법률상 소방시설 등의 자체점검 시 점검인력 배치기준 중 종합점검에 대한 점검인력 1단위가 하루 동안 점검할 수 있는 아파트등의 점검한도 세대수로 옳은 것은? (단, 보조 기술인력을 추가하는 경우는 제외한다.)

① 150세대
② 200세대
③ 250세대
④ 300세대

문제 61~70 해설 및 답안

"소방관계법규"

61 관렵법 : 위험물안전관리법 시행령 별표1
(위험물 및 지정수량)

위험물				지정 수량
유별	성질	품명		
제4류	인화성 액체	1. 특수인화물		50 리터
		2. 제1석유류	비수용성 액체	200 리터
			수용성 액체	400 리터
		3. 알코올류		400 리터
		4. 제2석유류	비수용성 액체	1000 리터
			수용성 액체	2000 리터
		5. 제3석유류	비수용성 액체	2000 리터
			수용성 액체	4000 리터
		6. 제4석유류		6000 리터
		7. 동식물유류		10000 리터

답 ③

62 관련법 : 소방기본법 제2조(정의)
소방대상물이라 함은 건축물, 차량, 선박(항구 안에 매어둔 선박에 한한다.), 선박건조구조물, 산림 그 밖의 인공구조물 또는 물건을 말한다.

답 ④

63 업무상 과실로 제조소등 또는 허가를 받지 않고 지정수량 이상의 위험물을 저장 또는 취급하는 장소에서 위험물을 유출·방출 또는 확산시켜
① 사람의 생명·신체 또는 재산에 대하여 위험을 발생시킨 자 : 7년 이하의 금고 또는 7천만원 이하의 벌금
② 사람을 사상에 이르게 한 자 : 10년 이하의 징역 또는 금고나 1억원 이하의 벌금

답 ④

64 벌칙
1. 제33조(벌칙)
   ① **제조소등 또는 제6조제1항에 따른 허가를 받지 않고 지정수량 이상의 위험물을 저장 또는 취급하는 장소에서 위험물을 유출·방출 또는 확산시켜 사람의 생명·신체 또는 재산에 대하여 위험을 발생시킨 자는 1년 이상 10년 이하의 징역에 처한다.**
   ② 제1항의 규정에 따른 죄를 범하여 사람을 **상해(傷害)**에 이르게 한 때에는 무기 또는 3년 이상의 징역에 처하며, 사망에 이르게 한 때에는 무기 또는 5년 이상의 징역에 처한다.
2. 제34조(벌칙)
   ① 업무상 과실로 제33조제1항의 죄를 범한 자는 7년 이하의 금고 또는 7천만원 이하의 벌금에 처한다.
   ② 제1항의 죄를 범하여 사람을 **사상(死傷)**에 이르게 한 자는 10년 이하의 징역 또는 금고나 1억원 이하의 벌금에 처한다.

3. 제34조의2(벌칙)
   제6조제1항 전단을 위반하여 제조소등의 설치허가를 받지 아니하고 제조소등을 설치한 자는 5년 이하의 징역 또는 1억원 이하의 벌금에 처한다.
4. 제34조의3(벌칙)
   제5조제1항을 위반하여 저장소 또는 제조소등이 아닌 장소에서 지정수량 이상의 위험물을 저장 또는 취급한 자는 3년 이하의 징역 또는 3천만원 이하의 벌금에 처한다. 답 ③

65 소방신호의 방법

신호방법 종별	타종신호	싸이렌신호
경계신호	1타와 연2타를 반복	5초 간격을 두고 30초식 3회
발화신호	난타	5초 간격을 두고 5초식 3회
해제신호	상당한 간격을 두고 1타씩 반복	1분간 1회
훈련신호	연3타 반복	10초 간격을 두고 1분씩 3회

답 ②

66 300만원 이하의 벌금
1. 화재안전조사를 정당한 사유 없이 거부·방해 또는 기피한 자
2. 명령을 정당한 사유 없이 따르지 아니하거나 방해한 자
3. 소방안전관리자, 총괄소방안전관리자 또는 소방안전관리보조자를 선임하지 아니한 자
4. 소방시설·피난시설·방화시설 및 방화구획 등이 법령에 위반된 것을 발견하였음에도 필요한 조치를 할 것을 요구하지 아니한 소방안전관리자
5. 소방안전관리자에게 불이익한 처우를 한 관계인

답 ③

67

구분	특정소방대상물	소방시설
화재 위험도가 낮은 특정소방대상물	석재, 불연성금속, 불연성 건축재료 등의 가공공장·기계조립공장·주물공장 또는 불연성 물품을 저장하는 창고	옥외소화전 및 연결살수설비
	소방대(消防隊)가 조직되어 24시간 근무하고 있는 청사 및 차고	옥내소화전설비, 스프링클러설비, 물분무등소화설비, 비상방송설비, 피난기구, 소화용수설비, 연결송수관설비, 연결살수설비

답 ④

68 시·도지사는 영업정지를 명하는 경우로서 그 영업정지가 국민에게 심한 불편을 주거나 그 밖에 공익을 해칠 우려가 있을 때에는 영업정지처분을 갈음하여 **3천만원 이하의 과징금**을 부과할 수 있다.
※ 소방시설공사업법상 시·도지사는 영업정지가 그 이용자에게 불편을 주거나 그 밖에 공익을 해칠 우려가 있을 때에는 영업정지처분을 갈음하여 **2억원 이하의 과징금**을 부과할 수 있다. 답 ③

69 강화된 기준을 적용
1. 다음 각 목의 소방시설 중 대통령령 또는 화재안전기준으로 정하는 것
   가. 소화기구
   나. 비상경보설비

다. 자동화재탐지설비
　　라. 자동화재속보설비
　　마. 피난구조설비
2. 다음 각 목의 특정소방대상물에 설치하는 소방시설 중 대통령령 또는 화재안전기준으로 정하는 것
　　가. 공동구
　　나. 전력 및 통신사업용 지하구
　　다. 노유자(老幼者) 시설
　　라. 의료시설

노유자(老幼者) 시설	간이스프링클러설비, 자동화재탐지설비 및 단독경보형 감지기
의료시설	스프링클러설비, 간이스프링클러설비, 자동화재탐지설비 및 자동화재속보설비
공동구, 전력 및 통신사업용 지하구	소화기, 자동소화장치, 자동화재탐지설비, 통합감시시설, 유도등 및 연소방지설비

답 ②

70 점검한도 면적, 점검한도 세대수

1) 점검한도 면적

종합점검	8,000 m²	보조 기술인력 1명 추가할 때마다 종합점검의 경우 2,000 m²,
작동점검	10,000 m²	작동점검의 경우 2,500 m²을 가산

2) 점검한도 세대수

종합점검	250 세대	보조 기술인력 1명 추가할 때마다 종합점검, 작동점검 관계없이
작동점검		60세대를 가산

답 ③

문제 71~80

71 위험물안전관리법령상 인화성액체위험물(이황화탄소를 제외)의 옥외탱크저장소의 탱크 주위에 설치하여야 하는 방유제의 기준 중 틀린 것은?

① 방유제의 용량은 방유제안에 설치된 탱크가 하나인 때에는 그 탱크 용량의 110 % 이상으로 할 것
② 방유제의 용량은 방유제안에 설치된 탱크가 2기 이상인 때에는 그 탱크 중 용량이 최대인 것의 용량의 110 % 이상으로 할 것
③ 방유제는 높이 1 m 이상 2 m 이하, 두께 0.2 m 이상, 지하매설깊이 0.5 m 이상으로 할 것
④ 방유제내의 면적은 80,000 m^2 이하로 할 것

72 화재의 예방 및 안전관리에 관한 법령상 일반음식점에서 음식조리를 위해 불을 사용하는 설비를 설치하는 경우 지켜야 하는 사항으로 틀린 것은?

① 주방시설에는 동물 또는 식물의 기름을 제거할 수 있는 필터 등을 설치할 것
② 열을 발생하는 조리기구는 반자 또는 선반으로부터 0.6미터 이상 떨어지게 할 것
③ 주방설비에 부속된 배출덕트는 0.2밀리미터 이상의 아연도금강판으로로 설치할 것
④ 열을 발생하는 조리기구로부터 0.15미터 이내의 거리에 있는 가연성 주요구조부는 석면판 또는 단열성이 있는 불연재료로 덮어 씌울 것

73 소방시설공사업법령상 소방시설의 감독을 위하여 필요할 때에 소방시설업자나 관계인에게 필요한 보고나 자료 제출을 명할 수 있는 사람이 아닌 것은?

① 시 · 도지사
② 119안전센터장
③ 소방서장
④ 소방본부장

74 소방시설공사업법령상 소방시설업자가 소방시설공사등을 맡긴 특정소방대상물의 관계인에게 지체 없이 그 사실을 알려야 하는 경우가 아닌 것은?

① 소방시설업자의 지위를 승계한 경우
② 소방시설업의 등록취소처분 또는 영업정지처분을 받은 경우
③ 휴업하거나 폐업한 경우
④ 소방시설업의 주소지가 변경된 경우

75 소방시설공사업법령상 감리업자는 소방시설공사가 설계도서 또는 화재안전기술기준에 적합하지 아니한 때에는 가장 먼저 누구에게 알려야 하는가?

① 감리업체 대표자
② 시공자
③ 관계인
④ 소방서장

76 소방시설 설치 및 관리에 관한 법령상 특정소방대상물의 수용인원 산정방법으로 옳은 것은?

① 침대가 없는 숙박시설은 해당 특정소방대상물의 종사자의 수에 숙박시설의 바닥면적의 합계를 4.6 m²로 나누어 얻은 수를 합한 수로 한다.
② 강의실로 쓰이는 특정소방대상물은 해당 용도로 사용하는 바닥면적의 합계를 4.6 m²로 나누어 얻은 수로 한다.
③ 관람석이 없을 경우 강당, 문화 및 집회시설, 운동시설, 종교시설은 해당 용도로 사용하는 바닥면적의 합계를 4.6 m²로 나누어 얻은 수로 한다.
④ 백화점은 해당 용도로 사용하는 바닥면적의 합계를 4.6 m²로 나누어 얻은 수로 한다.

77 위험물안전관리법령상 제조소등이 아닌 장소에서 지정수량 이상의 위험물 취급에 대한 설명으로 틀린 것은?

① 임시로 저장 또는 취급하는 장소에서의 저장 또는 취급의 기준은 시·도의 조례로 정한다.
② 필요한 승인을 받아 지정수량 이상의 위험물을 120일 이내의 기간동안 임시로 저장 또는 취급하는 경우 제조소등이 아닌 장소에서 지정수량 이상의 위험물을 취급할 수 있다.
③ 제조소등이 아닌 장소에서 지정수량 이상의 위험물을 취급할 경우 관할소방서장의 승인을 받아야 한다.
④ 군부대가 지정수량 이상의 위험물을 군사목적으로 임시로 저장 또는 취급하는 경우 제조소등이 아닌 장소에서 지정수량 이상의 위험물을 취급할 수 있다.

78 소방기본법 제1장 총칙에서 정하는 목적의 내용으로 거리가 먼 것은?

① 구조, 구급 활동 등을 통하여 공공의 안녕 및 질서 유지
② 풍수해의 예방, 경계, 진압에 관한 계획, 예산 지원 활동
③ 구조, 구급 활동 등을 통하여 국민의 생명, 신체, 재산 보호
④ 화재, 재난, 재해 그 밖의 위급한 상황에서의 구조, 구급 활동

79 **소방기본법령상 소방업무의 응원에 대한 설명 중 틀린 것은?**
① 소방본부장이나 소방서장은 소방활동을 할 때에 긴급한 경우에는 이웃한 소방본부장 또는 소방서장에게 소방업무의 응원을 요청할 수 있다.
② 소방업무의 응원 요청을 받은 소방본부장 또는 소방서장은 정당한 사유 없이 그 요청을 거절하여서는 아니 된다.
③ 소방업무의 응원을 위하여 파견된 소방대원은 응원을 요청한 소방본부장 또는 소방서장의 지휘에 따라야 한다.
④ 시·도지사는 소방업무의 응원을 요청하는 경우를 대비하여 출동 대상지역 및 규모와 필요한 경비의 부담 등에 관하여 필요한 사항을 대통령령으로 정하는 바에 따라 이웃하는 시·도지사와 협의하여 미리 규약으로 정하여야 한다.

80 **소방시설공사업법령상 정의된 업종 중 소방시설업의 종류에 해당되지 않는 것은?**
① 소방시설설계업
② 소방시설공사업
③ 소방시설정비업
④ 소방공사감리업

문제 71~80 해설 및 답안

"소방관계법규"

71 방유제의 높이 0.5 m 이상 3 m 이하,
  두께 0.2 m 이상,
  지하매설깊이 1 m 이상
  답 ③

72 음식조리를 위하여 설치하는 설비
  가. 주방설비에 부속된 배출덕트(공기 배출통로)는 0.5밀리미터 이상의 아연도금강판 또는 이와 동등 이상의 내식성 불연재료로 설치할 것
  나. 주방시설에는 동물 또는 식물의 기름을 제거할 수 있는 필터 등을 설치할 것
  다. 열을 발생하는 조리기구는 반자 또는 선반으로부터 0.6미터 이상 떨어지게 할 것
  라. 열을 발생하는 조리기구로부터 0.15미터 이내의 거리에 있는 가연성 주요구조부는 석면판 또는 단열성이 있는 불연재료로 덮어 씌울 것
  답 ③

73 시·도지사, 소방본부장 또는 소방서장은 소방시설업의 감독을 위하여 필요할 때에는 소방시설업자나 관계인에게 필요한 보고나 자료 제출을 명할 수 있고, 관계 공무원으로 하여금 소방시설업체나 특정소방대상물에 출입하여 관계 서류와 시설 등을 검사하거나 소방시설업자 및 관계인에게 질문하게 할 수 있다.
  답 ②

74 소방시설업자는 다음 각 호의 어느 하나에 해당하는 경우에는 소방시설공사등을 맡긴 특정소방대상물의 관계인에게 지체 없이 그 사실을 알려야 한다.
  1. 소방시설업자의 지위를 승계한 경우
  2. 소방시설업의 등록취소처분 또는 영업정지처분을 받은 경우
  3. 휴업하거나 폐업한 경우
  답 ④

75 소방시설공사업법 제19조(위반사항에 대한 조치)
  감리업자는 감리를 할 때 소방시설공사가 설계도서나 화재안전기술기준에 맞지 아니할 때에는 관계인에게 알리고, 공사업자에게 그 공사의 시정 또는 보완 등을 요구하여야 한다.
  답 ③

76 수용인원 산정방법

숙박시설이 있는 특정소방대상물	침대가 있는 숙박시설	종사자 수+침대 수(2인용 침대는 2개로 산정)
	침대가 없는 숙박시설	종사자 수 + $\dfrac{\text{바닥면적의 합계 m}^2}{3 \text{ m}^2}$
기타	강의실·교무실·상담실·실습실·휴게실 용도	$\dfrac{\text{바닥면적의 합계 m}^2}{1.9 \text{ m}^2}$
	강당, 문화 및 집회시설, 운동시설, 종교시설	① $\dfrac{\text{바닥면적의 합계 m}^2}{4.6 \text{ m}^2}$ ② 관람석이 있는 경우 : 고정식 의자 수 또는 긴 의자의 정면너비÷0.45m

기타	그 밖의 특정소방대상물	$\dfrac{\text{바닥면적의 합계 m}^2}{3\ m^2}$
비고	1. 바닥면적 산정시 제외 : **복도, 계단 및 화장실의 바닥면적** 2. 계산결과 소수점 이하 반올림 할 것	

답 ③

77
제조소등이 아닌 장소에서 지정수량 이상의 위험물을 취급할 수 있다. 이 경우 임시로 저장 또는 취급하는 장소에서의 저장 또는 취급의 기준과 임시로 저장 또는 취급하는 장소의 위치·구조 및 설비의 기준은 시·도의 조례로 정한다.
1) 시·도의 조례가 정하는 바에 따라 관할소방서장의 승인을 받아 지정수량 이상의 위험물을 90일 이내의 기간동안 임시로 저장 또는 취급하는 경우
2) 군부대가 지정수량 이상의 위험물을 군사목적으로 임시로 저장 또는 취급하는 경우

답 ②

78
소방기본법의 목적
① 화재 예방, 경계하거나 진압
② 구조, 구급활동 등을 통하여 국민의 생명, 신체 및 재산의 보호
③ 공공의 안녕 및 질서 유지와 복리증진에 이바지

답 ②

79
시·도지사는 소방업무의 응원을 요청하는 경우를 대비하여 출동 대상지역 및 규모와 필요한 경비의 부담 등에 관하여 필요한 사항을 행정안전부령으로 정하는 바에 따라 이웃하는 시·도지사와 협의하여 미리 규약(規約)으로 정하여야 한다.

답 ④

80
소방시설업의 종류

소방시설설계업	소방시설공사에 기본이 되는 공사계획, 설계도면, 설계 설명서, 기술계산서 및 이와 관련된 서류(이하 "설계도서"라 한다)를 작성(이하 "설계"라 한다)하는 영업
소방시설공사업	설계도서에 따라 소방시설을 신설, 증설, 개설, 이전 및 정비(이하 "시공"이라 한다)하는 영업
소방공사감리업	소방시설공사에 관한 발주자의 권한을 대행하여 소방시설공사가 설계도서와 관계법령에 따라 적법하게 시공되는지를 확인하고, 품질·시공 관리에 대한 기술지도를 하는(이하 "감리"라 한다) 영업
방염처리업	방염대상물품에 대하여 방염처리(이하 "방염"이라 한다)하는 영업

답 ③

문제 81~90

81 다음 소방기본법령상 용어 정의에 대한 설명으로 옳은 것은?

① 소방대상물이란 건축물, 차량, 선박(항구에 매어둔 선박은 제외) 등을 말한다.
② 관계인이란 소방대상물의 점유예정자를 포함한다.
③ 소방대란 소방공무원, 의무소방원, 의용소방대원으로 구성된 조직체이다.
④ 소방대장이란 화재, 재난·재해, 그 밖의 위급한 상황이 발생한 현장에서 소방대를 지휘하는 사람(소방서장은 제외)이다.

82 위험물안전관리법령상 제조소등의 관계인은 위험물의 안전관리에 관한 직무를 수행하게 하기 위하여 제조소등마다 위험물의 취급에 관한 자격이 있는 자를 위험물안전관리자로 선임하여야 한다. 이 경우 제조소등의 관계인이 지켜야 할 기준으로 틀린 것은?

① 제조소등의 관계인은 안전관리자를 해임하거나 안전관리자가 퇴직한 때에는 해임하거나 퇴직한 날부터 15일 이내에 다시 안전관리자를 선임하여야 한다.
② 제조소등의 관계인이 안전관리자를 선임한 경우에는 선임한 날부터 14일 이내에 소방본부장 또는 소방서장에게 신고하여야 한다.
③ 제조소등의 관계인은 안전관리자가 여행·질병 그 밖의 사유로 인하여 일시적으로 직무를 수행할 수 없는 경우에는 국가기술자격법에 따른 위험물의 취급에 관한 자격취득자 또는 위험물안전에 관한 기본지식과 경험이 있는 자를 대리자로 지정하여 그 직무를 대행하게 하여야 한다. 이 경우 대행하는 기간은 30일을 초과할 수 없다.
④ 안전관리자는 위험물을 취급하는 작업을 하는 때에는 작업자에게 안전관리에 관한 필요한 지시를 하는 등 위험물의 취급에 관한 안전관리와 감독을 하여야 하고, 제조소등의 관계인은 안전관리자의 위험물 안전관리에 관한 의견을 존중하고 그 권고에 따라야 한다.

83 위험물안전관리법 시행령상 예방규정을 작성해야 하는 대상이 아닌 것은?

① 제4류 위험물(특수인화물을 제외한다) 중 지정수량의 10배 이하의 제1석유류 위험물을 용기에 옮겨 담거나 차량에 고정된 탱크에 주입하는 일반취급소
② 지정수량의 10배 이상의 위험물을 취급하는 제조소
③ 지정수량의 150배 이상의 위험물을 저장하는 옥내저장소
④ 암반탱크저장소

84 소방시설 설치 및 관리에 관한 법령상 "대통령령으로 정하는 특정소방대상물"의 관계인은 그 장소에 상시 근무하거나 거주하는 사람에게 소방훈련과 소방안전관리에 필요한 교육을 하여야 한다. 다음 "대통령령으로 정하는 특정소방대상물"에 대한 설명 중 ( )에 알맞은 내용은?

> 특정소방대상물 중 상시 근무하거나 거주하는 인원(숙박시설의 경우에는 상시 근무하는 인원)이 ( )명 이하인 특정소방대상물을 제외한 것을 말한다.

① 3　　　　② 5
③ 7　　　　④ 10

85 화재의 예방 및 안전관리에 관한 법령상 특수가연물의 저장 및 취급의 기준 중 ( )에 들어갈 내용으로 옳은 것은? (단, 석탄·목탄류의 경우는 제외 한다.)

> 쌓는 높이는 (㉠)m 이하가 되도록 하고, 쌓는 부분의 바닥면적은 (㉡)m² 이하가 되도록 할 것

① ㉠ 15, ㉡ 200
② ㉠ 15, ㉡ 300
③ ㉠ 10, ㉡ 30
④ ㉠ 10, ㉡ 50

86 소방시설 설치 및 관리에 관한 법령상 정당한 사유없이 피난시설, 방화구획 및 방화시설의 유지·관리에 필요한 조치 명령을 위반한 경우 이에 대한 벌칙기준으로 옳은 것은?

① 200만원 이하의 벌금
② 300만원 이하의 벌금
③ 1년 이하의 징역 또는 1000만원 이하의 벌금
④ 3년 이하의 징역 또는 3000만원 이하의 벌금

87 화재의 예방 및 안전관리에 관한 법령상 관리의 권원이 분리된 특정소방대상물의 소방안전관리자를 선임하여야 하는 특정소방대상물 중 복합 건축물은 지하층을 제외한 층수가 최소 몇 층 이상인 건축물만 해당되는가?

① 6층
② 11층
③ 20층
④ 30층

88 소방시설 설치 및 관리에 관한 법상 특정소방대상물의 피난시설, 방화구획 또는 방화시설의 폐쇄·훼손·변경 등의 행위를 한 자에 대한 과태료 기준으로 옳은 것은?

① 200만원 이하의 과태료
② 300만원 이하의 과태료
③ 500만원 이하의 과태료
④ 600만원 이하의 과태료

89 소방시설공사업법령상 전문 소방시설공사업의 등록기준 및 영업범위의 기준에 대한 설명으로 틀린 것은?

① 법인인 경우 자본금은 최소 1억원 이상이다.
② 개인인 경우 자산평가액은 최소 1억원 이상이다.
③ 주된 기술인력 최소 1명 이상, 보조기술인력 최소 3명 이상을 둔다.
④ 영업범위는 특정소방대상물에 설치되는 기계분야 및 전기분야 소방시설의 공사·개설·이전 및 정비이다.

90 소방시설 설치 및 관리에 관한 법령에 따른 임시소방시설 중 간이소화장치를 설치하여야 하는 공사의 작업현장의 규모의 기준 중 다음 ( ) 안에 알맞은 것은?

- 연면적 (㉠) m² 이상
- 지하층, 무창층 또는 (㉡)층 이상의 층 이 경우 해당 층의 바닥면적이 (㉢) m² 이상인 경우만 해당

① ㉠ 1000, ㉡ 6, ㉢ 150
② ㉠ 1000, ㉡ 6, ㉢ 600
③ ㉠ 3000, ㉡ 4, ㉢ 150
④ ㉠ 3000, ㉡ 4, ㉢ 600

문제 81~90 해설 및 답안　　　　　　　　　　　　　　　　　　　　　"소방관계법규"

81
① 소방대상물 : 건축물, 차량, 선박(항구에 매어둔 선박만 해당한다), 선박 건조 구조물, 산림, 그 밖의 인공 구조물 또는 물건
② 관계인 : 소방대상물의 소유자·관리자 또는 점유자
③ 소방대장(消防隊長) : 소방본부장 또는 소방서장 등 화재, 재난·재해, 그 밖의 위급한 상황이 발생한 현장에서 소방대를 지휘하는 사람　　　　　　　　　　　　　　**답 ③**

82 안전관리자를 선임한 제조소등의 관계인은 그 안전관리자를 해임하거나 안전관리자가 퇴직한 때에는 해임하거나 퇴직한 날부터 30일 이내에 다시 안전관리자를 선임하여야 한다.　**답 ①**

83 예방규정
1. 지정수량의 10배 이상의 위험물을 취급하는 제조소
2. 지정수량의 100배 이상의 위험물을 저장하는 옥외저장소
3. 지정수량의 150배 이상의 위험물을 저장하는 옥내저장소
4. 지정수량의 200배 이상의 위험물을 저장하는 옥외탱크저장소
5. 암반탱크저장소
6. 이송취급소
7. 지정수량의 10배 이상의 위험물을 취급하는 일반취급소. 다만, 제4류 위험물(특수인화물을 제외한다)만을 지정수량의 50배 이하로 취급하는 일반취급소(제1석유류·알코올류의 취급량이 지정수량의 10배 이하인 경우에 한한다)로서 다음 각목의 어느 하나에 해당하는 것을 제외한다.
　가. 보일러·버너 또는 이와 비슷한 것으로서 위험물을 소비하는 장치로 이루어진 일반취급소
　나. 위험물을 용기에 옮겨 담거나 차량에 고정된 탱크에 주입하는 일반취급소　**답 ①**

84 근무자 및 거주자에게 소방훈련·교육을 실시하여야 하는 특정소방대상물
특정소방대상물 중 상시 근무하거나 거주하는 인원(숙박시설의 경우에는 상시 근무하는 인원을 말한다)이 10명 이하인 특정소방대상물을 제외한 것을 말한다.　　　　**답 ④**

85 관련법 : 화재의 예방 및 안전관리에 관한 법률 시행령
특수가연물의 저장 및 취급기준

구분	살수설비를 설치하거나 방사능력 범위에 해당 특수가연물이 포함되도록 대형수동식소화기를 설치하는 경우	그 밖의 경우
높이	15미터 이하	10미터 이하
쌓는 부분의 바닥면적	200제곱미터(석탄·목탄류의 경우에는 300제곱미터) 이하	50제곱미터(석탄·목탄류의 경우에는 200제곱미터) 이하

답 ④

86 정당한 사유없이 피난시설, 방화구획 및 방화시설의 유지·관리에 필요한 조치 명령을 위반한 경우 3년 이하의 징역 또는 3천만원 이하의 벌금에 처한다.　　　　　　　　　　**답 ④**

87 관리의 권원이 분리된 특정소방대상물의 소방안전관리
1. 복합건축물(지하층을 제외한 층수가 11층 이상 또는 연면적 3만제곱미터 이상인 건축물)
2. 지하가(지하의 인공구조물 안에 설치된 상점 및 사무실, 그 밖에 이와 비슷한 시설이 연속하여 지하도에 접하여 설치된 것과 그 지하도를 합한 것을 말한다)
3. 그 밖에 대통령령으로 정하는 특정소방대상물
   가. 도매시장, 소매시장 및 전통시장
   나. 소방본부장 또는 소방서장이 지정하는 것

답 ②

88 300만원 이하의 과태료 :
특정소방대상물의 피난시설, 방화구획 또는 방화시설의 폐쇄·훼손·변경 등의 행위를 한 자

답 ②

89 관련법 : 소방시설공사업법 시행령 별표1(소방시설업의 업종별 등록기준 및 영업범위)

업종별	기술인력	자본금
전문 소방시설 공사업	1) 주된기술인력 : 소방기술사 또는 기계분야와 전기분야의 소방설비기사 각 1명 이상 2) **보조기술인력 : 2명 이상**	• **법인 : 자본금 1억원 이상** • 개인 : 자산평가액 1억원 이상

답 ③

90 간이소화장치: 다음의 어느 하나에 해당하는 공사의 작업현장
1) 연면적 3천 m^2 이상
2) 지하층, 무창층 또는 4층 이상의 층. 이 경우 해당 층의 바닥면적이 600 m^2 이상인 경우만 해당

답 ④

문제 91~100

91 소방기본법령상 저수조의 설치기준으로 틀린 것은?
① 지면으로부터의 낙차가 4.5 m 이상일 것
② 흡수부분의 수심이 0.5 m 이상일 것
③ 흡수에 지장이 없도록 토사 및 쓰레기 등을 제거할 수 있는 설비를 갖출 것
④ 흡수관의 투입구가 사각형의 경우에는 한 변의 길이가 60 cm 이상, 원형의 경우에는 지름이 60 cm 이상일 것

92 다음 (　)안에 들어갈 숫자로 알맞은 것은?

> 인명구조기구는 지하층을 포함하는 층수가 (㉠)층 이상인 관광호텔 및 (㉡)층 이상인 병원에 설치하여야 한다.

① ㉠ 11, ㉡ 7　　　　② ㉠ 7, ㉡ 7
③ ㉠ 7, ㉡ 5　　　　④ ㉠ 5, ㉡ 5

93 소방시설 설치 및 관리에 관한 법령상 지하가 중 터널로서 길이가 1천미터일 때 설치하지 않아도 되는 소방시설은?
① 인명구조기구　　　　② 옥내소화전설비
③ 연결송수관설비　　　④ 무선통신보조설비

94 소방기본법령에 따른 소방용수시설 급수탑 개폐밸브의 설치기준으로 맞는 것은?
① 지상에서 1.0 m 이상 1.5 m 이하
② 지상에서 1.2 m 이상 1.8 m 이하
③ 지상에서 1.5 m 이상 1.7 m 이하
④ 지상에서 1.5 m 이상 2.0 m 이하

95 소방기본법상 화재 현장에서의 피난 등을 체험할 수 있는 소방체험관의 설립·운영권자는?
① 시·도지사
② 행정안전부장관
③ 소방본부장 또는 소방서장
④ 소방청장

96 소방기본법에 따라 화재 등 그 밖의 위급한 상황이 발생한 현장에서 소방활동을 위하여 필요한 때에는 그 관할구역에 사는 사람 또는 그 현장에 있는 사람으로 하여금 사람을 구출하는 일 또는 불을 끄는 등의 일을 하도록 명령할 수 있는 권한이 없는 사람은?
① 소방서장 ② 소방대장
③ 시 · 도지사 ④ 소방본부장

97 소방시설공사업법령상 소방시설공사 완공검사를 위한 현장 확인 대상 특정소방대상물의 범위가 아닌 것은?
① 위락시설 ② 판매시설
③ 운동시설 ④ 창고시설

98 위험물안전관리법령상 허가를 받지 아니하고 당해 제조소등을 설치하거나 그 위치 · 구조 또는 설비를 변경할 수 있으며, 신고를 하지 아니하고 위험물의 품명 · 수량 또는 지정수량의 배수를 변경할 수 있는 기준으로 옳은 것은?
① 축산용으로 필요한 건조시설을 위한 지정수량 40배 이하의 저장소
② 수산용으로 필요한 건조시설을 위한 지정수량 30배 이하의 저장소
③ 농예용으로 필요한 난방시설을 위한 지정수량 40배 이하의 저장소
④ 주택의 난방시설(공동주택의 중앙난방시설 제외)을 위한 저장소

99 화재의 예방 및 안전관리에 관한 법률상 소방안전 특별관리시설물의 대상기준 중 틀린 것은?
① 수련시설
② 항만시설
③ 전력용 및 통신용 지하구
④ 도시철도시설

100 특정소방대상물의 관계인은 그 특정소방대상물에 대하여 소방안전관리 업무를 수행해야 한다. 그 업무에 속하지 않는 것은?
① 피난시설 · 방화구획 및 방화시설의 유지 · 관리
② 화재에 관한 위험 경보
③ 화기취급의 감독
④ 소방시설이나 그 밖의 소방 관련 시설의 유지 · 관리

문제 91~100 해설 및 답안

"소방관계법규"

91 관련법 : 소방기본법 시행규칙 별표3(소방용수시설의 설치기준) 저수조의 설치기준
1) 지면으로부터의 낙차가 4.5 m 이하일 것
2) 흡수부분의 수심이 0.5 m 이상일 것
3) 소방펌프 자동차가 쉽게 접근할 수 있도록 할 것
4) 흡수에 지장이 없도록 토사 및 쓰레기 등을 제거할 수 있는 설비를 갖출 것
5) 흡수관의 투입구가 사각형의 경우 한 변의 길이가 60 cm 이상, 원형의 경우에는 지름이 60 cm 이상일 것
6) 저수조에 물을 공급하는 방법은 상수도에 연결하여 자동으로 급수되는 구조일 것 **답 ①**

92 관련법 : 소방시설 설치 및 관리에 관한 법률 시행령 [별표5]
인명구조기구는 지하층을 포함하는 층수가 **7층 이상인 관광호텔 및 5층 이상인 병원**에 설치하여야 한다. **답 ③**

93 ① 옥내소화전설비, 연결송수관설비, 자동화재탐지설비 : 터널의 길이가 1,000 m 이상
② 무선통신보조설비, 비상경보설비, 비상콘센트설비 : 터널의 길이가 500 m 이상 **답 ①**

94 급수탑의 설치기준 : 급수배관의 구경은 100밀리미터 이상으로 하고, 개폐밸브는 지상에서 1.5미터 이상 1.7미터 이하의 위치에 설치하도록 할 것 **답 ③**

95 소방박물관 등의 설립과 운영

구분	소방박물관	소방체험관
설립운영	소방청장	시·도지사
관련규정	행정안전부령	시·도의 조례

답 ①

96 **소방본부장, 소방서장 또는 소방대장**은 화재, 재난·재해, 그 밖의 위급한 상황이 발생한 현장에서 소방활동을 위하여 필요할 때에는 그 관할구역에 사는 사람 또는 그 현장에 있는 사람으로 하여금 사람을 구출하는 일 또는 불을 끄거나 불이 번지지 아니하도록 하는 일을 하게 할 수 있다. 이 경우 **소방본부장, 소방서장 또는 소방대장**은 소방활동에 필요한 보호장구를 지급하는 등 안전을 위한 조치를 하여야 한다. **답 ③**

97 완공검사를 위한 현장 확인 대상
1. 문화 및 집회시설, 종교시설, 판매시설, 노유자(老幼者)시설, 수련시설, 운동시설, 숙박시설, 창고시설, 지하상가 및 「다중이용업소의 안전관리에 관한 특별법」에 따른 다중이용업소
2. 다음 각 목의 어느 하나에 해당하는 설비가 설치되는 특정소방대상물
  가. 스프링클러설비등
  나. 물분무등소화설비(호스릴 방식의 소화설비는 제외한다)
3. 연면적 1만제곱미터 이상이거나 11층 이상인 특정소방대상물(아파트는 제외한다)

4. 가연성가스를 제조 · 저장 또는 취급하는 시설 중 지상에 노출된 가연성가스탱크의 저장용량 합계가 1천톤 이상인 시설

답 ①

98 위험물안전관리법 제6조(위험물 시설의 설치 및 변경 등)
다음 각호의 1에 해당하는 제조소 등의 경우에는 허가를 받지 아니하고 당해 제조소 등을 설치하거나 그 위치 · 구조 또는 설비를 변경할 수 있으며, 신고를 하지 아니하고 위험물의 품명 · 수량 또는 지정수량의 배수를 변경할 수 있다.
1) 주택의 난방시설(공동주택의 중앙난방시설을 제외한다)을 위한 저장소 또는 취급소
2) 농예용 · 축산용 또는 수산용으로 필요한 난방시설 또는 건조시설을 위한 지정수량 20배 이하의 저장소

답 ④

99 소방안전 특별관리시설물의 안전관리
1. 공항시설
2. 철도시설
3. 도시철도시설
4. 항만시설
5. 지정문화유산 및 천연기념물등인 시설(시설이 아닌 지정문화유산 및 천연기념물등을 보호하거나 소장하고 있는 시설을 포함한다)
6. 산업기술단지
7. 산업단지
8. 초고층 건축물 및 지하연계 복합건축물
9. 영화상영관 중 수용인원 1천명 이상인 영화상영관
10. 전력용 및 통신용 지하구
11. 석유비축시설
12. 천연가스 인수기지 및 공급망
13. 전통시장으로서 대통령령으로 정하는 전통시장(점포가 500개 이상)
14. 그 밖에 대통령령으로 정하는 시설물

답 ①

100 특정소방대상물(소방안전관리대상물은 제외)의 관계인과 소방안전관리대상물의 소방안전관리자의 업무
1. 피난계획에 관한 사항과 대통령령으로 정하는 사항이 포함된 소방계획서의 작성 및 시행
2. 자위소방대(自衛消防隊) 및 초기대응체계의 구성, 운영 및 교육
3. 피난시설, 방화구획 및 방화시설의 관리
4. 소방시설이나 그 밖의 소방 관련 시설의 관리
5. 소방훈련 및 교육
6. 화기(火氣) 취급의 감독
7. 행정안전부령으로 정하는 바에 따른 소방안전관리에 관한 업무수행에 관한 기록 · 유지
8. 화재발생 시 초기대응
9. 그 밖에 소방안전관리에 필요한 업무

답 ②

문제 101~110

101 소방공사업법령상 공사감리자 지정대상 특정 소방대상물의 범위가 아닌 것은?
① 캐비닛형 간이스프링클러설비를 신설·개설하거나 방호·방수 구역을 증설할 때
② 물분무등소화설비(호스릴 방식의 소화설비는 제외)를 신설·개설하거나 방호·방수 구역을 증설할 때
③ 제연설비를 신설·개설하거나 제연구역을 증설할 때
④ 연소방지설비를 신설·개설하거나 살수구역을 증설할 때

102 소방시설공사업법령에 따른 소방시설업 등록이 가능한 사람은?
① 피성년후견인
② 위험물안전관리법에 따른 금고 이상의 형의 집행유예를 선고받고 그 유예기간 중에 있는 사람
③ 등록하려는 소방시설업 등록이 취소된 날부터 3년이 지난 사람
④ 소방기본법에 따른 금고 이상의 실형을 선고받고 그 집행이 면제된 날부터 1년이 지난 사람

103 소방시설공사업법령상 전문 소방시설공사업의 등록기준 및 영업범위의 기준에 대한 설명으로 틀린 것은?
① 법인인 경우 자본금은 최소 1억원 이상이다.
② 개인인 경우 자산평가액은 최소 1억원 이상이다.
③ 주된 기술인력 최소 1명 이상, 보조기술인력 최소 3명 이상을 둔다.
④ 영업범위는 특정소방대상물에 설치되는 기계분야 및 전기분야 소방시설의 공사·개설·이전 및 정비이다.

104 다음은 소방시설공사업법 시행령상 일반소방시설설계업(전기분야)의 영업범위를 나타낸 것이다. ( )의 번호에 들어갈 내용으로 옳은 것은?

> 연면적 (㉠)제곱미터(공장의 경우에는 (㉡)제곱미터) 미만의 특정소방대상물에 설치되는 전기분야 소방시설의 설계

① ㉠ 3만, ㉡ 1만
② ㉠ 1만, ㉡ 3만
③ ㉠ 3만, ㉡ 3만
④ ㉠ 1만, ㉡ 1만

105 화재의 예방 및 안전관리에 관한 법률상 관리의 권원이 분리된 특정소방대상물의 소방안전관리자 선임대상 기준 중 틀린 것은?
① 판매시설 중 상점
② 고층 건축물 (지하층을 제외한 층수가 11층 이상인 건축물만 해당)
③ 지하가 (지하의 인공구조물 안에 설치된 상점 및 사무실, 그 밖에 이와 비슷한 시설이 연속하여 지하도에 접하여 설치된 것과 그 지하도를 합한 것)
④ 복합건축물로서 연면적이 5000 m² 이상인 것 또는 층수가 5층 이상인 것

106 화재의 예방 및 안전관리에 관한 법률상 보일러, 난로, 건조설비, 가스·전기시설, 그 밖에 화재 발생 우려가 있는 설비 또는 기구 등의 위치·구조 및 관리와 화재 예방을 위하여 불을 사용할 때 지켜야 하는 사항은 무엇으로 정하는가?
① 소방청 고시
② 대통령령
③ 시·도 조례
④ 행정안전부령

107 화재의 예방 및 안전관리에 관한 법률 시행령상 특수가연물의 저장 및 취급의 기준이다. 다음 (　) 안에 알맞은 것은?(단, 석탄·목탄류를 발전용(發電用)으로 저장하는 경우는 제외한다.)

[보기] 살수설비를 설치하거나, 방사능력범위에 해당 특수가연물이 포함되도록 대형수동식소화기를 설치하는 경우에는 쌓는 높이를 (㉠) m 이하, 석탄·목탄류의 경우에는 쌓는 부분의 바닥면적을 (㉡) m² 이하로 할 수 있다.

① ㉠ 10, ㉡ 50
② ㉠ 10, ㉡ 200
③ ㉠ 15, ㉡ 200
④ ㉠ 15, ㉡ 300

108 화재의 예방 및 안전관리에 관한 법률 시행령상 특수가연물의 저장 및 취급의 기준이다. 다음 (　) 안에 알맞은 것은?(단, 석탄·목탄류를 발전용(發電用)으로 저장하는 경우는 제외한다.)

[보기] 실외에 쌓아 저장하는 경우 쌓는 부분이 대지경계선, 도로 및 인접 건축물과 최소 (㉠) 미터 이상 간격을 둘 것. 다만, 쌓는 높이보다 (㉡) 미터 이상 높은 내화구조 벽체를 설치한 경우는 그렇지 않다.

① ㉠ 6, ㉡ 0.6
② ㉠ 6, ㉡ 0.9
③ ㉠ 9, ㉡ 0.6
④ ㉠ 9, ㉡ 0.9

109 화재의 예방 및 안전관리에 관한 법률 시행령상 특수가연물의 저장 및 취급의 기준 중 다음 ( ) 안에 알맞은 것은?(단, 석탄·목탄류를 발전용(發電用)으로 저장하는 경우는 제외한다.)

> [보기] 쌓는 부분 바닥면적의 사이는 실내의 경우 (㉠)미터 또는 쌓는 높이의 1/2 중 큰 값 이상으로 간격을 두어야 하며, 실외의 경우 (㉡)미터 또는 쌓는 높이 중 큰 값 이상으로 간격을 둘 것

① ㉠ 1.2, ㉡ 2
② ㉠ 1.2, ㉡ 3
③ ㉠ 1.2, ㉡ 4
④ ㉠ 1.2, ㉡ 5

110 화재의 예방 및 안전관리에 관한 법률 시행령상 특수가연물의 저장 및 취급의 기준 중 특수가연물 표지의 규격에 대한 내용이다. 다음 ( ) 안에 알맞은 것은?

> [보기]
> ◦ 특수가연물 표지의 바탕은 (㉠)으로, 문자는 검은색으로 할 것. 다만, "화기엄금" 표시 부분은 제외한다.
> ◦ 특수가연물 표지 중 화기엄금 표시 부분의 바탕은 (㉡)으로, 문자는 백색으로 할 것

① ㉠ 흰색, ㉡ 붉은색
② ㉠ 붉은색, ㉡ 흰색
③ ㉠ 흰색, ㉡ 파란색
④ ㉠ 파란색, ㉡ 흰색

문제 101~110 해설 및 답안

"소방관계법규"

101 소방시설공사업법 시행령 제10조(공사감리자 지정 특정소방대상물의 범위)
1. 옥내소화전설비를 신설·개설 또는 증설할 때
2. 스프링클러설비등(캐비닛형 간이스프링클러설비는 제외한다)을 신설·개설하거나 방호·방수 구역을 증설할 때
3. 물분무등소화설비(호스릴 방식의 소화설비는 제외한다)를 신설·개설하거나 방호·방수 구역을 증설할 때
4. 옥외소화전설비를 신설·개설 또는 증설할 때
5. 자동화재탐지설비를 신설 또는 개설할 때
5의2. 비상방송설비를 신설 또는 개설할 때
6. 통합감시시설을 신설 또는 개설할 때
7. 소화용수설비를 신설 또는 개설할 때
8. 다음 각 목에 따른 소화활동설비에 대하여 각 목에 따른 시공을 할 때
   가. 제연설비를 신설·개설하거나 제연구역을 증설할 때
   나. 연결송수관설비를 신설 또는 개설할 때
   다. 연결살수설비를 신설·개설하거나 송수구역을 증설할 때
   라. 비상콘센트설비를 신설·개설하거나 전용회로를 증설할 때
   마. 무선통신보조설비를 신설 또는 개설할 때
   바. 연소방지설비를 신설·개설하거나 살수구역을 증설할 때

답 ①

102 등록의 결격사유
1. 피성년후견인
2. 이 법, 「소방기본법」, 「화재의 예방 및 안전관리에 관한 법률」, 「소방시설 설치 및 관리에 관한 법률」 또는 「위험물안전관리법」에 따른 금고 이상의 실형을 선고받고 그 집행이 끝나거나(집행이 끝난 것으로 보는 경우를 포함한다) 면제된 날부터 2년이 지나지 아니한 사람
3. 이 법, 「소방기본법」, 「화재의 예방 및 안전관리에 관한 법률」, 「소방시설 설치 및 관리에 관한 법률」 또는 「위험물안전관리법」에 따른 금고 이상의 형의 집행유예를 선고받고 그 유예기간 중에 있는 사람
4. 등록하려는 소방시설업 등록이 취소(제1호에 해당하여 등록이 취소된 경우는 제외한다)된 날부터 2년이 지나지 아니한 자
5. 법인의 대표자가 제1호 또는 제3호부터 제5호까지에 해당하는 경우 그 법인
6. 법인의 임원이 제3호부터 제5호까지의 규정에 해당하는 경우 그 법인

답 ③

103 관련법 : 소방시설공사업법 시행령 별표1(소방시설업의 업종별 등록기준 및 영업범위)

업종별 \ 항목	기술인력	자본금 (자산평가액)	영업범위
전문 소방시설 공사업	가. 주된 기술인력: 소방기술사 또는 기계분야와 전기분야의 소방설비기사 각 1명(기계분야 및 전기분야의 자격을 함께 취득한 사람 1명) 이상 나. 보조기술인력: 2명 이상	가. 법인: 1억원 이상 나. 개인: 자산평가액 1억원 이상	특정소방대상물에 설치되는 기계분야 및 전기분야 소방시설의 공사·개설·이전 및 정비

답 ③

104 소방시설업의 업종별 등록기준 및 영업범위 중 소방시설설계업

업종별		항목	기술인력	영업범위
전문 소방시설 설계업			가. 주된 기술인력: 소방기술사 1명 이상 나. 보조기술인력: 1명 이상	모든 특정소방대상물에 설치되는 소방시설의 설계
일반 소방 시설 설계업	기계 분야		가. 주된 기술인력: 소방기술사 또는 기계분야 소방설비기사 1명 이상 나. 보조기술인력: 1명 이상	가. 아파트에 설치되는 기계분야 소방시설(제연설비는 제외한다)의 설계 나. 연면적 3만제곱미터(공장의 경우에는 1만제곱미터) 미만의 특정소방대상물(제연설비가 설치되는 특정소방대상물은 제외한다)에 설치되는 기계분야 소방시설의 설계 다. 위험물제조소등에 설치되는 기계분야 소방시설의 설계
	전기 분야		가. 주된 기술인력: 소방기술사 또는 전기분야 소방설비기사 1명 이상 나. 보조기술인력: 1명 이상	가. 아파트에 설치되는 전기분야 소방시설의 설계 나. **연면적 3만제곱미터(공장의 경우에는 1만제곱미터) 미만**의 특정소방대상물에 설치되는 전기분야 소방시설의 설계 다. 위험물제조소등에 설치되는 전기분야 소방시설의 설계

답 ①

105 관리의 권원이 분리된 특정소방대상물의 소방안전관리

1. 복합건축물(지하층을 제외한 층수가 11층 이상 또는 연면적 3만제곱미터 이상인 건축물)
2. 지하가(지하의 인공구조물 안에 설치된 상점 및 사무실, 그 밖에 이와 비슷한 시설이 연속하여 지하도에 접하여 설치된 것과 그 지하도를 합한 것을 말한다)
3. 그 밖에 대통령령으로 정하는 특정소방대상물
   가. **복합건축물로서 연면적이 5천제곱미터 이상인 것 또는 층수가 5층 이상인 것**
   나. 도매시장, 소매시장 및 전통시장
   다. 소방본부장 또는 소방서장이 지정하는 것

답 ①

106 불을 사용하는 설비 등의 관리와 특수가연물의 저장·취급

① 보일러, 난로, 건조설비, 가스·전기시설, 그 밖에 화재 발생 우려가 있는 설비 또는 기구 등의 위치·구조 및 관리와 화재 예방을 위하여 불을 사용할 때 지켜야 하는 사항은 **대통령령**으로 정한다.
② 화재가 발생하는 경우 불길이 빠르게 번지는 고무류·면화류·석탄 및 목탄 등 대통령령으로 정하는 특수가연물(特殊可燃物)의 저장 및 취급 기준은 **대통령령**으로 정한다.

답 ②

107 관련법 : 화재의 예방 및 안전관리에 관한 법률 시행령
특수가연물의 저장 및 취급기준

구분	살수설비를 설치하거나 방사능력 범위에 해당 특수가연물이 포함되도록 대형수동식소화기를 설치하는 경우	그 밖의 경우
높이	15미터 이하	10미터 이하
쌓는 부분의 바닥면적	200제곱미터 (석탄·목탄류의 경우에는 300제곱미터) 이하	50제곱미터 (석탄·목탄류의 경우에는 200제곱미터) 이하

답 ④

108 불을 사용하는 설비 등의 관리와 특수가연물의 저장·취급기준
실외에 쌓아 저장하는 경우 쌓는 부분이 대지경계선, 도로 및 인접 건축물과 최소 6미터 이상 간격을 둘 것. 다만, 쌓는 높이보다 0.9미터 이상 높은 「건축법 시행령」 제2조제7호에 따른 내화구조(이하 "내화구조"라 한다) 벽체를 설치한 경우는 그렇지 않다. 답 ②

109 불을 사용하는 설비 등의 관리와 특수가연물의 저장·취급기준
쌓는 부분 바닥면적의 사이는 실내의 경우 1.2미터 또는 쌓는 높이의 1/2 중 큰 값 이상으로 간격을 두어야 하며, 실외의 경우 3미터 또는 쌓는 높이 중 큰 값 이상으로 간격을 둘 것 답 ②

110 특수가연물 표지의 규격

특수가연물	
화기엄금	
품 명	합성수지류
최대저장수량 (배수)	000톤(00배)
단위부피당 질량 (단위체적당 질량)	000 kg/m³
관리책임자 (직 책)	홍길동 팀장
연락처	02-000-0000

1) 특수가연물 표지는 한 변의 길이가 0.3미터 이상, 다른 한 변의 길이가 0.6미터 이상인 직사각형으로 할 것
2) 특수가연물 표지의 바탕은 **흰색**으로, 문자는 검은색으로 할 것. 다만, "화기엄금" 표시 부분은 제외한다.
3) 특수가연물 표지 중 화기엄금 표시 부분의 바탕은 **붉은색**으로, 문자는 백색으로 할 것 답 ①

문제 111~120

111 보일러 등의 위치·구조 및 관리와 화재예방을 위하여 불의 사용에 있어서 지켜야 하는 사항으로 잘못된 것은?

① 보일러와 벽·천장 사이의 거리는 0.5미터 이상 되도록 하여야 한다.
② 가연성 벽·바닥 또는 천장과 접촉하는 증기기관 또는 연통의 부분은 규조토·석면 등 난연성 단열재로 덮어 씌워야 한다.
③ 기체연료를 사용하는 경우 보일러가 설치된 장소에는 가스누설경보기를 설치하여야 한다.
④ 경유·등유 등 액체연료를 사용하는 경우 연료탱크는 보일러 본체로부터 수평거리 1미터 이상의 간격을 두어 설치하여야 한다.

112 화재의 예방 및 안전관리에 관한 법률상 화재예방강화지구의 지정권자는?

① 소방서장
② 시·도지사
③ 소방본부장
④ 행정자치부장관

113 1급 소방안전관리대상물이 아닌 것은?

① 15층인 특정소방대상물(아파트는 제외)
② 가연성가스를 2,000톤 저장·취급하는 시설
③ 21층인 아파트로서 300세대인 것
④ 연면적 20,000 m^2인 문화 및 집회시설, 운동시설

114 소방본부장 또는 소방서장은 화재예방강화지구 안의 관계인에 대하여 소방상 필요한 훈련 및 교육은 연 몇 회 이상 실시할 수 있는가?

① 1
② 2
③ 3
④ 4

115 화재의 예방 및 안전관리에 관한 법령상 천재지변 및 그 밖에 대통령령으로 정하는 사유로 화재안전조사를 받기 곤란하여 화재안전조사의 연기를 신청하려는 자는 화재안전조사 시작 최대 며칠 전까지 연기신청서 및 증명서류를 제출해야 하는가?

① 3
② 5
③ 7
④ 10

116 소방시설 설치 및 관리에 관한 법령상 비상경보설비를 설치하여야 할 특정소방대상물의 기준 중 옳은 것은? (단, 지하구, 모래·석재 등 불연재료 창고 및 위험물 저장·처리 시설 중 가스시설은 제외한다.)
① 지하층 또는 무창층의 바닥면적이 50 m² 이상인 것
② 연면적 400 m² 이상인 것
③ 지하가 중 터널로서 길이가 300 m 이상인 것
④ 30명 이상의 근로자가 작업하는 옥내 사업장

117 위험물안전관리법 시행령상 자체소방대를 설치하여야 하는 사업소에 대한 내용이다. ( )에 들어갈 내용으로 옳은 것은?

> 1. 제조소 또는 일반취급소에서 취급하는 제4류 위험물의 최대수량의 합이 지정수량의 (㉠)배 이상
> 2. 옥외탱크저장소에 저장하는 제4류 위험물의 최대수량이 지정수량의 (㉡)배 이상

① ㉠ 3천, ㉡ 50만
② ㉠ 1천, ㉡ 50만
③ ㉠ 3천, ㉡ 100만
④ ㉠ 1천, ㉡ 100만

118 소방시설 설치 및 관리에 관한 법령상 간이스프링클러설비를 설치하여야 하는 특정소방대상물의 기준으로 옳은 것은?
① 근린생활시설로 사용하는 부분의 바닥면적 합계가 1000 m² 이상인 것은 모든 층
② 교육연구시설 내에 있는 합숙소로서 연면적 500 m² 이상인 것
③ 정신병원과 의료재활시설을 제외한 요양병원으로 사용되는 바닥면적의 합계가 300 m² 이상 600 m² 미만인 시설
④ 정신의료기관 또는 의료재활시설로 사용되는 바닥면적의 합계가 600 m² 미만인 시설

119 소방시설 설치 및 관리에 관한 법률상 소방시설 등에 대한 자체점검 중 종합점검 대상인 것은?
① 제연설비가 설치되지 않은 터널
② 스프링클러설비가 설치된 연면적이 5000 m²이고, 12층인 아파트
③ 물분무등소화설비가 설치된 연면적이 5000 m²인 위험물 제조소
④ 호스릴 방식의 물분무등소화설비만을 설치한 연면적 3000 m²인 특정소방대상물

120 소방시설 설치 및 관리에 관한 법령상 소방시설등의 종합점검 대상 기준에 맞게 (   )에 들어갈 내용으로 옳은 것은?

> 물분무등소화설비[호스릴 방식의 물분무등소화설비만을 설치한 경우는 제외]가 설치된 연면적 (   ) m^2 이상인 특정소방대상물(위험물 제조소등은 제외)

① 2,000   ② 3,000
③ 4,000   ④ 5,000

문제 111~120 해설 및 답안

"소방관계법규"

111 불을 사용하는 설비의 관리기준

종류	내 용
보일러	1. 가연성 벽·바닥 또는 천장과 접촉하는 증기기관 또는 연통의 부분은 규조토·석면 등 난연성 단열재로 덮어씌워야 한다. 2. 경유·등유 등 액체연료를 사용하는 경우에는 다음 각목의 사항을 지켜야 한다. 　가. 연료탱크는 보일러본체로부터 수평거리 **1미터 이상**의 간격을 두어 설치할 것 　나. 연료탱크에는 화재 등 긴급상황이 발생하는 경우 연료를 차단할 수 있는 개폐밸브를 연료탱크로부터 **0.5미터 이내**에 설치할 것 　다. 연료탱크 또는 연료를 공급하는 배관에는 여과장치를 설치할 것 　라. 사용이 허용된 연료 외의 것을 사용하지 아니할 것 　마. 연료탱크에는 불연재료로 된 받침대를 설치하여 연료탱크가 넘어지지 아니하도록 할 것 3. 기체연료를 사용하는 경우에는 다음 각목에 의한다. 　가. 보일러를 설치하는 장소에는 환기구를 설치하는 등 가연성가스가 머무르지 아니하도록 할 것 　나. 연료를 공급하는 배관은 금속관으로 할 것 　다. 화재 등 긴급시 연료를 차단할 수 있는 개폐밸브를 연료용기 등으로부터 **0.5미터 이내**에 설치할 것 　라. 보일러가 설치된 장소에는 가스누설경보기를 설치할 것 4. 보일러와 벽·천장 사이의 거리는 **0.6미터 이상** 되도록 하여야 한다. 5. 보일러를 실내에 설치하는 경우에는 콘크리트바닥 또는 금속 외의 불연재료로 된 바닥 위에 설치하여야 한다.

답 ①

112 화재예방강화지구의 지정
1) 시·도지사는 화재의 발생 우려가 높거나 화재 발생시 그 피해가 클 것으로 예상되는 일정한 구역을 화재예방강화지구로 지정할 수 있다.
2) 소방본부장이나 소방서장은 화재예방강화지구안의 소방대상물의 위치, 구조 및 설비 등에 대해 화재안전조사를 하여야 한다.

답 ②

113 1급 소방안전관리대상물
동·식물원, 철강 등 불연성 물품을 저장·취급하는 창고, 위험물 저장 및 처리 시설 중 위험물 제조소 등, 지하구를 제외
① 30층 이상(지하층은 제외한다)이거나 지상으로부터 높이가 120미터 이상인 아파트
② 연면적 15,000제곱미터 이상(아파트 제외)
③ 층수가 11층 이상
④ 가연성가스 **1,000톤** 이상 저장, 취급하는 시설

답 ③

114 화재예방강화지구의 관리
① 소방본부장 또는 소방서장은 화재예방강화지구 안의 소방대상물의 위치·구조 및 설비 등에 대한 소방특별조사를 **연 1회 이상** 실시하여야 한다.
② 소방본부장 또는 소방서장은 화재예방강화지구 안의 관계인에 대하여 소방상 필요한 훈련 및 교육을 연 1회 이상 실시할 수 있다.
③ 소방본부장 또는 소방서장은 소방상 필요한 훈련 및 교육을 실시하고자 하는 때에는 화재예방강화지구 안의 관계인에게 훈련 또는 **교육 10일 전까지** 그 사실을 통보하여야 한다. 답 ①

115 화재안전조사의 연기신청
화재안전조사의 연기를 신청하려는 자는 화재안전조사 시작 3일 전까지 화재안전조사 연기신청서(전자문서로 된 신청서를 포함)에 화재안전조사를 받기가 곤란함을 증명할 수 있는 서류(전자문서로 된 서류를 포함)를 첨부하여 소방청장, 소방본부장 또는 소방서장에게 제출하여야 한다. 답 ①

116 비상경보설비를 설치하여야 할 특정소방대상물의 기준

연면적	400 m² 이상인 것은 모든 층
지하층 또는 무창층의 바닥면적	150 m²(공연장의 경우 100 m²) 이상인 것은 모든층
지하가 중 터널	길이가 500m 이상
50명 이상의 근로자가 작업하는 옥내 작업장	

답 ②

117 제18조(자체소방대를 설치하여야 하는 사업소)

1. 제4류 위험물을 취급하는 제조소 또는 일반취급소 다만, 보일러로 위험물을 소비하는 일반취급소 등 행정안전부령으로 정하는 일반취급소는 제외한다.	제조소 또는 일반취급소에서 취급하는 제4류 위험물의 최대수량의 합이 지정수량의 3천배 이상
2. 제4류 위험물을 저장하는 옥외탱크저장소	옥외탱크저장소에 저장하는 제4류 위험물의 최대수량이 지정수량의 50만배 이상

답 ①

118 간이스프링클러설비 설치 특정소방대상물(소방시설법 시행령 별표4) 중 일부
1) 근린생활시설 중 다음의 어느 하나에 해당하는 것
    가) 근린생활시설로 사용하는 부분의 바닥면적 합계가 1천 m² 이상인 것은 모든 층
    나) 의원, 치과의원 및 한의원으로서 입원실이 있는 시설
2) **교육연구시설 내에 합숙소로서 연면적 100 m² 이상인 것**
3) 의료시설 중 다음의 어느 하나에 해당하는 시설
    가) 종합병원, 병원, 치과병원, 한방병원 및 요양병원(정신병원과 의료재활시설은 제외한다)으로 사용되는 바닥면적의 합계가 600m² 미만인 시설
    나) 정신의료기관 또는 의료재활시설로 사용되는 바닥면적의 합계가 300 m² 이상 600 m² 미만인 시설
    다) 정신의료기관 또는 의료재활시설로 사용되는 바닥면적의 합계가 300m² 미만이고, 창살(철재·플라스틱 또는 목재 등으로 사람의 탈출 등을 막기 위하여 설치한 것을 말하며, 화재 시 자동으로 열리는 구조로 되어 있는 창살은 제외한다)이 설치된 시설

답 ①

119 종합점검 대상
1) **스프링클러설비가 설치된 특정소방대상물**
2) 물분무등소화설비[호스릴(Hose Reel) 방식의 물분무등소화설비만을 설치한 경우는 제외]가 설치된 연면적 5,000 m² 이상인 특정소방대상물(위험물 제조소등은 제외)
3) 영화상영관, 비디오물감상실업, 단란주점영업, 유흥주점영업, 복합영상물제공업, 노래연습장업, 산후조리업, 고시원업, 안마시술소의 다중이용업의 영업장이 설치된 특정소방대상물로서 연면적이 2,000 m² 이상인 것
4) 제연설비가 설치된 터널
5) 공공기관 중 연면적이 1,000 m² 이상인 것으로서 옥내소화전설비 또는 자동화재탐지설비가 설치된 것. 다만, 소방대가 근무하는 공공기관은 제외한다. 🖺 ②

120 종합점검 대상
1) 스프링클러설비가 설치된 특정소방대상물
2) 물분무등소화설비[호스릴(Hose Reel) 방식의 물분무등소화설비만을 설치한 경우는 제외한다]가 설치된 **연면적 5,000 m² 이상인** 특정소방대상물(위험물 제조소등은 제외한다)
3) 단란주점영업과 유흥주점영업, 영화상영관 · 비디오물감상실업 · 복합영상물제공업(비디오물소극장업은 제외한다) · 노래연습장업 · 산후조리업 · 고시원업 및 안마시술소의 다중이용업의 영업장이 설치된 특정소방대상물로서 연면적이 2,000 m² 이상인 것
4) 제연설비가 설치된 터널
5) 공공기관 중 연면적(터널 · 지하구의 경우 그 길이와 평균폭을 곱하여 계산된 값을 말한다)이 1,000 m² 이상인 것으로서 옥내소화전설비 또는 자동화재탐지설비가 설치된 것. 다만, 소방대가 근무하는 공공기관은 제외한다. 🖺 ④

문제 121~130

121 소방시설 설치 및 관리에 관한 법령상 소방용품이 아닌 것은?
① 소화약제 외의 것을 이용한 간이소화용구
② 자동소화장치
③ 가스누설경보기
④ 소화용으로 사용하는 방염제

122 소방시설 설치 및 관리에 관한 법률상 특정소방대상물에 소방시설이 화재안전기술기준에 따라 설치 또는 유지·관리되어 있지 아니할 때 해당 특정소방대상물의 관계인에게 필요한 조치를 명할 수 있는 자는?
① 소방본부장
② 소방청장
③ 시·도지사
④ 행정안전부장관

123 소방시설 설치 및 관리에 관한 법령에 따른 특정소방대상물의 수용인원의 산정방법 기준 중 틀린 것은?
① 침대가 있는 숙박시설의 경우는 해당 특정소방대상물의 종사자 수에 침대 수(2인용 침대는 2인으로 산정)를 합한 수
② 침대가 없는 숙박시설의 경우는 해당 특정소방대상물의 종사자 수에 숙박시설 바닥면적의 합계를 3 m^2로 나누어 얻은 수를 합한 수
③ 강의실 용도로 쓰이는 특정소방대상물의 경우는 해당 용도로 사용하는 바닥면적의 합계를 1.9 m^2로 나누어 얻은 수
④ 문화 및 집회시설의 경우는 해당 용도로 사용하는 바닥면적의 합계를 2.6 m^2로 나누어 얻은 수

124 소방시설 설치 및 관리에 관한 법령상 수용인원 산정 방법 중 침대가 없는 숙박시설로서 해당 특정소방대상물의 종사자의 수는 5명, 복도, 계단 및 화장실의 바닥면적을 제외한 바닥면적이 158 m^2인 경우의 수용인원은 약 몇 명인가?
① 37
② 45
③ 58
④ 84

125 피난시설, 방화구획 또는 방화시설을 폐쇄·훼손·변경 등의 행위를 3차 이상 위반한 경우에 대한 과태료 부과기준으로 옳은 것은?

① 200만원
② 300만원
③ 500만원
④ 1000만원

126 소방시설 설치 및 관리에 관한 법률 시행규칙 상 관리업자 또는 소방안전관리자로 선임된 소방시설관리사 및 소방기술사(이하 "관리업자등"이라 한다)는 자체점검을 실시한 경우에는 점검이 끝난 날부터 며칠 이내에 소방시설등 자체점검 실시결과 보고서에 소방청장이 정하여 고시하는 소방시설등점검표를 첨부하여 관계인에게 제출해야 하는가?

① 7일
② 10일
③ 15일
④ 20일

127 소방시설 설치 및 관리에 관한 법률 시행규칙 상 자체점검 실시결과 보고서를 제출받거나 스스로 자체점검을 실시한 관계인은 자체점검이 끝난 날부터 며칠 이내에 별지 소방시설등 자체점검 실시결과 보고서(전자문서로 된 보고서를 포함한다)에 관련서류를 첨부하여 소방본부장 또는 소방서장에게 서면이나 소방청장이 지정하는 전산망을 통하여 보고해야 하는가?

① 7일
② 10일
③ 15일
④ 20일

128 소방시설 설치 및 관리에 관한 법률 시행규칙 상 소방시설관리업을 등록한 관리업자는 자체점검을 실시하는 경우 점검 대상과 점검 인력 배치상황을 점검인력을 배치한 날 이후 자체점검이 끝난 날부터 며칠 이내에 관리업자에 대한 점검능력 평가 등에 관한 업무를 위탁받은 법인 또는 단체(이하 "평가기관"이라 한다)에 통보해야 하는가?

① 3일
② 5일
③ 7일
④ 10일

129 소방시설 설치 및 관리에 관한 법률 시행규칙 상 소방본부장 또는 소방서장에게 자체점검 실시결과 보고를 마친 관계인은 소방시설등 자체점검 실시결과 보고서(소방시설등점검표를 포함한다)를 점검이 끝난 날부터 몇 년간 자체 보관해야 하는가?

① 1년
② 2년
③ 3년
④ 4년

130 소방시설 설치 및 관리에 관한 법률 시행규칙 상 소방시설등의 자체점검 결과의 조치에 대한 내용이다. ( )에 들어갈 내용으로 옳은 것은?

> ◦ 소방시설등의 자체점검 결과 이행계획서를 보고받은 소방본부장 또는 소방서장은 다음 각 호의 구분에 따라 이행계획의 완료 기간을 정하여 관계인에게 통보해야 한다. 다만, 소방시설등에 대한 수리·교체·정비의 규모 또는 절차가 복잡하여 다음 각 호의 기간 내에 이행을 완료하기가 어려운 경우에는 그 기간을 달리 정할 수 있다.
> 1. 소방시설등을 구성하고 있는 기계·기구를 수리하거나 정비하는 경우: 보고일부터 (㉠) 이내
> 2. 소방시설등의 전부 또는 일부를 철거하고 새로 교체하는 경우: 보고일부터 (㉡) 이내
> ◦ 완료기간 내에 이행계획을 완료한 관계인은 이행을 완료한 날부터 (㉢) 이내에 소방시설등의 자체점검 결과 이행완료 보고서(전자문서로 된 보고서를 포함한다)에 관련서류(전자문서를 포함한다)를 첨부하여 소방본부장 또는 소방서장에게 보고해야 한다.

① ㉠ 20일, ㉡ 10일, ㉢ 10일
② ㉠ 10일, ㉡ 10일, ㉢ 20일
③ ㉠ 10일, ㉡ 20일, ㉢ 10일
④ ㉠ 20일, ㉡ 10일, ㉢ 20일

문제 121~130 해설 및 답안 "소방관계법규"

121 소방용품
1. 소화설비를 구성하는 제품 또는 기기
   가. 별표 1 제1호가목의 소화기구(소화약제 외의 것을 이용한 간이소화용구는 제외한다)
   나. 별표 1 제1호나목의 자동소화장치
   다. 소화설비를 구성하는 소화전, 관창(菅槍), 소방호스, 스프링클러헤드, 기동용 수압개폐장치, 유수제어밸브 및 가스관선택밸브
2. 경보설비를 구성하는 제품 또는 기기
   가. 누전경보기 및 가스누설경보기
   나. 경보설비를 구성하는 발신기, 수신기, 중계기, 감지기 및 음향장치(경종만 해당한다)
3. 피난구조설비를 구성하는 제품 또는 기기
   가. 피난사다리, 구조대, 완강기(간이완강기 및 지지대를 포함한다)
   나. 공기호흡기(충전기를 포함한다)
   다. 피난구유도등, 통로유도등, 객석유도등 및 예비 전원이 내장된 비상조명등
4. 소화용으로 사용하는 제품 또는 기기
   가. 소화약제(별표 1 제1호나목2)와 3)의 자동소화장치와 같은 호 마목3)부터 8)까지의 소화설비용만 해당한다)
   나. 방염제(방염액·방염도료 및 방염성물질을 말한다)   **답** ①

122 **소방본부장이나 소방서장**은 소방시설이 화재안전기술기준에 따라 설치 또는 유지·관리되어 있지 아니할 때에는 해당 특정소방대상물의 관계인에게 필요한 조치를 명할 수 있다.   **답** ①

123 수용인원 산정방법

숙박시설이 있는 특정소방대상물	침대가 있는 숙박시설	종사자 수+침대 수(2인용 침대는 2개로 산정)
	침대가 없는 숙박시설	종사자 수 + $\dfrac{\text{바닥면적의 합계 m}^2}{3 \text{ m}^2}$
기타	강의실·교무실·상담실· 실습실·휴게실 용도	$\dfrac{\text{바닥면적의 합계 m}^2}{1.9 \text{ m}^2}$
	강당, 문화 및 집회시설, 운동시설, 종교시설	① $\dfrac{\text{바닥면적의 합계 m}^2}{4.6 \text{ m}^2}$ ② 관람석이 있는 경우 : 고정식 의자 수 또는 긴 의자의 정면너비÷0.45m
	그 밖의 특정소방대상물	$\dfrac{\text{바닥면적의 합계 m}^2}{3 \text{ m}^2}$
비고	1. 바닥면적 산정시 제외 : **복도, 계단 및 화장실의 바닥면적** 2. 계산결과 소수점 이하 반올림할 것	

답 ④

124 수용인원 = 5명 + $\dfrac{158 \text{ m}^2}{3 \text{ m}^2}$ = 57.67 = 58명   **답** ③

125 소방시설법 시행령 [별표10] 과태료의 부과기준

위반행위	과태료 금액(단위: 만원)		
	1차 위반	2차 위반	3차 이상 위반
법 제16조제1항을 위반하여 피난시설, 방화구획 또는 방화시설을 폐쇄·훼손·변경하는 등의 행위를 한 경우	100	200	300

답 ②

126 23조(소방시설등의 자체점검 결과의 조치 등)
① 관리업자 또는 소방안전관리자로 선임된 소방시설관리사 및 소방기술사(이하 "관리업자등"이라 한다)는 자체점검을 실시한 경우에는 점검이 끝난 날부터 **10일 이내**에 소방시설등 자체점검 실시결과 보고서(전자문서로 된 보고서를 포함한다)에 소방청장이 정하여 고시하는 소방시설등점검표를 첨부하여 관계인에게 제출해야 한다.
② 자체점검 실시결과 보고서를 제출받거나 스스로 자체점검을 실시한 관계인은 자체점검이 끝난 날부터 15일 이내에 소방시설등 자체점검 실시결과 보고서(전자문서로 된 보고서를 포함한다)에 다음 각 호의 서류를 첨부하여 소방본부장 또는 소방서장에게 서면이나 소방청장이 지정하는 전산망을 통하여 보고해야 한다.
  1. 점검인력 배치확인서(관리업자가 점검한 경우만 해당한다)
  2. 소방시설등의 자체점검 결과 이행계획서

답 ②

127 23조(소방시설등의 자체점검 결과의 조치 등)
① 관리업자 또는 소방안전관리자로 선임된 소방시설관리사 및 소방기술사(이하 "관리업자등"이라 한다)는 자체점검을 실시한 경우에는 점검이 끝난 날부터 10일 이내에 소방시설등 자체점검 실시결과 보고서(전자문서로 된 보고서를 포함한다)에 소방청장이 정하여 고시하는 소방시설등점검표를 첨부하여 관계인에게 제출해야 한다.
② 자체점검 실시결과 보고서를 제출받거나 스스로 자체점검을 실시한 관계인은 자체점검이 끝난 날부터 **15일 이내**에 소방시설등 자체점검 실시결과 보고서(전자문서로 된 보고서를 포함한다)에 다음 각 호의 서류를 첨부하여 소방본부장 또는 소방서장에게 서면이나 소방청장이 지정하는 전산망을 통하여 보고해야 한다.
  1. 점검인력 배치확인서(관리업자가 점검한 경우만 해당한다)
  2. 소방시설등의 자체점검 결과 이행계획서

답 ③

128
소방시설관리업을 등록한 자(이하 "관리업자"라 한다)는 제1항에 따라 자체점검을 실시하는 경우 점검 대상과 점검 인력 배치상황을 점검인력을 배치한 날 이후 자체점검이 끝난 날부터 5일 이내에 관리업자에 대한 점검능력 평가 등에 관한 업무를 위탁받은 법인 또는 단체(이하 "평가기관"이라 한다)에 통보해야 한다.

답 ②

129
소방본부장 또는 소방서장에게 자체점검 실시결과 보고를 마친 관계인은 소방시설등 자체점검 실시결과 보고서(소방시설등점검표를 포함한다)를 점검이 끝난 날부터 2년간 자체 보관해야 한다.

답 ②

130 제23조(소방시설등의 자체점검 결과의 조치 등)
⑤ 소방시설등의 자체점검 결과 이행계획서를 보고받은 소방본부장 또는 소방서장은 다음 각 호의 구분에 따라 이행계획의 완료 기간을 정하여 관계인에게 통보해야 한다. 다만, 소방시설등에 대한 수리·교체·정비의 규모 또는 절차가 복잡하여 다음 각 호의 기간 내에 이행을 완료하기가 어려운 경우에는 그 기간을 달리 정할 수 있다.
1. 소방시설등을 구성하고 있는 기계·기구를 수리하거나 정비하는 경우: 보고일부터 **10일** 이내
2. 소방시설등의 전부 또는 일부를 철거하고 새로 교체하는 경우: 보고일부터 **20일** 이내
⑥ 제5항에 따른 완료기간 내에 이행계획을 완료한 관계인은 이행을 완료한 날부터 **10일** 이내에 소방시설등의 자체점검 결과 이행완료 보고서(전자문서로 된 보고서를 포함한다)에 다음 각호의 서류(전자문서를 포함한다)를 첨부하여 소방본부장 또는 소방서장에게 보고해야 한다.
1. 이행계획 건별 전·후 사진 증명자료
2. 소방시설공사 계약서

답 ③

문제 131~140

131 소방시설 설치 및 관리에 관한 법률 시행령에 따른 "무창층" 기준의 일부를 나타낸 것이다. ( )에 들어갈 내용으로 옳은 것은?

> • 크기는 지름 (㉠) 센티미터 이상의 원이 통과할 수 있을 것
> • 해당층의 바닥면으로부터 개구부 밑부분까지의 높이가 (㉡) 미터 이내일 것.

① ㉠ 60, ㉡ 1.0　　② ㉠ 50, ㉡ 1.0
③ ㉠ 60, ㉡ 1.2　　④ ㉠ 50, ㉡ 1.2

132 소방시설 설치 및 관리에 관한 법률 시행령에 따른 임시소방시설에 해당하지 않는 것은?

① 자동화재속보설비　　② 간이소화장치
③ 간이피난유도선　　④ 가스누설경보기

133 소방시설 설치 및 관리에 관한 법률 시행령에 따른 임시소방시설의 설치기준 중 임시소방시설과 기능 및 성능이 유사한 소방시설로서 임시소방시설을 설치한 것으로 보는 소방시설에 대한 내용이다. ( )에 들어갈 내용으로 옳은 것은?

> 임시소방시설과 기능 및 성능이 유사한 소방시설로서 임시소방시설을 설치한 것으로 보는 소방시설
> 가. 간이소화장치를 설치한 것으로 보는 소방시설: 소방청장이 정하여 고시하는 기준에 맞는 소화기(연결송수관설비의 방수구 인근에 설치한 경우로 한정한다) 또는 (㉠)
> 나. 비상경보장치를 설치한 것으로 보는 소방시설: 비상방송설비 또는 (㉡)

① ㉠ 옥내소화전설비, ㉡ 화재알림설비
② ㉠ 옥내소화전설비, ㉡ 자동화재탐지설비
③ ㉠ 간이스프링클러설비, ㉡ 화재알림설비
④ ㉠ 간이스프링클러설비, ㉡ 자동화재탐지설비

134 소방시설 설치 및 관리에 관한 법률상 방염성능기준 이상의 실내장식물 등을 설치해야 하는 특정소방대상물이 아닌 것은?

① 숙박이 가능한 수련시설　　② 층수가 11층 이상인 아파트
③ 건축물 옥내에 있는 종교시설　　④ 방송통신시설 중 방송국 및 촬영소

135 소방시설 설치 및 관리에 관한 법령상 건축허가등의 동의를 요구한 기관이 그 건축허가등을 취소하였을 때, 취소한 날부터 최대 며칠 이내에 건축물 등의 시공지 또는 소재지를 관할하는 소방본부장 또는 소방서장에게 그 사실을 통보하여야 하는가?

① 3일　　② 4일　　③ 7일　　④ 10일

136 소방시설공사업법령상 하자보수를 하여야 하는 소방시설 중 하자보수 보증기간이 2년이 아닌 것은?

① 피난기구　　② 자동화재탐지설비
③ 무선통신보조설비　　④ 비상방송설비

137 위험물안전관리법상 지정수량 미만인 위험물의 저장 또는 취급에 관한 기술상의 기준은 무엇으로 정하는가?

① 대통령령　　② 국무총리령
③ 시·도의 조례　　④ 행정안전부령

138 위험물안전관리법령에 따라 위험물안전관리자를 해임하거나 퇴직한 때에는 해임하거나 퇴직한 날부터 며칠 이내에 다시 안전관리자를 선임하여야 하는가?

① 30일　　② 35일　　③ 40일　　④ 55일

139 위험물안전관리법령상 제조소등이 아닌 장소에서 지정수량 이상의 위험물을 취급할 수 있는 기준 중 다음 (　) 안에 알맞은 것은?

> 시·도의 조례가 정하는 바에 따라 관할 소방서장의 승인을 받아 지정수량 이상의 위험물을 (　)일 이내의 기간 동안 임시로 저장 또는 취급하는 경우

① 15　　② 30　　③ 60　　④ 90

140 위험물안전관리법상 시·도지사의 허가를 받지 아니하고 당해 제조소등을 설치할 수 있는 기준 중 다음 (　)안에 알맞은 것은?

> 농예용·축산용 또는 수산용으로 필요한 난방시설 또는 건조시설을 위한 지정수량 (　)배 이하의 저장소

① 20　　② 30　　③ 40　　④ 50

문제 131~140 해설 및 답안   "소방관계법규"

131 "무창층": 지상층 중 다음 각 목의 요건을 갖춘 개구부의 면적 합계가 해당 층의 바닥면적의 30분의 1 이하가 되는 층
  가. 크기는 지름 50 cm 이상의 원이 통과할 수 있을 것.
  나. 해당 층의 바닥면으로부터 개구부 밑부분까지의 높이가 1.2 m 이내일 것.
  다. 도로 또는 차량이 진입할 수 있는 빈터를 향할 것.
  라. 화재 시 건축물로부터 쉽게 피난할 수 있도록 창살이나 그 밖의 장애물이 설치되지 않을 것.
  마. 내부 또는 외부에서 쉽게 부수거나 열 수 있을 것.   답 ④

132 임시소방시설의 종류
  가. 소화기
  나. 간이소화장치: 물을 방사(放射)하여 화재를 진화할 수 있는 장치로서 소방청장이 정하는 성능을 갖추고 있을 것
  다. 비상경보장치: 화재가 발생한 경우 주변에 있는 작업자에게 화재사실을 알릴 수 있는 장치로서 소방청장이 정하는 성능을 갖추고 있을 것
  라. 가스누설경보기: 가연성 가스가 누설되거나 발생된 경우 이를 탐지하여 경보하는 장치로서 법 제37조에 따른 형식승인 및 제품검사를 받은 것
  마. 간이피난유도선: 화재가 발생한 경우 피난구 방향을 안내할 수 있는 장치로서 소방청장이 정하는 성능을 갖추고 있을 것
  바. 비상조명등: 화재가 발생한 경우 안전하고 원활한 피난활동을 할 수 있도록 자동 점등되는 조명장치로서 소방청장이 정하는 성능을 갖추고 있을 것
  사. 방화포: 용접·용단 등의 작업 시 발생하는 불티로부터 가연물이 점화되는 것을 방지해주는 천 또는 불연성 물품으로서 소방청장이 정하는 성능을 갖추고 있을 것   답 ①

133 임시소방시설과 기능 및 성능이 유사한 소방시설로서 임시소방시설을 설치한 것으로 보는 소방시설
  가. 간이소화장치를 설치한 것으로 보는 소방시설: 소방청장이 정하여 고시하는 기준에 맞는 소화기(연결송수관설비의 방수구 인근에 설치한 경우로 한정한다) 또는 **옥내소화전설비**
  나. 비상경보장치를 설치한 것으로 보는 소방시설: 비상방송설비 또는 **자동화재탐지설비**
  다. 간이피난유도선을 설치한 것으로 보는 소방시설: 피난유도선, 피난구유도등, 통로유도등 또는 비상조명등   답 ②

134 방염성능기준 이상의 실내장식물 등을 설치해야 하는 특정소방대상물
  1. 근린생활시설 중 의원, 조산원, 산후조리원, 체력단련장, 공연장 및 종교집회장
  2. 건축물의 옥내에 있는 시설로서 다음 각 목의 시설
      가. 문화 및 집회시설
      나. 종교시설
      다. 운동시설(수영장은 제외한다)
  3. 의료시설   4. 교육연구시설 중 합숙소
  5. 노유자시설   6. 숙박이 가능한 수련시설
  7. 숙박시설   8. 방송통신시설 중 방송국 및 촬영소
  9. 다중이용업소
  10. 층수가 11층 이상인 것(아파트는 제외한다)   답 ②

135 건축허가 등의 동의

건축허가 등의 동의요구	소방본부장 또는 소방서장
건축허가등의 동의여부 회신기한	5일(특급소방안전관리대상물의 경우에는 10일) 이내
동의 요구서 및 첨부서류의 보완 기한	4일 이내
건축허가등의 취소시 통보기한	7일 이내

답 ③

136 하자보수 대상과 보증기간

2년	피난기구, 유도등, 유도표지, 비상경보설비, 비상조명등, **비상방송설비** 및 무선통신보조설비
3년	자동소화장치, 옥내소화전설비, 스프링클러설비, 간이스프링클러설비, 물분무등소화설비, 옥외소화전설비, **자동화재탐지설비**, 상수도소화용수설비 및 소화활동설비(무선통신보조설비는 제외한다)

답 ②

137 지정수량 미만인 위험물의 저장 또는 취급에 관한 기술상의 기준 : 시·도의 조례

답 ③

138 위험물안전관리자

1. 안전관리자를 선임한 제조소등의 관계인은 그 안전관리자를 해임하거나 안전관리자가 퇴직한 때에는 해임하거나 퇴직한 날부터 **30일 이내**에 다시 안전관리자를 선임하여야 한다.
2. 제조소등의 관계인은 안전관리자를 선임한 경우에는 선임한 날부터 14일 이내에 행정안전부령으로 정하는 바에 따라 소방본부장 또는 소방서장에게 신고하여야 한다.

답 ①

139

지정수량 미만인 위험물의 저장·취급	시·도의 조례
임시로 저장 또는 취급하는 장소에서의 저장 또는 취급의 기준과 임시로 저장 또는 취급하는 장소의 위치·구조 및 설비의 기준 1. **관할소방서장의 승인**을 받아 지정수량 이상의 위험물을 **90일 이내**의 기간 동안 임시로 저장 또는 취급하는 경우 2. 군부대가 지정수량 이상의 위험물을 군사목적으로 임시로 저장 또는 취급하는 경우	시·도의 조례

답 ④

140 위험물안전관리법상 시·도지사의 허가를 받지 아니하고 당해 제조소등을 설치할 수 있거나 그 위치 구조 또는 설비를 변경할 수 있으며 신고를 하지 않고 위험물의 품명 수량 또는 지정수량의 배수를 변경할 수 있는 경우

① 주택의 난방시설(**공동주택의 중앙난방시설을 제외**)을 위한 저장소 또는 취급소
② 농예용·축산용 또는 수산용으로 필요한 난방시설 또는 건조시설을 위한 지정수량 20배 이하의 저장소

답 ①

문제 141~150

141 위험물안전관리법령상 취급하는 위험물의 최대수량이 지정수량의 10배 이하인 경우 공지의 너비 기준은?

① 2 m 이하
② 2 m 이상
③ 3 m 이하
④ 3 m 이상

142 위험물안전관리법령에 따른 인화성액체 위험물(이황화탄소를 제외)의 옥외탱크 저장소의 탱크 주위에 설치하는 방유제의 설치기준 중 옳은 것은?

① 방유제의 높이는 0.5 m 이상 2.0 m 이하로 할 것
② 방유제내의 면적은 100,000 m² 이하로 할 것
③ 방유제의 용량은 방유제안에 설치된 탱크가 2기 이상인 때에는 그 탱크 중 용량이 최대인 것의 용량의 120 % 이상으로 할 것
④ 높이가 1 m를 넘는 방유제 및 간막이 둑의 안팎에는 방유제내에 출입하기 위한 계단 또는 경사로를 약 50m마다 설치할 것

143 위험물안전관리법령상 누구든지 제조소등에서는 지정된 장소가 아닌 곳에서 흡연을 하여서는 아니 된다. 이를 위반하여 흡연을 한 자에 대한 벌칙은?

① 100만원 이하의 과태료
② 200만원 이하의 과태료
③ 300만원 이하의 과태료
④ 500만원 이하의 과태료

144 위험물안전관리법령상 안전관리자를 선임한 제조소등의 관계인은 안전관리자가 여행·질병 그 밖의 사유로 인하여 일시적으로 직무를 수행할 수 없거나 안전관리자의 해임 또는 퇴직과 동시에 다른 안전관리자를 선임하지 못하는 경우에는 국가기술자격법에 따른 위험물의 취급에 관한 자격취득자 또는 위험물안전에 관한 기본지식과 경험이 있는 자로서 행정안전부령이 정하는 자를 대리자(代理者)로 지정하여 그 직무를 대행하게 하여야 한다. 이 경우 대리자가 안전관리자의 직무를 대행하는 기간은 며칠을 초과할 수 없는가?

① 10일
② 20일
③ 30일
④ 60일

145 위험물안전관리법령상 위험물의 안전관리와 관련된 업무를 수행하는 자로서 소방청장이 실시하는 안전교육대상자가 아닌 것은?

① 안전관리자로 선임된 자
② 탱크시험자의 기술인력으로 종사하는 자
③ 위험물운송자로 종사하는 자
④ 제조소등의 관계인

146 위험물 안전관리법령에 따른 소화난이도등급 I의 옥내탱크저장소에서 황만을 저장·취급할 경우 설치하여야 하는 소화설비로 옳은 것은?

① 물분무소화설비
② 스프링클러설비
③ 포소화설비
④ 옥내소화전설비

147 제4류 위험물을 저장·취급하는 제조소에 "화기엄금"이란 주의사항을 표시하는 게시판을 설치할 경우 게시판의 색상은?

① 청색바탕에 백색문자
② 적색바탕에 백색문자
③ 백색바탕에 적색문자
④ 백색바탕에 흑색문자

148 위험물안전관리법령에 따른 위험물제조소의 옥외에 있는 위험물취급탱크 용량이 100 m³ 및 180 m³인 2개의 취급탱크 주위에 하나의 방유제를 설치하는 경우 방유제의 최소 용량은 몇 m³ 이어야 하는가?

① 100
② 140
③ 180
④ 280

149 제6류 위험물에 속하지 않는 것은?

① 질산
② 과산화수소
③ 과염소산
④ 과염소산염류

150 문화재보호법의 규정에 의한 유형문화재와 지정문화재에 있어서는 제조소 등과의 수평거리를 몇 m 이상 유지하여야 하는가?

① 20
② 30
③ 50
④ 70

문제 141~150 해설 및 답안 "소방관계법규"

141

취급하는 위험물의 최대수량	공지의 너비
지정수량의 10배 이하	3 m 이상
지정수량의 10배 초과	5 m 이상

답 ④

142 방유제

대 상	인화성액체위험물(이황화탄소를 제외)의 옥외탱크저장소의 탱크 주위
용 량	1. 설치된 탱크가 하나인 때에는 그 탱크 용량의 110% 이상 2. 2기 이상인 때에는 그 탱크 중 용량이 최대인 것의 용량의 110% 이상
구 조	높이 0.5 m 이상 3 m 이하, 두께 0.2 m 이상, 지하매설깊이 1 m 이상
면 적	8만 m² 이하
방유제 내 옥외저장탱크의 수	10 이하

답 ④

143 500만원 이하의 과태료 : 제19조의2제1항(누구든지 제조소등에서는 지정된 장소가 아닌 곳에서 흡연을 하여서는 아니 된다.)을 위반하여 흡연을 한 자

답 ④

144 안전관리자를 선임한 제조소등의 관계인은 안전관리자가 여행·질병 그 밖의 사유로 인하여 일시적으로 직무를 수행할 수 없거나 안전관리자의 해임 또는 퇴직과 동시에 다른 안전관리자를 선임하지 못하는 경우에는 국가기술자격법에 따른 위험물의 취급에 관한 자격취득자 또는 위험물안전에 관한 기본지식과 경험이 있는 자로서 행정안전부령이 정하는 자를 대리자(代理者)로 지정하여 그 직무를 대행하게 하여야 한다. 이 경우 대리자가 안전관리자의 직무를 대행하는 기간은 30일을 초과할 수 없다.

답 ③

145 위험물안전관리법 시행령 안전교육대상자
1. 안전관리자로 선임된 자
2. 탱크시험자의 기술인력으로 종사하는 자
3. 위험물운반자로 종사하는 자
4. 위험물운송자로 종사하는 자

답 ④

146 소화난이도등급 I의 옥내탱크저장소
① 유황만 저장취급 : 물분무소화설비
② 인화점 70℃ 이상 제4류 위험물 : 물분무소화설비, 고정식 포소화설비, 이동식 외의 CO_2 및 할로겐화합물 및 분말소화설비

답 ①

147 ① 화기엄금 : 적색바탕에 백색문자
② 물기엄금 : 청색바탕에 백색문자

답 ②

148 위험물 취급탱크 방유제
  방유제의 용량 : 180 m³ × 0.5 + 100 m³ × 0.1 = 100 m³
  방유제의 용량 : 당해 탱크용량의 50 % 이상, 2 이상의 취급탱크 주위에 하나의 방유제를 설치하는 경우 그 방유제의 용량은 당해 탱크 중 용량이 최대인 것 × 50% + 나머지 탱크용량 합계 × 10% 이상
  답 ①

149 과염소산염류는 제1류 위험물이다.

위험물			지정수량
유별	성질	품명	
제6류	산화성액체	1. 과염소산	300킬로그램
		2. 과산화수소	300킬로그램
		3. 질산	300킬로그램

답 ④

150 제조소의 위치 · 구조 및 설비의 기준 중 안전거리

주거용	10 m 이상
학교 · 병원 · 극장 그 밖에 다수인을 수용하는 시설 1) 학교 2) 병원급 의료기관 3) **공연장, 영화상영관 : 3백명 이상** 4) 아동복지시설, 노인복지시설, 장애인복지시설, 한부모가족복지시설, 어린이집, 성매매피해자등을 위한 지원시설, 정신보건시설 : 20명 이상	30 m 이상
유형문화재와 기념물 중 지정문화재	50 m 이상
고압가스, 액화석유가스 또는 도시가스를 저장 또는 취급하는 시설	20 m 이상
사용전압이 7,000 V 초과 **35,000 V 이하** 특고압가공전선	3 m 이상
사용전압이 35,000 V를 초과 특고압가공전선	5 m 이상

답 ③

'소방전기시설의 구조 및 원리' 파이널 150제

문제 01~10

01 다음은 비상방송설비의 음향장치에 관한 설치기준이다. ( ) 안의 알맞은 내용으로 옳은 것은?

> 확성기의 음성입력은 (㉮) 실내에 설치하는 것에 있어서는 (㉯) 이상으로 한다.

① ㉮ 3[W] ㉯ 1[W]
② ㉮ 4[W] ㉯ 2[W]
③ ㉮ 1[W] ㉯ 3[W]
④ ㉮ 2[W] ㉯ 4[W]

02 비상벨설비 또는 자동사이렌설비의 지구음향장치는 특정소방대상물의 층마다 설치하되, 해당 특정소방대상물의 각 부분으로부터 하나의 음향장치까지의 수평거리가 몇 m 이하가 되도록 하여야 하는가?

① 25[m] 이하
② 30[m] 이하
③ 40[m] 이하
④ 50[m] 이하

03 일반적인 비상방송설비의 계통도이다. 다음의 ( )에 들어갈 내용으로 옳은 것은?

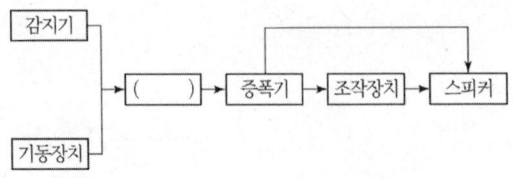

① 변류기
② 발신기
③ 수신기
④ 음향장치

04 비상방송설비의 배선의 설치기준 중 부속회로의 전로와 대지 사이 및 배선상호간의 절연저항은 1경계구역마다 직류 250V의 절연저항측정기를 사용하여 측정한 절연저항이 몇 MΩ 이상이 되도록 해야 하는가?

① 0.1　　　　　　　　② 0.2
③ 10　　　　　　　　　④ 20

05 아래 그림은 자동화재탐지설비의 배선도이다. 추가로 구획된 공간이 생겨 가, 나, 다, 라 감지기를 증설했을 경우, 자동화재탐지설비 및 시각경보장치의 화재안전기술기준(NFTC 203)에 적합하게 설치한 것은?

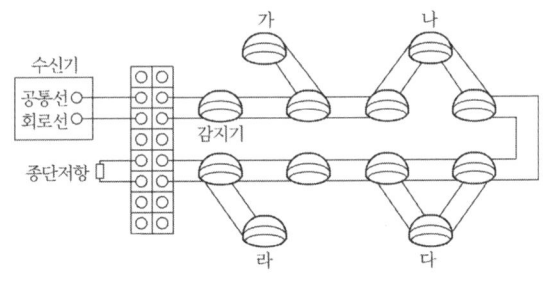

① 가　　　　　　　　② 나
③ 다　　　　　　　　④ 라

06 자동화재탐지설비의 감지기 중 연기를 감지하는 감지기는 감시챔버로 몇 mm 크기의 물체가 침입할 수 없는 구조이어야 하는가?

① (1.3 ± 0.05)
② (1.5 ± 0.05)
③ (1.8 ± 0.05)
④ (2.0 ± 0.05)

07 수신기를 나타내는 소방시설 도시기호로 옳은 것은?

①  　　　②

③ 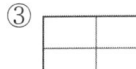 　　　④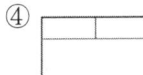

08 자동화재탐지설비 배선의 설치기준 중 다음 ( )안에 알맞은 것은?

> 자동화재탐지설비 감지기회로의 전로저항은 (㉠)이(가) 되도록 하여야 하며, 수신기 각 회로별 종단에 설치되는 감지기에 접속되는 배선의 전압은 감지기 정격전압의 (㉡)[%] 이상이어야 한다.

① ㉠ 50[Ω] 이상, ㉡ 70
② ㉠ 50[Ω] 이하, ㉡ 80
③ ㉠ 40[Ω] 이상, ㉡ 70
④ ㉠ 40[Ω] 이하, ㉡ 80

09 청각장애인용 시각경보장치의 설치기준 중 천장의 높이가 2m 이하인 경우에는 천장으로부터 몇 m 이내의 장소에 설치하여야 하는가?

① 0.15
② 0.3
③ 0.5
④ 0.7

10 자동화재탐지설비의 감지기회로에 설치하는 종단저항의 설치기준으로 틀린 것은?

① 감지기회로 끝부분에 설치한다.
② 점검 및 관리가 쉬운 장소에 설치하여야 한다.
③ 전용함에 설치하는 경우 그 설치 높이는 바닥으로부터 0.8 m 이내에 설치하여야 한다.
④ 종단감지기에 설치할 경우에는 구별이 쉽도록 해당감지기의 기판 및 감지기 외부등에 별도의 표시를 하여야 한다.

문제 01~10 해설 및 답안

"소방전기시설의 구조 및 원리"

01 1) 확성기의 음성입력
   ① 실외 : 3[W] 이상
   ② 실내 : 1[W] 이상
   2) 확성기는 각 층 마다 설치하고 그 층의 각 부분으로부터 하나의 확성기까지의 수평거리가 25[m] 이하가 되도록 하여야 한다. 답 ①

02 지구음향장치는 특정소방대상물의 층마다 설치하되, 당해 소방대상물의 각 부분으로부터 하나의 음향장치까지의 수평거리가 25[m] 이하가 되도록 하고, 당해 층의 각 부분에 유효하게 경보를 발할 수 있도록 설치할 것 답 ①

03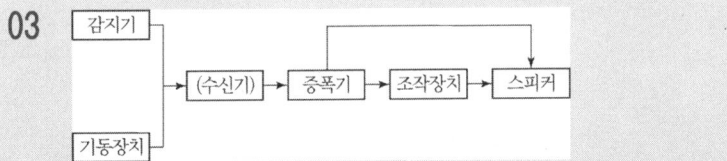
답 ③

04 부속회로의 전로와 대지 사이 및 배선 상호간의 절연저항은 1경계구역마다 직류 250 [V]의 절연저항측정기로 측정할 때 0.1 [MΩ] 이상으로 한다. 답 ①

05 감지기 사이의 회로의 배선은 송배선식으로 설치하여야 하므로 "나" 가 적당하다.
"가, 다, 라"의 경우에는 단선 또는 감지기가 탈거 되더라도 수신기에서는 정상으로 표시되므로 감지기를 증설하는 경우에는 "나"와 같이 설치해야 한다. 답 ②

06 감지기 형식승인 및 제품검사의 기술기준 제5조(구조 및 기능)제28호
연기를 감지하는 감지기는 **감시챔버로 (1.3±0.05) mm 크기**의 물체가 침입할 수 없는 구조이어야 한다. 답 ①

07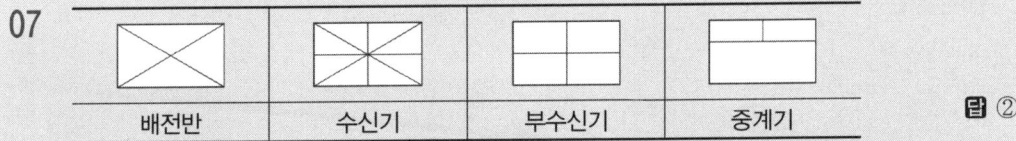
답 ②

08 자동화재탐지설비 감지기회로의 전로저항은 50[Ω] 이하가 되도록 하여야 하며, 수신기 각 회로별 종단에 설치되는 감지기에 접속되는 배선의 전압은 감지기 정격전압의 80[%] 이상이어야 한다. 답 ②

09 시각경보장치의 설치높이는 바닥으로부터 2[m] 이상 2.5[m] 이하의 장소에 설치할 것. 다만, 천장의 높이가 2[m] 이하인 경우에는 천장으로부터 0.15[m] 이내의 장소에 설치하여야 한다. 답 ①

10 감지기회로의 도통시험을 위한 종단저항은 다음의 기준에 따를 것
① 점검 및 관리가 쉬운 장소에 설치할 것
② 전용함을 설치하는 경우 그 설치 높이는 바닥으로부터 1.5[m] 이내로 할 것
③ 감지기 회로의 끝부분에 설치하며, 종단감지기에 설치할 경우에는 구별이 쉽도록 해당감지기의 기판 및 감지기 외부 등에 별도의 표시를 할 것 답 ③

문제 11~20

11 비상방송설비의 음향장치의 설치기준 중 다음 ( ) 안에 알맞은 것으로 연결된 것은?

> 층수가 11층 이상인 특정소방대상물의 (㉠) 이상의 층에서 발화한 때에는 발화층 및 그 직상 4개층에, (㉡)에서 발화한 때에는 발화층·그 직상 4개층 및 지하층에, (㉢)에서 발화한 때에는 발화층·그 직상층 및 기타의 지하층에 경보를 발할 것

① ㉠ 2층, ㉡ 1층, ㉢ 지하층
② ㉠ 1층, ㉡ 2층, ㉢ 지하층
③ ㉠ 2층, ㉡ 지하층, ㉢ 1층
④ ㉠ 2층, ㉡ 1층, ㉢ 모든층

12 누전경보기의 수신부 설치장소로 적당한 곳은?

① 화약류를 제조하는 장소
② 습도가 높은 장소
③ 온도의 변화가 급격한 장소
④ 고주파 등의 발생 우려가 없는 장소

13 객석유도등을 설치하여야 하는 특정소방대상물의 대상으로 옳은 것은?

① 운수시설
② 운동시설
③ 의료시설
④ 근린생활시설

14 계단통로유도등은 각층의 경사로 참 또는 계단참마다 설치하도록 하고 있는데 1개층에 경사로 참 또는 계단참이 2 이상 있는 경우에는 몇 개의 계단참마다 계단통로유도등을 설치하여야 하는가?

① 2개
② 3개
③ 4개
④ 5개

15 비상조명등의 화재안전기술기준(NFTC 304)에 따라 조도는 비상조명등이 설치된 장소의 각 부분의 바닥에서 몇 lx 이상이 되도록 하여야 하는가?

① 1
② 3
③ 5
④ 10

16 비상콘센트설비의 화재안전기술기준에 따른 용어의 정의 중 옳은 것은?
① "저압"이란 직류는 1500V 이하, 교류 1000V 이하인 것을 말한다.
② "저압"이란 직류는 700V 이하, 교류는 600V 이하인 것을 말한다.
③ "고압"이란 직류는 700V를, 교류는 600V를 초과하는 것을 말한다.
④ "특고압"이란 8kV를 초과하는 것을 말한다.

17 비상콘센트설비의 설치기준 중 다음 ( ) 안에 알맞은 것은?

> 도로터널의 비상콘센트설비는 주행차로의 우측 측벽에 ( )m 이내의 간격으로 바닥으로부터 0.8 m 이상 1.5 m 이하의 높이에 설치할 것

① 15　　　　　　　　　② 25
③ 30　　　　　　　　　④ 50

18 무선통신보조설비를 설치하여야 할 특정소방대상물의 기준 중 다음 ( ) 안에 알맞은 것은?

> 층수가 30층 이상인 것으로서 ( )층 이상 부분의 모든 층

① 11　　　　　　　　　② 15
③ 16　　　　　　　　　④ 20

19 무선통신보조설비의 화재안전기술기준 (NFTC 505)에 따른 용어의 정의 중 감시제어반 등에 설치된 무선중계기의 입력과 출력포트에 연결되어 송수신 신호를 원활하게 방사·수신하기 위해 옥외에 설치하는 장치를 말하는 것은?
① 혼합기　　　　　　　② 분파기
③ 증폭기　　　　　　　④ 옥외안테나

20 소방시설용 비상전원수전설비에서 전력수급용 계기용 변성기·주차단장치 및 그 부속기기로 정의되는 것은?
① 큐비클설비　　　　　② 배전반설비
③ 수전설비　　　　　　④ 변전설비

문제 11~20 해설 및 답안
"소방전기시설의 구조 및 원리"

11 화재발생 시 비상방송설비의 경보방식
1) 일제경보방식 : 11층(공동주택의 경우 16층) 미만
2) 우선경보방식 : 11층(공동주택의 경우 16층) 이상

발화층	경보방식(우선 경보할 층)
2층 이상	발화층, 그 직상 4개층
1층	발화층, 그 직상 4개층 및 지하층
지하층	발화층, 그 직상층 및 기타 지하층

답 ①

12 **누전경보기**는 다음 각호의 장소 **외의 장소에 설치**하여야 한다.
1) 가연성의 증기, 먼지, 가스 등이나 부식성의 증기, 가스등이 다량으로 체류하는 장소
2) **화약류를 제조**하거나 저장 또는 취급하는 장소
3) **습도가 높은 장소**
4) **온도의 변화가 급격한 장소**
5) 대전류 회로, **고주파** 발생회로 등에 의한 **영향을 받을 우려가 있는 장소**

답 ④

13 객석유도등 설치장소
공연장, 집회장(종교집회장 포함), 관람장, 운동시설, 유흥주점 영업시설(카바레, 나이트클럽 등)

답 ②

14 계단통로유도등 설치기준
1. 각층의 경사로 참 또는 계단참마다(1개층에 경사로 참 또는 계단참이 2 이상 있는 경우에는 2개의 계단참마다) 설치
2. 바닥으로부터 높이 1m 이하의 위치에 설치

답 ①

15 조도는 비상조명등이 설치된 장소의 각 부분의 바닥에서 1 lx **이상**이 되도록 할 것

답 ①

16 전압의 구분

구 분	전압의 범위
저 압	직류는 1.5 kV 이하, 교류는 1 kV 이하
고 압	직류는 1.5 kV를, 교류는 1 kV를 초과하고, 7 kV 이하
특별고압	7 kV를 넘는 것

답 ①

17 도로터널의 화재안전기술기준
① 비상콘센트설비의 전원회로는 단상교류 220 V인 것으로서 그 공급용량은 1.5 kVA 이상인 것으로 할 것.

② 전원회로는 주배전반에서 전용회로로 할 것. 다만, 다른 설비의 회로의 사고에 따른 영향을 받지 아니하도록 되어 있는 것은 그러하지 아니하다.
③ 콘센트마다 배선용 차단기(KS C 8321)를 설치하여야 하며, 충전부가 노출되지 아니하도록 할 것
④ 주행차로의 우측 측벽에 50 m 이내의 간격으로 바닥으로부터 0.8 m 이상 1.5 m 이하의 높이에 설치할 것 **답 ④**

18 무선통신보조설비의 설치대상
① 지하가(터널은 제외)로서 연면적 1천 m² 이상
② 지하층의 바닥면적의 합계가 3천 m² 이상 또는 지하층의 층수가 3층 이상이고 지하층 바닥면적의 합계가 1천 m² 이상인 것은 지하층의 모든 층
③ 지하가 중 터널로서 길이가 500 m 이상인 것
④ 공동구
⑤ 층수가 30층 이상인 것으로서 **16층 이상** 부분의 모든 층 **답 ③**

19 옥외안테나 : 감시제어반 등에 설치된 무선중계기의 입력과 출력포트에 연결되어 송수신 신호를 원활하게 방사·수신하기 위해 옥외에 설치하는 장치 **답 ④**

20 1) **수전설비** : 전력수급용 계기용 변성기, 주차단장치 및 그 부속기기
2) **변전설비** : 전력용 변압기 및 그 부속장치
3) **큐비클설비** : 수전설비, 변전설비, 그 밖의 기기 및 배선을 금속제 외함에 수납한 것
4) **배전반설비** : 개폐기, 과전류차단기, 계기, 그 밖의 배선용기기 및 배선을 금속제 외함에 수납한 것 **답 ③**

문제 21~30

21 예비전원의 성능인증 및 제품검사의 기술기준에 따라 다음의 (   )에 들어갈 내용으로 옳은 것은?

> 예비전원은 1/5C 이상 1C 이하의 전류로 역충전하는 경우 (   )시간 이내에 안전장치가 작동하여야 하며, 외관이 부풀어 오르거나 누액 등이 없어야 한다.

① 1
② 3
③ 5
④ 10

22 비상경보설비 및 단독경보형감지기의 화재안전기술기준(NFTC 201)에 따른 비상벨설비에 대한 설명으로 옳은 것은?

① 비상벨설비는 화재발생 상황을 사이렌으로 경보하는 설비를 말한다.
② 비상벨설비는 부식성가스 또는 습기 등으로 인하여 부식의 우려가 없는 장소에 설치하여야 한다.
③ 음향장치의 음량은 부착된 음향장치의 중심으로부터 1 m 떨어진 위치에서 60 dB 이상이 되는 것으로 하여야 한다.
④ 특정소방대상물의 층마다 설치하되, 해당 특정소방대상물의 각 부분으로부터 하나의 발신기까지의 수평거리가 30 m 이하가 되도록 하여야 한다.

23 비상방송설비의 음향장치 구조 및 성능기준 중 다음 (   ) 안에 알맞은 것은?

> • 정격전압의 (㉠)% 전압에서 음향을 발할 수 있는 것을 할 것
> • (㉡)의 작동과 연동하여 작동할 수 있는 것으로 할 것

① ㉠ 65, ㉡ 단독경보형감지기
② ㉠ 65, ㉡ 자동화재탐지설비
③ ㉠ 80, ㉡ 단독경보형감지기
④ ㉠ 80, ㉡ 자동화재탐지설비

24 아파트형 공장의 지하 주차장에 설치된 비상방송용 스피커의 음량조정기 배선방식은?

① 단선식
② 2선식
③ 3선식
④ 복합식

25 자동화재탐지설비 및 시각경보장치의 화재안전기술기준(NFTC 203)에 따라 특정소방대상물 중 화재신호를 발신하고 그 신호를 수신 및 유효하게 제어할 수 있는 구역을 무엇이라 하는가?
① 방호구역 ② 방수구역 ③ 경계구역 ④ 화재구역

26 자동화재탐지설비의 수신기의 설치기준으로 옳지 않은 것은?
① 수위실 등 상시 사람이 근무하고 있는 장소에 설치할 것
② 수신기가 설치된 장소에는 경계구역 일람도를 비치할 것
③ 하나의 경계구역은 하나의 표시등 또는 하나의 문자로 표시되도록 할 것
④ 수신기의 조작스위치는 바닥으로부터 높이 1.0 m 이상 1.8 m 이하에 설치할 것

27 자동화재탐지설비의 중계기의 설치기준에 대한 설명 중 옳지 않은 것은?
① 수신기에서 직접 감지기회로의 도통시험을 행하지 아니하는 것에 있어서는 수신기와 감지기 사이에 설치할 것
② 조작 및 점검에 편리하고 화재 및 침수 등의 재해로 인한 피해를 받을 우려가 없는 장소에 설치할 것
③ 수신기에 따라 감시되지 않는 배선을 통하여 전력을 공급받는 것에 있어서는 전원 입력 측의 배선에 스위치를 설치할 것
④ 전원의 정전 즉시 수신기에 표시되는 것으로 하며 상용전원 및 예비전원의 시험을 할 수 있도록 할 것

28 부착높이가 11 m인 장소에 적응성 있는 감지기는?
① 차동식분포형 ② 정온식스포트형
③ 차동식스포트형 ④ 정온식감지선형

29 정온식감지기의 설치 시 공칭작동온도가 최고주위온도보다 최소 몇 ℃ 이상 높은 것으로 설치하여야 하나?
① 10 ② 20 ③ 30 ④ 40

30 자동화재탐지설비의 GP형 수신기에 감지기 회로의 배선을 접속하려고 할 때 경계구역이 15개인 경우 필요한 공통선의 최소 개수는?
① 1 ② 2 ③ 3 ④ 4

문제 21~30 해설 및 답안

"소방전기시설의 구조 및 원리"

21 제8조(안전장치시험)
예비전원은 1/5C이상 1C이하의 전류로 역충전하는 경우 **5시간** 이내에 안전 장치가 작동하여야 하며, 외관이 부풀어 오르거나 누액 등이 없어야 한다.   답 ③

22 보기설명
① 비상벨설비"란 화재발생 상황을 경종으로 경보하는 설비
③ 음향장치의 음량은 부착된 음향장치의 중심으로부터 1 m 떨어진 위치에서 90 dB 이상이 되는 것으로 하여야 한다.
④ 특정소방대상물의 층마다 설치하되, 해당 특정소방대상물의 각 부분으로부터 하나의 발신기까지의 수평거리가 25 m 이하가 되도록 할 것   답 ②

23 음향장치 구조 및 성능기준
① 정격전압의 **80% 전압**에서 음향을 발할 수 있는 것을 할 것
② **자동화재탐지설비**의 작동과 연동하여 작동할 수 있는 것으로 할 것   답 ④

24 음량조정기의 배선 : 3선식
공통선, 업무용선(일반용선), 긴급용선(소방용선)   답 ③

25 경계구역 : 화재신호를 발신하고 그 신호를 수신 및 유효하게 제어할 수 있는 구역   답 ③

26 수신기의 설치기준
1) 수위실 등 상시 사람이 근무하고 있는 장소에 설치하고 그 장소에는 **경계구역 일람도**를 비치할 것
2) 수신기의 음향기구는 그 음량 및 음색이 다른 기기의 소음 등과 명확하게 구별될 수 있는 것으로 할 것
3) 하나의 경계구역은 하나의 표시등 또는 하나의 문자로 표시되도록 할 것
4) 수신기의 **조작스위치는 바닥으로부터 0.8[m] 이상 1.5[m] 이하**인 장소에 설치할 것
5) 하나의 특정소방대상물에 2 이상의 수신기를 설치하는 경우에는 수신기가 설치된 장소 상호간에 동시 통화가 가능한 설비를 할 것   답 ④

27 중계기 설치기준
① 수신기에서 직접 감지기회로의 도통시험을 하지 않는 것에 있어서는 수신기와 감지기 사이에 설치할 것
② 조작 및 점검에 편리하고 화재 및 침수 등의 재해로 인한 피해를 받을 우려가 없는 장소에 설치할 것
③ 수신기에 따라 감시되지 않는 배선을 통하여 전력을 공급받는 것에 있어서는 전원입력측의 배선에 **과전류차단기**를 설치하고 해당 전원의 정전이 즉시 수신기에 표시되는 것으로 하며, 상용전원 및 예비전원의 시험을 할 수 있도록 할 것   답 ③

28 부착높이에 따른 감지기의 종류

부착높이	감지기의 종류
8 m 이상 15 m 미만	**차동식 분포형** 이온화식 1종 또는 2종 광전식(스포트형, 분리형, 공기흡입형) 1종 또는 2종 연기복합형 불꽃감지기
15 m 이상 20 m 미만	이온화식 1종 광전식(스포트형, 분리형, 공기흡입형) 1종 연기복합형 불꽃감지기
20 m 이상	**불꽃감지기** **광전식(분리형, 공기흡입형)중 아날로그방식**

답 ①

29 정온식감지기는 주방·보일러실 등으로서 다량의 화기를 취급하는 장소에 설치하되, 공칭작동온도가 최고주위온도보다 20℃ 이상 높은 것

답 ②

30 공통선의 수량
1) 피(P)형 수신기 및 지피(G.P.)형 수신기의 감지기 회로의 배선에 있어서 하나의 공통선에 접속할 수 있는 경계구역은 **7개 이하**로 할 것
2) 공통선의 수량 : $\frac{15}{7} = 2.14 = 3$

답 ③

문제 31~40

31 누전경보기에서 감도조정장치의 조정범위는 최대 몇 mA인가?

① 1　　　　　　　　　　② 20
③ 1,000　　　　　　　　④ 1,500

32 누전경보기의 변류기(ZCT)는 경계전로에 정격전류를 흘리는 경우 그 경계전로의 전압강하는 몇 V 이하이어야 하는가? (단, 경계전로의 전선을 그 변류기에 관통시키는 것은 제외한다.)

① 0.3 V　　　　　　　　② 0.5 V
③ 1.0 V　　　　　　　　④ 3.0 V

33 유도등 및 유도표지의 화재안전기술기준(NFTC 303)에 따라 유도표지는 각층마다 복도 및 통로의 각 부분으로부터 하나의 유도표지까지의 보행거리가 몇 m 이하가 되는 곳과 구부러진 모퉁이의 벽에 설치하여야 하는가?(단, 계단에 설치하는 것은 제외한다.)

① 5　　　　　　　　　　② 10
③ 15　　　　　　　　　④ 25

34 통로의 직선부분의 길이가 30 m인 극장 통로바닥에 설치하여야 하는 객석유도등의 설치개수는?

① 3개　　　　　　　　　② 4개
③ 7개　　　　　　　　　④ 17개

35 휴대용 비상조명등의 건전지 및 충전식 배터리는 몇 분 이상 유효하게 사용할 수 있어야 하는가?

① 10분　　　　　　　　② 20분
③ 30분　　　　　　　　④ 40분

36 비상콘센트설비의 전원회로에 대한 전압과 공급용량을 바르게 나타낸 것은?
① 단상 교류 : 110 V, 1.5 kVA 이상
② 단상 교류 : 220 V, 1.5 kVA 이상
③ 단상 교류 : 220 V, 3.0 kVA 이상
④ 단상 교류 : 110 V, 3.0 kVA 이상

37 비상콘센트설비의 성능인증 및 제품검사의 기술기준에 따른 표시등의 구조 및 기능에 대한 내용이다. 다음 ( )에 들어갈 내용으로 옳은 것은?

> 적색으로 표시되어야 하며 주위의 밝기가 (ⓐ)lx 이상인 장소에서 측정하여 앞면으로부터 (ⓑ)m 떨어진 곳에서 켜진 등이 확실히 식별되어야 한다.

① ⓐ 100 ⓑ 1
② ⓐ 300 ⓑ 3
③ ⓐ 500 ⓑ 5
④ ⓐ 1,000 ⓑ 10

38 비상방송설비 음향장치의 설치기준 중 다음 ( ) 안에 알맞은 것은?

> ◦ 음량조정기를 설치하는 경우 음량 조정기의 배선은 (㉠)선식으로 할 것
> ◦ 확성기는 각층마다 설치하되, 그 층의 각 부분으로부터 하나의 확성기까지의 수평거리가 (㉡)m 이하가 되도록 하고, 해당층의 각 부분에 유효하게 경보를 말할 수 있도록 설치할 것

① ㉠ 2, ㉡ 15
② ㉠ 2, ㉡ 25
③ ㉠ 3, ㉡ 15
④ ㉠ 3, ㉡ 25

39 무선통신보조설비의 화재안전기술기준 (NFTC 505)에 따라 지표면으로부터의 깊이가 몇 m 이하인 경우에는 해당층에 한하여 무선통신보조설비를 설치하지 아니할 수 있는가?
① 0.5
② 1
③ 1.5
④ 2

40 소방시설용비상전원수전설비의 화재안전기술기준(NFTC 602) 용어의 정의에 따라 수용장소의 조영물(토지에 정착한 시설물 중 지붕 및 기둥 또는 벽이 있는 시설물을 말한다.)의 옆면 등에 시설하는 전선으로서 그 수용장소의 인입구에 이르는 부분의 전선은 무엇인가?
① 인입선
② 내화배선
③ 열화배선
④ 인입구배선

문제 31~40 해설 및 답안

"소방전기시설의 구조 및 원리"

31 누전경보기의 형식승인기준
1) 공칭작동전류치(제7조) : 누전경보기의 공칭작동전류치는 **200 mA 이하**
2) 감도조정장치(제8조) : 감도조정장치의 조정범위는 최대치가 **1 A**　　　　답 ③

32 누전경보기의 형식승인 및 제품검사의 기술기준
제22조 (전압강하방지시험)
변류기는 경계전로에 정격전류를 흘리는 경우, 그 경계전로의 **전압강하는 0.5 V 이하**이어야 한다.
　　　　답 ②

33 유도표지 설치기준
1. 계단에 설치하는 것을 제외하고는 각층마다 복도 및 통로의 각 부분으로부터 하나의 유도표지까지의 보행거리가 15 m 이하가 되는 곳과 구부러진 모퉁이의 벽에 설치할 것　　　　답 ③

34 객석유도등 : 유도등의 설치개수 N

$$N \geq \frac{객석통로의\ 직선부분의\ 길이\ m}{4} - 1\ (단,\ 소수점\ 이하는\ 절상)$$

$$\therefore N = \frac{30}{4} - 1 = 6.5 \Rightarrow 7개$$ 　　　　답 ③

35 **휴대용 비상조명등**
1) 건전지를 사용하는 경우에는 방전방지조치를 하여야 하고, 충전식 배터리의 경우에는 상시 충전되도록 할 것
2) 건전지 및 충전식 배터리의 용량은 **20분 이상 유효하게 사용할 수 있는 것**으로 할 것　　　　답 ②

36

종 류	전 압	용 량	플러그
단상교류	220 V	1.5 kVA 이상	접지형 2극 플러그

　　　　답 ②

37 제4조(부품의 구조 및 기능)
적색으로 표시되어야 하며 주위의 밝기가 300 lx 이상인 장소에서 측정하여 앞면으로부터 3 m 떨어진 곳에서 켜진등이 확실히 식별되어야 한다.　　　　답 ②

38 ① 음량조정기를 설치하는 경우 음량 조정기의 배선은 3선식으로 할 것
② 확성기는 각층마다 설치하되, 그 층의 각 부분으로부터 하나의 확성기까지의 수평거리가 25 m 이하가 되도록 하고, 해당층의 각 부분에 유효하게 경보를 말할 수 있도록 설치할 것　　　　답 ④

39 지하층으로서 특정소방대상물의 바닥부분 2면 이상이 지표면과 동일하거나 지표면으로부터의 깊이가 1 m 이하인 경우에는 해당층에 한하여 무선통신보조설비를 설치하지 아니할 수 있다.　　　　답 ②

40 인입선 : 수용장소의 조영물(토지에 정착한 시설물 중 지붕 및 기둥 또는 벽이 있는 시설물을 말한다.)의 옆면 등에 시설하는 전선으로서 그 수용장소의 인입구에 이르는 부분의 전선　　　　답 ①

문제 41~50

41 단독경보형감지기의 설치기준 중 다음 ( ) 안에 알맞은 것은?

> 이웃하는 실내의 바닥면적이 각각 ( ) m² 미만이고 벽체의 상부의 전부 또는 일부가 개방되어 이웃하는 실내와 공기가 상호 유통되는 경우에는 이를 1개의 실로 본다.

① 30   ② 50   ③ 100   ④ 150

42 비상방송설비의 음향장치 설비기준으로 틀린 것은?

① 실내에 설치하지 않는 확성기의 음성입력은 3[W](실내는 1[W]) 이상일 것
② 음량조정기를 설치하는 경우 음량조정기의 배선은 3선식으로 할 것
③ 조작부의 조작스위치는 바닥으로부터 0.5[m] 이상 1.0[m] 이하로 할 것
④ 확성기는 각 층마다 설치하되 그 층의 각 부분으로부터 하나의 확성기까지의 수평거리가 25[m] 이하가 되도록 할 것

43 바닥면적이 450[m²]일 경우 단독경보형감지기의 최소 설치개수는?

① 1개   ② 2개   ③ 3개   ④ 4개

44 비상방송설비 음향장치의 설치기준 중 옳은 것은?

① 확성기는 각층마다 설치하되, 그 층의 각 부분으로부터 하나의 확성기까지의 수평거리가 15 m 이하가 되도록 하고, 해당층의 각 부분에 유효하게 경보를 발할 수 있도록 설치할 것
② 층수가 5층 이상으로서 연면적이 3000 m²를 초과하는 특정소방대상물의 지하층에서 발화한 때에는 직상층에만 경보를 발할 것
③ 음향장치는 자동화재탐지설비의 작동과 연동하여 작동할 수 있는 것으로 할 것
④ 음향장치는 정격전압의 60 % 전압에서 음향을 발할 수 있는 것으로 할 것

45 자동화재탐지설비 및 시각경보장치의 화재안전기술기준(NFTC 203)에 따른 공기관식 차동식분포형 감지기의 설치기준으로 틀린 것은?

① 검출부는 3° 이상 경사되지 아니하도록 부착할 것
② 공기관의 노출부분은 감지구역마다 20 m 이상이 되도록 할 것
③ 하나의 검출부분에 접속하는 공기관의 길이는 100 m 이하로 할 것
④ 공기관과 감지구역의 각 변과의 수평거리는 1.5 m 이하가 되도록 할 것

46 광전식 분리형 감지기의 설치기준으로 옳은 것은?
① 광축은 나란한 벽으로부터 1 m 이상 이격하여 설치할 것
② 광축의 높이는 천장 등(천장의 실내에 면한 부분) 높이의 80 % 이상일 것
③ 감지기의 송광부와 수광부는 설치된 뒷벽으로부터 0.6 m 이내 위치에 설치할 것
④ 감지기의 수광면은 햇빛을 직접 받는 곳에 설치할 것

47 자동화재탐지설비 및 시각경보장치의 화재안전기술기준(NFTC 203)에 따라 제2종 연기감지기를 부착높이가 4 m 미만인 장소에 설치 시 기준 바닥면적은?
① 30 m²
② 50 m²
③ 75 m²
④ 150 m²

48 부착높이 20 m 이상에 설치하는 광전식 중 아날로그방식의 감지기 공칭감지농도 하한값의 기준은?
① 감광률 5 %/m 미만
② 감광률 10 %/m 미만
③ 감광률 15 %/m 미만
④ 감광률 20 %/m 미만

49 자동화재탐지설비의 음향장치는 층수가 11층 이상인 특정소방대상물에 있어서 지하층에서 발화한 경우 경보를 발할 수 있도록 하여야 하는 층은?
① 발화층, 그 직상층 및 기타의 지하층
② 발화층 및 최상층
③ 발화층 및 그 직상층
④ 발화층, 그 직상층 및 최상층

50 자동화재탐지설비 및 시각경보장치의 화재안전기술기준(NFTC 203)에 따른 발신기의 시설기준에 대한 내용이다. 다음 (   )에 들어갈 내용으로 옳은 것은?

> 발신기의 위치에 표시하는 표시등은 함의 상부에 설치하되, 그 불빛은 부착면으로부터 (㉠)° 이상의 범위 안에서 부착지점으로부터 (㉡)m 이내에 어느 곳에서도 쉽게 식별할 수 있는 적색등으로 하여야 한다.

① ㉠ 10 ㉡ 10
② ㉠ 15 ㉡ 10
③ ㉠ 25 ㉡ 15
④ ㉠ 25 ㉡ 20

문제 41~50 해설 및 답안   "소방전기시설의 구조 및 원리"

41 각 실(이웃하는 실내의 바닥면적이 각각 30 m² 미만이고 벽체의 상부의 전부 또는 일부가 개방되어 이웃하는 실내와 공기가 상호 유통되는 경우에는 이를 1개의 실로 본다)마다 설치하되, 바닥면적이 150 m²를 초과하는 경우에는 150 m²마다 1개 이상 설치할 것 **답 ①**

42 비상방송설비의 설치기준 중 조작부의 조작스위치는 바닥으로부터 **0.8[m] 이상 1.5[m] 이하**의 높이에 설치한다. **답 ③**

43 ① 각 실(이웃하는 실내의 바닥면적이 각각 30 m² **미만**이고 벽체의 상부의 부분 또는 일부가 개방되어 이웃하는 실내와 공기가 상호 유통되는 경우에는 이를 1개의 실로 본다)마다 설치하되, 바닥면적이 **150[m²]를 초과**하는 경우에는 150 m² 마다 **1개 이상** 설치할 것
② 설치개수 = 450 m² /150 m² = 3개 **답 ③**

44 ① 확성기는 각층마다 설치하되, 하나의 확성기까지의 수평거리가 25 m 이하, 해당층의 각 부분에 유효하게 경보를 발할 수 있도록 설치할 것
② 층수가 5층 이상으로서 연면적이 3000 m²를 초과하는 특정소방대상물의 지하층에서 발화한 때에는 모든층에 경보를 발할 것.(층수가 11층 미만이므로)
③ 음향장치는 자동화재탐지설비의 작동과 연동하여 작동할 수 있는 것으로 할 것
④ 음향장치는 정격전압의 80 % 전압에서 음향을 발할 수 있는 것으로 할 것. **답 ③**

45 공기관식 차동식분포형감지기 설치기준
가. 공기관의 노출부분은 감지구역마다 20 m 이상이 되도록 할 것
나. 공기관과 감지구역의 각 변과의 수평거리는 1.5 m 이하가 되도록 하고, 공기관 상호간의 거리는 6 m(주요 구조부를 내화구조로 한 특정소방대상물 또는 그 부분에 있어서는 9 m) 이하가 되도록 할 것
다. 공기관은 도중에서 분기하지 아니하도록 할 것
라. 하나의 검출부분에 접속하는 공기관의 길이는 100 m 이하로 할 것
마. 검출부는 5° 이상 경사되지 아니하도록 부착할 것
바. 검출부는 바닥으로부터 0.8 m 이상 1.5 m 이하의 위치에 설치할 것 **답 ①**

46 광전식분리형감지기는 다음의 기준에 따라 설치할 것
1) 감지기의 수광면은 햇빛을 직접 받지 않도록 설치할 것
2) 광축(송광면과 수광면의 중심을 연결한 선)은 나란한 벽으로부터 0.6 m 이상 이격하여 설치할 것
3) 감지기의 송광부와 수광부는 설치된 뒷벽으로부터 1 m 이내 위치에 설치할 것
4) 광축의 높이는 천장 등(천장의 실내에 면한 부분 또는 상층의 바닥하부면을 말한다) 높이의 80 % 이상일 것 **답 ②**

47 감지기의 부착높이에 따라 다음 표에 따른 바닥면적(m²) 마다 1개 이상으로 할 것

부착 높이	감지기의 종류	
	1종 및 2종	3종
4 m 미만	150	50
4 m 이상 20 m 미만	75	

답 ④

48 부착높이 20 m 이상에 설치되는 광전식 중 아나로그방식의 감지기는 공칭감지 농도 하한값이 **감광률 5 %/m 미만**인 것으로 한다. 답 ①

49 **층수가 11층(공동주택의 경우에는 16층)** 이상의 특정소방대상물은 다음 각 목에 따라 경보를 발할 수 있도록 하여야 한다.

발화층	경보층
2층 이상의 층에서 발화	발화층 및 그 직상 4개층
1층에서 발화	발화층・그 직상 4개층 및 지하층
지하층에서 발화	발화층・그 직상층 및 기타의 지하층

답 ①

50 발신기의 위치를 표시하는 표시등은 함의 상부에 설치하되, 그 불빛은 부착면으로부터 15° 이상의 범위 안에서 부착지점으로부터 10 m 이내의 어느 곳에서도 쉽게 식별할 수 있는 적색등으로 하여야 한다. 답 ②

문제 51~60

51 청각장애인용 시각경보장치의 설치높이는 바닥으로부터 몇 m의 장소에 설치하여야 하는가?

① 0.5 m 이상 1.0 m 이하
② 0.8 m 이상 1.5 m 이하
③ 1.5 m 이상 2.0 m 이하
④ 2.0 m 이상 2.5 m 이하

52 누전경보기 변류기의 절연저항시험 부위가 아닌 것은?

① 절연된 1차권선과 단자판 사이
② 절연된 1차권선과 외부금속부 사이
③ 절연된 1차권선과 2차권선 사이
④ 절연된 2차권선과 외부금속부 사이

53 누전경보기의 음향장치의 설치위치로 옳은 것은?

① 옥내의 점검에 편리한 장소
② 옥외 인입선의 제1지점의 부하측의 점검이 쉬운 위치
③ 수위실 등 상시 사람이 근무하는 장소
④ 옥외인입선의 제2종 접지선측의 점검이 쉬운 위치

54 가스누설경보기의 화재안전기술기준 분리형경보기 수신부 설치기준 중 가스누설 경보음향의 크기는 수신부로부터 1 m 떨어진 위치에서 음압이 몇 dB 이상이어야 하는가?

① 60   ② 70
③ 80   ④ 90

55 유도등의 우수품질인증 기술기준에 따른 유도등의 일반구조에 대한 내용이다. 다음 ( )에 들어갈 내용으로 옳은 것은?

전선의 굵기는 인출선인 경우에는 단면적이 (ⓐ) mm² 이상, 인출선 외의 경우에는 면적이 (ⓑ) mm² 이상이어야 한다.

① ⓐ 0.75 ⓑ 0.5   ② ⓐ 0.75 ⓑ 0.75
③ ⓐ 1.5   ⓑ 0.75   ④ ⓐ 2.5   ⓑ 1.5

56 비상조명등의 설치제외 기준 중 다음 ( ) 안에 알맞은 것은?

> 거실의 각 부분으로부터 하나의 출입구에 이르는 보행거리가 ( ) m 이내인 부분

① 2　　　　　　　　　　　　② 5
③ 15　　　　　　　　　　　 ④ 25

57 비상콘센트용의 풀박스 등은 방청도장을 한 것으로서 두께는 몇 mm 이상의 철판으로 하는가?

① 1.0　　　　　　　　　　　② 1.2
③ 1.5　　　　　　　　　　　④ 1.6

58 비상콘센트설비의 화재안전기술기준(NFTC 504)에 따라 비상콘센트설비의 전원부와 외함 사이의 절연저항은 전원부와 외함 사이를 500V 절연저항계로 측정할 때 몇 MΩ 이상이어야 하는가?

① 20　　　　　　　　　　　 ② 30
③ 40　　　　　　　　　　　 ④ 50

59 다음의 무선통신보조설비 그림에서 ⓐ에 해당하는 것은?

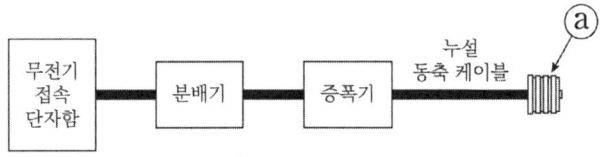

① 혼합기　　　　　　　　　　② 옥외안테나
③ 무선중계기　　　　　　　　④ 무반사종단저항

60 소방시설용 비상전원수전설비의 화재안전기술기준(NFTC 602)에 따라 일반전기사업자로부터 특고압 또는 고압으로 수전하는 비상전원 수전설비의 경우에 있어 소방회로배선과 일반회로배선을 몇 cm 이상 떨어져 설치하는 경우 불연성 벽으로 구획하지 않을 수 있는가?

① 5　　　　　　　　　　　　② 10
③ 15　　　　　　　　　　　 ④ 20

문제 51~60 해설 및 답안   "소방전기시설의 구조 및 원리"

51 시각경보장치의 설치높이는 바닥으로부터 2 m 이상 2.5 m 이하의 장소에 설치할 것. 다만, 천장의 높이가 2 m 이하인 경우에는 천장으로부터 0.15 m 이내의 장소에 설치하여야 한다.   **답** ④

52 누전경보기의 형식승인 및 제품검사의 기술기준 제19조(절연저항시험)
변류기는 DC 500 V의 절연저항계로 다음 각 호에 의한 시험을 하는 경우 5 MΩ 이상
① 절연된 1차권선과 2차권선간의 절연저항
② 절연된 1차권선과 외부금속부간의 절연저항
③ 절연된 2차권선과 외부금속부간의 절연저항   **답** ①

53 음향장치는 **수위실 등 상시 사람이 근무하는** 장소에 설치하여야 하며, 그 음량 및 음색은 다른 기기의 소음 등과 명확히 구별할 수 있는 것으로 하여야 한다.   **답** ③

54 가스누설 경보음향의 크기는 수신부로부터 1 m 떨어진 위치에서 음압이 70 dB 이상일 것   **답** ②

55 전선의 굵기는 인출선인 경우에는 단면적이 0.75 mm^2 이상, 인출선 외의 경우에는 면적이 0.5 mm^2 이상이어야 한다.   **답** ①

56 거실의 각 부분으로부터 하나의 출입구에 이르는 보행거리가 15 m 이내인 부분   **답** ②

57 비상콘센트용의 풀박스 등은 방청도장을 한 것으로서, 두께 1.6 mm 이상의 철판으로 할 것   **답** ④

58 비상콘센트설비의 전원부와 외함 사이의 절연저항 및 절연내력
1. 절연저항은 전원부와 외함 사이를 500 V 절연저항계로 측정할 때 20 MΩ 이상일 것
2. 절연내력은 전원부와 외함 사이에 정격전압이 150 V 이하인 경우에는 1,000 V의 실효전압을, 정격전압이 150 V 이상인 경우에는 그 정격전압에 2를 곱하여 1,000을 더한 실효전압을 가하는 시험에서 1분 이상 견디는 것으로 할 것   **답** ①

59 누설동축케이블의 끝부분에는 무반사 종단저항을 견고하게 설치할 것   **답** ④

60 특별고압 또는 고압으로 수전하는 경우
소방회로배선은 일반회로배선과 불연성 벽으로 구획할 것. 다만, 소방회로배선과 일반회로배선을 15 cm 이상 떨어져 설치한 경우는 그러하지 아니한다.   **답** ③

문제 61~70

61 소방회로용의 것으로 수전설비, 변전설비 그 밖의 기기 및 배선을 금속제 외함에 수납한 것으로 정의되는 것은?

① 전용분전반 ② 공용분전반
③ 공용큐비클식 ④ 전용큐비클식

62 신호의 전송로가 분기되는 장소에 설치하는 것으로 임피던스 매칭과 신호 균등분배를 위해 사용되는 장치는?

① 혼합기 ② 분배기
③ 증폭기 ④ 분파기

63 무선통신보조설비의 설치제외 기준 중 다음 ( ) 안에 알맞은 것으로 연결된 것은?

> 지하층으로서 특정소방대상물의 바닥부분 (㉠)면 이상이 지표면과 동일하거나 지표면으로부터의 깊이가 (㉡)m 이하인 경우에는 해당층에 한하여 무선통신보설비를 설치하지 아니할 수 있다.

① ㉠ 2, ㉡ 1 ② ㉠ 2, ㉡ 2
③ ㉠ 3, ㉡ 1 ④ ㉠ 3, ㉡ 2

64 비상콘센트설비에서 하나의 전용회로에 설치하는 비상콘센트는 몇 개 이하로 하여야 하는가?

① 2개 이하 ② 3개 이하
③ 10개 이하 ④ 100개 이하

65 휴대용비상조명등의 설치기준 중 다음 ( )안에 알맞은 것은?

> 지하상가 및 지하역사에는 보행거리 (㉠)m 이내마다 (㉡)개 이상 설치할 것

① ㉠ 25, ㉡ 1 ② ㉠ 25, ㉡ 3
③ ㉠ 50, ㉡ 1 ④ ㉠ 50, ㉡ 3

66 누전경보기를 설치하여야 하는 특정소방대상물의 기준 중 다음 ( ) 안에 알맞은 것은? (단, 위험물 저장 및 처리 시설 중 가스시설, 지하가 중 터널 또는 지하구의 경우는 제외한다.)

> 누전경보기는 계약전류용량이 ( ) A를 초과하는 특정소방대상물(내화구조가 아닌 건축물로서 벽·바닥 또는 반자의 전부나 일부를 불연재료 또는 준불연재료가 아닌 재료에 철망을 넣어 만든 것만 해당) 에 설치하여야 한다.

① 60
② 100
③ 200
④ 300

67 누전경보기 전원의 설치기준 중 다음 ( ) 안에 알맞은 것은?

> 전원은 분전반으로부터 전용회로로 하고, 각극에 개폐기 및 (㉠) A 이하의 과전류차단기(배선용 차단기에 있어서는 (㉡) A 이하의 것으로 각 극을 개폐할 수 있는 것)를 설치 할 것

① ㉠ 15, ㉡ 30
② ㉠ 15, ㉡ 20
③ ㉠ 10, ㉡ 30
④ ㉠ 10, ㉡ 20

68 자동화재속보설비의 속보기는 연동 또는 수동 작동에 의한 다이얼링 후 소방관서와 전화 접속이 이루어지지 않는 경우에는 최초 다이얼링을 포함하여 몇 회 이상 반복적으로 접속을 위한 다이얼링이 이루어져야 하는가? (단, 이 경우 매회 다이얼링 완료 후 호출은 30초 이상 지속한다.)

① 3회
② 5회
③ 10회
④ 20회

69 비상경보설비를 설치하여야 하는 특정소방 대상물의 기준 중 옳은 것은? (단, 지하구, 모래·석재 등 불연재료 창고 및 위험물 저장·처리 시설 중 가스시설은 제외한다.)

① 지하층 또는 무창층의 바닥면적이 150 m^2 이상인 것
② 공연장으로서 지하층 또는 무창층의 바닥면적이 200 m^2 이상인 것
③ 지하가 중 터널로서 길이가 400 m 이상인 것
④ 30명 이상의 근로자가 작업하는 옥내작업장

70 비상방송설비를 설치하여야 하는 특정소방대상물의 기준 중 틀린 것은? (단, 위험물 저장 및 처리 시설 중 가스시설, 사람이 거주하지 않는 동물 및 식물 관련시설, 지하가 중 터널, 축사 및 지하구는 제외한다.)

① 연면적 3500 m^2 이상인 것
② 지하층을 제외한 층수가 11층 이상인 것
③ 지하층의 층수가 3층 이상인 것
④ 50명 이상의 근로자가 작업하는 옥내 작업장

문제 61~70 해설 및 답안

"소방전기시설의 구조 및 원리"

61 소방시설용 비상전원수전설비 용어정의
① 전용큐비클식 : 소방회로용의 것으로 수전설비, 변전설비 그 밖의 기기 및 배선을 금속제 외함에 수납한 것을 말한다.
② 공용큐비클식 : 소방회로 및 일반회로 겸용의 것으로서 수전설비, 변전설비 그 밖의 기기 및 배선을 금속제 외함에 수납한 것을 말한다.
③ 전용배전반 : 소방회로 전용의 것으로서 개폐기, 과전류차단기, 계기 그 밖의 배선용기기 및 배선을 금속제 외함에 수납한 것을 말한다.
④ 공용배전반 : 소방회로 및 일반회로 겸용의 것으로서 개폐기, 과전류차단기, 계기 그 밖의 배선용기기 및 배선을 금속제 외함에 수납한 것을 말한다.
⑤ 전용분전반 : 소방회로 전용의 것으로서 분기 개폐기, 분기과전류차단기 그 밖의 배선용기기 및 배선을 금속제 외함에 수납한 것을 말한다.
⑥ 공용분전반 : 소방회로 및 일반회로 겸용의 것으로서 분기개폐기, 분기과전류차단기 그 밖의 배선용기기 및 배선을 금속제 외함에 수납한 것을 말한다. **답** ④

62 무선통신보조설비 용어 정의
① 누설동축케이블 : 동축케이블의 외부도체에 가느다란 홈을 만들어서 전파가 외부로 새어나갈 수 있도록 한 케이블
② 분배기 : 신호의 전송로가 분기되는 장소에 설치하는 것으로 **임피던스 매칭(Matching)과 신호 균등분배**를 위해 사용하는 장치
③ 분파기 : 서로 다른 주파수의 합성된 신호를 분리하기 위해서 사용하는 장치
④ 혼합기 : 두 개 이상의 입력신호를 원하는 비율로 조합한 출력이 발생하도록 하는 장치 **답** ②

63 지하층으로서 특정소방대상물의 바닥부분 **2면 이상**이 지표면과 동일하거나 지표면으로부터의 깊이가 **1 m 이하**인 경우에는 해당층에 한하여 무선통신보조설비를 설치하지 아니할 수 있다. **답** ①

64 비상콘센트
1) **하나의 전용회로에 설치하는 비상콘센트는 10개 이하**로 할 것
2) 비상콘센트 설비의 전원부와 외함사이의 절연 저항은 500 V 절연저항계로 측정할 때 그 절연저항값이 20 MΩ 이상이 되어야 한다.
3) 전원회로는 각 층에 있어서 전압별로 2이상이 되도록 설치할 것 **답** ③

65 휴대용비상조명등의 설치기준
① 숙박시설 또는 다중이용업소에는 객실 또는 영업장안의 구획된 실마다 잘 보이는 곳(외부에 설치시 출입문 손잡이로부터 1 m 이내 부분)에 1개 이상 설치
② 대규모 점포 및 영화상영관에는 보행거리 50 m 이내 마다 3개 이상 설치
③ 지하상가 및 지하역사에는 보행거리 25 m 이내 마다 3개 이상 설치
④ 설치높이는 바닥으로부터 0.8 m 이상 1.5 m 이하의 높이에 설치할 것 **답** ②

66 누전 경보기
① 설치대상 : 계약전류용량이 **100암페어**를 초과하는 특정소방대상물
② 용어정의 : 사용전압 **600 V 이하**인 경계전로의 누설전류를 검출하여 해당 소방대상물의 관계자에게 경보를 발하는 설비로서 변류기와 수신부로 구성된 것 답 ②

67 전원은 분전반으로부터 전용회로로 하고, 각 극에 개폐기 및 15 A 이하의 과전류차단기(배선용 차단기에 있어서는 20 A 이하의 것으로 각 극을 개폐할 수 있는 것)를 설치할 것 답 ②

68 자동화재속보설비 속보기의 기능
속보기는 연동 또는 수동 작동에 의한 다이얼링 후 소방관서와 전화접속이 이루어지지 않는 경우에는 최초 다이얼링을 포함하여 **10회 이상** 반복적으로 접속을 위한 다이얼링이 이루어져야 한다. 이 경우 매회 다이얼링 완료 후 **호출은 30초 이상** 지속되어야 한다. 답 ③

69 비상경보설비 설치 특정소방대상물
① 지하층 또는 무창층의 바닥면적이 150 m² 이상인 것
② 공연장으로서 지하층 또는 무창층의 바닥면적이 100 m² 이상인 것
③ 지하가 중 터널로서 길이가 500 m 이상인 것
④ 50명 이상의 근로자가 작업하는 옥내작업장 답 ①

70 50명 이상의 근로자가 작업하는 옥내 작업장은 비상경보설비 설치대상이다.
비상방송설비의 설치대상

연면적	3천5백 m² 이상
지하층을 제외한 층수	11층 이상
지하층의 층수	3층 이상

답 ④

문제 71~80

71 자동화재탐지설비의 경계구역에 대한 설명 중 맞는 것은?
① 하나의 경계구역이 2개 이상의 건축물에 미치지 아니하도록 하여야 한다.
② 600 m² 이하의 범위 안에서는 2개의 층을 하나의 경계구역으로 할 수 있다.
③ 하나의 경계구역의 면적은 600 m², 한 변의 길이는 30 m 이하로 한다.
④ 지하구에 있어서는 경계구역의 길이는 500 m 이하로 한다.

72 자동화재탐지설비 및 시각경보장치의 화재안전기술기준(NFTC 203)에 따라 자동화재탐지설비의 감지기 설치에 있어서 부착높이가 20 m 이상일 때 적합한 감지기 종류는?
① 불꽃감지기
② 연기복합형
③ 차동식분포형
④ 이온화식 1종

73 소방시설용 비상전원수전설비의 화재안전기술기준(NFTC 602)에 따라 소방시설용 비상전원 수전설비의 인입구배선은 「옥내소화전설비의 화재안전기술기준(NFTC 102)」 [표]에 따른 어떤 배선으로 하여야 하는가?
① 나전선
② 내열배선
③ 내화배선
④ 차폐배선

74 소방시설용 비상전원수전설비의 화재안전기술기준(NFTC 602)에 따라 저압으로 수전하는 제1종 배전반 및 분전반의 외함 두께와 전면판(또는 문) 두께에 대한 설치기준으로 옳은 것은?
① 외함 : 1.0 mm 이상, 전면판(또는 문) : 1.2 mm 이상
② 외함 : 1.2 mm 이상, 전면판(또는 문) : 1.5 mm 이상
③ 외함 : 1.5 mm 이상, 전면판(또는 문) : 2.0 mm 이상
④ 외함 : 1.6 mm 이상, 전면판(또는 문) : 2.3 mm 이상

75 경종의 우수품질인증 기술기준에 따라 경종에 정격전압을 인가한 경우 경종의 소비전류는 몇 mA 이하이어야 하는가?
① 10
② 30
③ 50
④ 100

76 무선통신보조설비의 화재안전기술기준에 따라 무선통신보조설비의 누설동축케이블 및 동축케이블은 화재에 따라 해당 케이블의 피복이 소실된 경우에 케이블 본체가 떨어지지 아니하도록 몇 m 이내마다 금속제 또는 자기제등의 지지금구로 벽·천장·기둥 등에 견고하게 고정시켜야 하는가? (단, 불연재료로 구획된 반자 안에 설치하지 않은 경우이다.)
① 1
② 1.5
③ 2.5
④ 4

77 자동화재탐지설비 및 시각경보장치의 화재안전기술기준(NFTC 203)에서 정하는 불꽃감지기의 시설기준으로 틀린 것은?
① 폭발의 우려가 있는 장소에는 방폭형으로 설치할 것
② 공칭감시거리 및 공칭시야각은 형식승인 내용에 따를 것
③ 감지기를 천장에 설치하는 경우에는 감지기는 바닥을 향하여 설치할 것
④ 감지기는 화재감지를 유효하게 감지할 수 있는 모서리 또는 벽 등에 설치할 것

78 다음은 비상조명등의 우수품질인증 기술기준에서 정하는 비상조명등의 상태를 자동적으로 점검하는 기능에 대한 내용이다. (   )에 들어갈 내용으로 옳은 것은?

> 자가점검시간은 (ⓐ)초 이상 (ⓑ)분 이하로 (ⓒ)일 마다 최소 한번 이상 자동으로 수행하여야 한다.

① ⓐ 15, ⓑ 15, ⓒ 15
② ⓐ 15, ⓑ 20, ⓒ 30
③ ⓐ 30, ⓑ 30, ⓒ 30
④ ⓐ 30, ⓑ 45, ⓒ 60

79 예비전원의 성능인증 및 제품검사의 기술기준에서 정의하는 "예비전원"에 해당하지 않는 것은?
① 리튬계 2차 축전지
② 알카리계 2차 축전지
③ 용융염 전해질 연료전지
④ 무보수 밀폐형 연축전지

80 유도등의 우수품질인증 기술기준에서 정하는 유도등의 일반구조에 적합하지 않은 것은?
① 축전지에 배선 등은 직접 납땜하여야 한다.
② 충전부가 노출되지 아니한 것은 사용전압이 300 V를 초과할 수 있다.
③ 외함은 기기 내의 온도 상승에 의하여 변형, 변색 또는 변질되지 아니하여야 한다.
④ 전선의 굵기는 인출선인 경우에는 단면적이 0.75 mm^2 이상, 인출선 외의 경우에는 면적이 0.5 mm^2 이상이어야 한다.

문제 71~80 해설 및 답안 "소방전기시설의 구조 및 원리"

71 경계구역의 설정
1) 하나의 경계구역이 2개 이상의 건축물에 미치지 아니하도록 할 것
2) 하나의 경계구역이 2개 이상의 층에 미치지 아니하도록 할 것. 단, 500 m² 이하의 범위 안에서는 2개의 층을 하나의 경계구역으로 할 수 있다.
3) 하나의 경계구역의 면적은 600 m² 이하로 하고 한 변의 길이는 50 m 이하로 한다. 단, 당해 소방대상물의 주된 출입구에서 그 내부 전체가 보이는 것에 있어서는 1,000 m² 이하로 할 수 있다.
답 ①

72 부착높이가 20 m 이상일 때 적합한 감지기 종류
① 불꽃감지기
② 광전식(분리형, 공기흡입형) 중 아날로그방식
답 ①

73 제4조(인입선 및 인입구 배선의 시설)
① 인입선은 특정소방대상물에 화재가 발생할 경우에도 화재로 인한 손상을 받지 않도록 설치하여야 한다.
② 인입구배선은 「옥내소화전설비의 화재안전기술기준(NFTC 102)」 별표 1에 따른 내화배선으로 하여야 한다.
답 ③

74 제1종 배전반 및 제1종 분전반
외함은 두께 1.6 mm(전면판 및 문은 2.3 mm) 이상의 강판과 이와 동등 이상의 강도와 내화성능이 있는 것으로 제작할 것
답 ④

75 정격전압을 인가하는 경우 경종의 소비전류는 50 mA 이하이어야 한다.
답 ③

76 누설동축케이블 및 동축케이블은 화재에 따라 해당 케이블의 피복이 소실된 경우에 케이블 본체가 떨어지지 아니하도록 4 m 이내마다 금속제 또는 자기제등의 지지금구로 벽·천장·기둥 등에 견고하게 고정시킬 것. 다만, 불연재료로 구획된 반자 안에 설치하는 경우에는 그러하지 아니하다.
답 ④

77 불꽃감지기 설치기준
① 공칭감시거리 및 공칭시야각은 형식승인 내용에 따를 것
② 감지기는 공칭감시거리와 공칭시야각을 기준으로 감시구역이 모두 포용될 수 있도록 설치할 것
③ 감지기는 화재감지를 유효하게 감지할 수 있는 모서리 또는 벽 등에 설치
④ 감지기를 천장에 설치하는 경우에는 감지기는 바닥을 향하여 설치할 것
⑤ 수분이 많이 발생할 우려가 있는 장소에는 방수형으로 설치할 것
답 ①

78 자가점검 및 무선점검시험
자가점검시간은 30초 이상 30분 이하로 30일 마다 최소 한번 이상 자동으로 수행하여야 한다.
답 ③

79 예비전원 : 소방용품에 사용되는 알카리계 2차 축전지, 리튬계 2차 축전지 및 무보수 밀폐형 연축전지

답 ③

80 축전지에 배선 등을 직접 납땜하지 아니하여야 한다.

답 ①

문제 81~90

81 시각경보장치의 성능인증 및 제품검사의 기술기준에 따라 시각경보장치의 전원부 양단자 또는 양선을 단락시킨 부분과 비충전부를 DC 500V의 절연저항계로 측정하는 경우 절연 저항이 몇 MΩ 이상이어야 하는가?

① 0.1
② 5
③ 10
④ 20

82 누전경보기의 형식승인 및 제품검사의 기술기준에서 정하는 누전경보기의 공칭작동전류치(누전경보기를 작동시키기 위하여 필요한 누설전류의 값으로서 제조자에 의하여 표시된 값을 말한다.)는 몇 mA 이하이어야 하는가?

① 50
② 100
③ 150
④ 200

83 다음은 자동화재속보설비의 속보기의 성능인증 및 제품검사의 기술기준에 따른 속보기에 대한 내용이다. ( )에 들어갈 내용으로 옳은 것은?

> 속보기는 연동 또는 수동 작동에 의한 다이얼링후 소방관서와 전화접속이 이루어지지 않는 경우에는 최초 다이얼링을 포함하여 (ⓐ)회 이상 반복적으로 접속을 위한 다이얼링 완료 후 호출은 (ⓑ)초 이상 지속되어야 한다.

① ⓐ 10, ⓑ 30
② ⓐ 15, ⓑ 30
③ ⓐ 10, ⓑ 60
④ ⓐ 15, ⓑ 60

84 단독경보형감지기에 대한 설명으로 틀린 것은?

① 단독경보형감지기는 감지부, 경보장치, 전원이 개별로 구성되어 있다.
② 화재경보음은 감지기로부터 1 m 떨어진 위치에서 85 dB 이상으로 10분 이상 계속하여 경보할 수 있어야 한다.
③ 단독경보형감지기는 수동으로 작동시험을 하고 자동복귀형 스위치에 의하여 자동으로 정위치에 복귀하여야 한다.
④ 작동되는 감지기는 작동표시등에 의하여 화재의 발생을 표시하고, 내장된 음향장치의 명동에 의하여 화재경보음을 발하여야 한다.

85 자동화재탐지설비 및 시각경보장치의 화재안전기술기준(NFTC 203)에 따라 감지기 상호 간 또는 감지기로부터 수신기에 이르는 감지기회로의 배선 중 전자파 방해를 받지 아니하는 쉴드선 등을 사용하지 않아도 되는 것은?

① R형 수신기용으로 사용되는 것
② 차동식 감지기
③ 다신호식 감지기
④ 아날로그식 감지기

86 자동화재탐지설비 및 시각경보장치의 화재안전기술기준(NFTC 203)에 따른 배선의 시설기준으로 틀린 것은?

① 감지기 사이의 회로의 배선은 송배선식으로 할 것
② 감지기회로의 도통시험을 위한 종단저항은 감지기 회로의 끝부분에 설치할 것
③ 피(P)형 수신기의 감지기 회로의 배선에 있어서 하나의 공통선에 접속할 수 있는 경계구역은 5개 이하로 할 것
④ 수신기의 각 회로별 종단에 설치되는 감지기에 접속되는 배선의 전압은 감지기 정격전압의 80 % 이상이어야 할 것

87 비상방송설비의 화재안전기술기준(NFTC 202)에 따라 비상방송설비가 기동장치에 따른 화재신고를 수신한 후 필요한 음량으로 화재발생 상황 및 피난에 유효한 방송이 자동으로 개시될 때까지의 소요시간은 몇 초 이하로 하여야 하는가?

① 5
② 10
③ 20
④ 30

88 유도등 및 유도표지의 화재안전기술기준(NFTC 303)에 따른 객석유도등의 설치기준이다. 다음 ( )에 들어갈 내용으로 옳은 것은?

객석유도등은 객석의 (㉠), (㉡) 또는 (㉢)에 설치하여야 한다.

① ㉠ 통로 ㉡ 바닥 ㉢ 벽
② ㉠ 바닥 ㉡ 천장 ㉢ 벽
③ ㉠ 통로 ㉡ 바닥 ㉢ 천장
④ ㉠ 바닥 ㉡ 통로 ㉢ 출입구

89 발신기의 형식승인 및 제품검사의 기술기준에 따른 발신기의 작동기능에 대한 내용이다. 다음 ( )에 들어갈 내용으로 옳은 것은?

> 발신기의 조작부는 작동스위치의 동작방향으로 가하는 힘이 (ⓐ)kg을 초과하고 (ⓑ) kg 이하인 범위에서 확실하게 동작되어야 하며, (ⓐ)kg의 힘을 가하는 경우 동작되지 아니하여야 한다. 이 경우 누름판이 있는 구조로서 손끝으로 눌러 작동하는 방식의 작동스위치는 누름판을 포함한다.

① ⓐ 2 ⓑ 8
② ⓐ 3 ⓑ 7
③ ⓐ 2 ⓑ 7
④ ⓐ 3 ⓑ 8

90 소방시설용 비상전원수전설비의 화재안전기술기준(NFTC 602)에 따라 일반전기사업자로부터 특별고압 또는 고압으로 수전하는 비상전원 수전설비의 종류에 해당하지 않는 것은?

① 큐비클형
② 축전지형
③ 방화구획형
④ 옥외개방형

문제 81~90 해설 및 답안
"소방전기시설의 구조 및 원리"

81 제10조(절연저항시험)
시각경보장치의 전원부 양단자 또는 양선을 단락시킨 부분과 비충전부를 DC 500 V의 절연저항계로 측정하는 경우 절연저항이 **5 MΩ 이상**이어야 한다. **답 ②**

82 누전경보기의 형식승인기준
1) 공칭작동전류치(제7조)
   누전경보기의 공칭작동전류치는 200[mA] 이하
2) 감도조정장치(제8조)
   감도조정장치의 조정범위는 최대치가 1[A] **답 ④**

83 자동화재속보설비 속보기의 기능
속보기는 연동 또는 수동 작동에 의한 다이얼링 후 소방관서와 전화접속이 이루어지지 않는 경우에는 최초 다이얼링을 포함하여 **10회 이상** 반복적으로 접속을 위한 다이얼링이 이루어져야 한다. 이 경우 매회 다이얼링 완료 후 호출은 30초 이상 지속되어야 한다. **답 ①**

84 단독경보형 감지기 : 화재에 의해서 발생되는 열, 연기 또는 불꽃을 감지하여 작동하는 것으로서 수신기에 작동신호를 발신하지 아니하고 감지기가 단독적으로 내장된 음향장치에 의하여 경보하는 감지기를 말한다. **답 ①**

85 **아날로그식, 다신호식 감지기나 R형수신기용**으로 사용되는 것은 전자파 방해를 방지하기 위하여 실드선 등을 사용할 것 **답 ②**

86 피(P)형 수신기 및 지피(G.P.)형 수신기의 감지기 회로의 배선에 있어서 하나의 공통선에 접속할 수 있는 경계구역은 7개 이하로 할 것 **답 ③**

87 비상방송설비의 화재안전기술기준(NFTC 202) 제4조(음향장치)제11호
기동장치에 따른 화재신고를 수신한 후 필요한 음량으로 화재발생 상황 및 피난에 유효한 방송이 자동으로 개시될 때까지의 소요시간은 10초 이하로 할 것 **답 ②**

88 "객석유도등"이란 객석의 통로, 바닥 또는 벽에 설치하는 유도등을 말한다. **답 ①**

89 발신기의 형식승인 및 제품검사의 기술기준
제4조의2(발신기의 작동기능)
발신기의 조작부는 작동스위치의 동작방향으로 가하는 힘이 **2 kg을 초과하고 8 kg 이하인 범위**에서 확실하게 동작되어야 하며, 2 kg의 힘을 가하는 경우 동작되지 아니하여야 한다. 이 경우 누름판이 있는 구조로서 손끝으로 눌러 작동하는 방식의 작동스위치는 누름판을 포함한다. **답 ①**

90 특별고압 또는 고압으로 수전하는 비상전원 수전설비의 종류
① 방화구획형
② 옥외개방형
③ 큐비클형 **답 ②**

문제 91~100

91 감지기의 형식승인 및 제품검사의 기술기준에 따라 단독경보형감지기의 일반기능에 대한 내용이다. 다음 ( )에 들어갈 내용으로 옳은 것은?

> 주기적으로 섬광하는 전원표시등에 의하여 전원의 정상 여부를 감시할 수 있는 기능이 있어야 하며, 전원의 정상상태를 표시하는 전원표시등의 섬광주기는 (ⓐ)초 이내의 점등과 (ⓑ)초에서 (ⓒ)초 이내의 소등으로 이루어져야 한다.

① ⓐ 1 ⓑ 15 ⓒ 60
② ⓐ 1 ⓑ 30 ⓒ 60
③ ⓐ 2 ⓑ 15 ⓒ 60
④ ⓐ 2 ⓑ 30 ⓒ 60

92 비상콘센트설비의 화재안전기술기준 (NFTC 504)에 따라 하나의 전용회로에 단상 교류 비상콘센트 6개를 연결하는 경우, 전선의 용량은 몇 kVA 이상이어야 하는가?

① 1.5 ② 3
③ 4.5 ④ 9

93 공기관식 차동식 분포형감지기의 기능시험을 하였더니 검출기의 접점수고치가 규정 이상으로 되어 있었다. 이때 발생되는 장애로 볼 수 있는 것은?

① 작동이 늦어진다.
② 장애는 발생되지 않는다.
③ 동작이 전혀 되지 않는다.
④ 화재도 아닌데 작동하는 일이 있다.

94 누전경보기의 화재안전기술기준(NFTC 205)에 따라 누전경보기의 수신부를 설치할 수 있는 장소는?(단, 해당 누전경보기에 대하여 방폭·방식·방습·방온·방진 및 정전기 차폐 등의 방호조치를 하지 않은 경우이다.)

① 습도가 낮은 장소
② 온도의 변화가 급격한 장소
③ 화약류를 제조하거나 저장 또는 취급하는 장소
④ 부식성의 증기·가스 등이 다량으로 체류하는 장소

95 비상콘센트설비의 화재안전기술기준(NFTC 504)에 따른 비상콘센트설비의 전원회로(비상콘센트에 전력을 공급하는 회로를 말한다)의 시설기준으로 옳은 것은?

① 하나의 전용회로에 설치하는 비상콘센트는 12개 이하로 할 것
② 비상콘센트설비의 전원회로는 단상교류 220 V인 것으로서, 그 공급용량은 10 kVA 이상인 것으로 할 것
③ 비상콘센트용의 풀박스 등은 방청도장을 한 것으로서, 두께 1.2 mm 이상의 철판으로 할 것
④ 전원으로부터 각 층의 비상콘센트에 분기되는 경우에는 분기배선용 차단기를 보호함 안에 설치할 것

96 자동화재탐지설비 및 시각경보장치의 화재안전기술기준(NFTC 203)에 따라 지하층·무창층 등으로서 환기가 잘되지 아니하거나 실내 면적이 40 m² 미만인 장소에 설치하여야 하는 적응성이 있는 감지기가 아닌 것은?

① 불꽃감지기
② 광전식분리형감지기
③ 정온식스포트형감지기
④ 아날로그방식의 감지기

97 자동화재탐지설비 및 시각경보장치의 화재안전기술기준(NFTC 203)에 따라 외기에 면하여 상시 개방된 부분이 있는 차고·주차장·창고 등에 있어서는 외기에 면하는 각 부분으로부터 몇 m 미만의 범위 안에 있는 부분은 경계구역의 면적에 산입하지 아니하는가?

① 1
② 3
③ 5
④ 10

98 자동화재속보설비의 속보기의 성능인증 및 제품검사의 기술기준에 따라 교류입력측과 외함 간의 절연저항은 직류 500V의 절연저항계로 측정한 값이 몇 MΩ 이상이어야 하는가?

① 5
② 10
③ 20
④ 50

99 누전경보기의 형식승인 및 제품검사의 기술기준에 따른 누전경보기 수신부의 기능검사 항목이 아닌 것은?

① 충격시험
② 진공가압시험
③ 과입력전압시험
④ 전원전압변동시험

100 누전경보기의 형식승인 및 제품검사의 기술 기준에 따라 누전경보기의 수신부는 그 정격 전압에서 몇 회의 누전작동시험을 실시하는가?
① 1,000회　　　　　　　　② 5,000회
③ 10,000회　　　　　　　 ④ 20,000회

문제 91~100 해설 및 답안 "소방전기시설의 구조 및 원리"

91 주기적으로 섬광하는 전원표시등에 의하여 전원의 정상 여부를 감시할 수 있는 기능이 있어야 하며, 전원의 정상상태를 표시하는 전원표시등의 섬광주기는 1초 이내의 점등과 30초 에서 60초 이내의 소등으로 이루어져야 한다. **답 ②**

92 ① 전선의 용량 : 1.5 kVA × 3개 = 4.5 kVA 이상
② 비상콘센트설비의 전원회로는 단상교류 220 V, 그 공급용량은 1.5 kVA 이상인 것
③ 하나의 전용회로에 설치하는 비상콘센트는 10개 이하로 할 것. 이 경우 전선의 용량은 각 비상콘센트(비상콘센트가 3개 이상인 경우에는 3개)의 공급용량을 합한 용량 이상의 것 **답 ③**

93 • 접점수고치가 규정 이상 : 작동이 늦어진다.(실보 또는 지연보)
• 접점수고치가 규정 미만 : 작동이 빨라진다.(비화재보) **답 ①**

94 누전경보기는 다음 각호의 장소 외의 장소에 설치하여야 한다.
1) 가연성의 증기, 먼지, 가스 등이나 부식성의 증기, 가스등이 다량으로 체류하는 장소
2) 화약류를 제조하거나 저장 또는 취급하는 장소
3) **습도가 높은 장소**
4) 온도의 변화가 급격한 장소
5) 대전류 회로, 고주파 발생회로 등에 의한 영향을 받을 우려가 있는 장소 **답 ①**

95 보기설명
① 하나의 전용회로에 설치하는 비상콘센트는 10개 이하로 할 것. 이 경우 전선의 용량은 각 비상콘센트(비상콘센트가 3개 이상인 경우에는 3개)의 공급용량을 합한 용량 이상의 것으로 하여야 한다.
② 비상콘센트설비의 전원회로는 단상교류 220 V인 것으로서, 그 공급용량은 1.5 kVA 이상인 것으로 할 것
③ 비상콘센트용의 풀박스 등은 방청도장을 한 것으로서, 두께 1.6 mm 이상의 철판으로 할 것
답 ④

96 지하층·무창층 등으로서 환기가 잘되지 아니하거나 실내 면적이 40 m² 미만인 장소, 감지기의 부착면과 실내 바닥과의 거리가 2.3 m 이하인 곳으로서 일시적으로 발생한 열·연기 또는 먼지 등으로 인하여 화재신호를 발신할 우려가 있는 장소에 적응성 있는 감지기
① 불꽃감지기
② 정온식감지선형감지기
③ 분포형감지기
④ 복합형감지기
⑤ 광전식분리형감지기
⑥ 아날로그방식의 감지기
⑦ 다신호방식의 감지기
⑧ 축적방식의 감지기 **답 ③**

97 외기에 면하여 상시 개방된 부분이 있는 **차고·주차장·창고** 등에 있어서는 외기에 면하는 각 부분으로부터 **5m 미만**의 범위 안에 있는 부분은 경계구역의 면적에 산입하지 아니한다.   답 ③

98 제10조(절연저항시험)
① 절연된 충전부와 외함간의 절연저항은 직류 500 V의 절연저항계로 측정한 값이 5 MΩ (**교류입력측과 외함간에는 20 MΩ)이상**이어야 한다.
② 절연된 선로간의 절연저항은 직류 500 V의 절연저항계로 측정한 값이 20 MΩ 이상이어야 한다.
   답 ③

99 누전경보기 수신부의 기능검사 항목
방수시험, 절연저항시험, 충격시험, 전원전압 변동시험, 충격파내전압시험, 진동시험, 반복시험, 개폐기의 조작시험, 과입력전압시험, 온도특성시험, 절연내력시험   답 ②

100 31조(반복시험)
수신부는 그 정격전압에서 1만회의 누전작동시험을 실시하는 경우 그 구조 또는 기능에 이상이 생기지 아니하여야 한다.   답 ③

문제 101~110

101 아파트등의 경우 실내에 설치하는 비상방송설비의 확성기 음성입력은 몇 W 이상이어야 하는가?

① 1W   ② 2W   ③ 3W   ④ 4W

102 다음은 공동주택의 화재안전기술기준에 따른 유도등 기준을 나타낸 것이다. 괄호 안의 번호에 들어갈 내용으로 옳게 연결된 것은?

> ○ 주차장으로 사용되는 부분은 (㉠) 피난구유도등을 설치할 것.
> ○ 비상문자동개폐장치가 설치된 옥상 출입문에는 (㉡) 피난구유도등을 설치할 것.

① ㉠ 소형, ㉡ 중형   ② ㉠ 중형, ㉡ 소형
③ ㉠ 중형, ㉡ 대형   ④ ㉠ 대형, ㉡ 중형

103 다음은 아파트등에 설치하는 비상콘센트에 대한 기준이다. 괄호 안의 번호에 들어갈 내용이 옳게 연결된 것은?

> 아파트등의 경우에는 계단의 출입구(계단의 부속실을 포함하며 계단이 2개 이상 있는 경우에는 그중 1개의 계단을 말한다)로부터 (㉠) 이내에 비상콘센트를 설치하되, 그 비상콘센트로부터 해당 층의 각 부분까지의 수평거리가 (㉡)를 초과하는 경우에는 비상콘센트를 추가로 설치해야 한다.

① ㉠ 5 m, ㉡ 25 m   ② ㉠ 5 m, ㉡ 50 m
③ ㉠ 3 m, ㉡ 25 m   ④ ㉠ 3 m, ㉡ 50 m

104 창고시설의 경우 실내에 설치하는 비상방송설비의 확성기 음성입력은 몇 W 이상이어야 하는가?

① 1 W   ② 2 W   ③ 3 W   ④ 4 W

105 창고시설의 자동화재탐지설비에는 그 설비에 대한 감시상태를 몇 분간 지속한 후 유효하게 몇 분 이상 경보할 수 있는 비상전원으로서 축전지설비 또는 전기저장장치를 설치해야 하는가?

① 60분, 10분 이상   ② 60분, 30분 이상
③ 60분, 20분 이상   ④ 60분, 40분 이상

106 창고시설의 화재안전기술기준상 피난유도선의 설치기준이다. ( )에 들어갈 내용으로 옳은 것은?

> - 피난유도선은 연면적 (㉠) m² 이상인 창고시설의 지하층 및 무창층에 다음의 기준에 따라 설치해야 한다.
> - 광원점등방식으로 바닥으로부터 (㉡) m 이하의 높이에 설치할 것
> - 각 층 직통계단 출입구로부터 건물 내부 벽면으로 (㉢) m 이상 설치할 것

① ㉠ 10,000, ㉡ 1, ㉢ 10
② ㉠ 10,000, ㉡ 1, ㉢ 20
③ ㉠ 15,000, ㉡ 1, ㉢ 10
④ ㉠ 15,000, ㉡ 1, ㉢ 20

107 축전지의 자기 방전을 보충함과 동시에 상용부하에 대한 전력 공급은 충전기가 부담하도록 하되, 충전기가 부담하기 어려운 일시적인 대전류 부하는 축전지로 하여금 부담하게 하는 충전방식은?

① 균등충전
② 급속충전
③ 부동충전
④ 세류충전

108 가스누설경보기의 화재안전기술기준상 분리형 경보기의 탐지부는 가스연소기의 중심으로부터 직선거리 몇 m 이내에 1개 이상 설치해야 하는가?(단, 공기보다 가벼운 가스를 사용하는 경우임)

① 4 m
② 8 m
③ 6 m
④ 10 m

109 무선통신보조설비에 대한 설명으로 옳지 않은 것은?

① 소화활동설비이다.
② 누설동축케이블 또는 동축케이블의 임피던스는 100 Ω의 것으로 한다.
③ 증폭기에는 비상전원이 부착된 것으로 하고, 비상전원의 용량은 30분 이상이다.
④ 누설동축케이블의 끝부분에는 무반사 종단저항을 부착한다.

110 무선통신보조설비의 화재안전기술기준 (NFTC 505)에 따라 무선통신보조설비의 주회로 전원이 정상인지 여부를 확인하기 위해 증폭기의 전면에 설치하는 것은?

① 상순계
② 전류계
③ 전압계 및 전류계
④ 표시등 및 전압계

문제 101~110 해설 및 답안

"소방전기시설의 구조 및 원리"

101 공동주택의 비상방송설비
① 확성기는 각 세대마다 설치할 것
② 아파트등의 경우 실내에 설치하는 확성기 음성입력은 2 W 이상일 것 **답** ②

102 공동주택의 화재안전기술기준 중 유도등
① 소형 피난구 유도등을 설치할 것. 다만, 세대 내에는 유도등을 설치하지 않을 수 있다.
② 주차장으로 사용되는 부분은 중형 피난구유도등을 설치할 것.
③ 비상문자동개폐장치가 설치된 옥상 출입문에는 대형 피난구유도등을 설치할 것. **답** ③

103 아파트등의 경우에는 계단의 출입구(계단의 부속실을 포함하며 계단이 2개 이상 있는 경우에는 그 중 1개의 계단을 말한다)로부터 (㉠ 5 m) 이내에 비상콘센트를 설치하되, 그 비상콘센트로부터 해당 층의 각 부분까지의 수평거리가 (㉡ 50 m)를 초과하는 경우에는 비상콘센트를 추가로 설치해야 한다. **답** ②

104 비상방송설비
① 확성기의 음성입력은 3 W(실내에 설치하는 것을 포함한다) 이상으로 해야 한다.
② 창고시설에서 발화한 때에는 전 층에 경보를 발해야 한다.
③ 비상방송설비에는 그 설비에 대한 감시상태를 60분간 지속한 후 유효하게 30분 이상 경보할 수 있는 축전지설비(수신기에 내장하는 경우를 포함한다. 이하 같다) 또는 전기저장장치를 설치해야 한다. **답** ③

105 자동화재탐지설비에는 그 설비에 대한 감시상태를 60분간 지속한 후 유효하게 30분 이상 경보할 수 있는 비상전원으로서 축전지설비 또는 전기저장장치를 설치해야 한다. 다만, 상용전원이 축전지설비인 경우에는 그렇지 않다. **답** ②

106 창고시설의 유도등 기준
1) 피난구유도등과 거실통로유도등은 대형으로 설치해야 한다.
2) 피난유도선은 연면적 15,000 m² 이상인 창고시설의 지하층 및 무창층에 다음의 기준에 따라 설치해야 한다.
  ① 광원점등방식으로 바닥으로부터 1 m 이하의 높이에 설치할 것
  ② 각 층 직통계단 출입구로부터 건물 내부 벽면으로 10 m 이상 설치할 것
  ③ 화재 시 점등되며 비상전원 30분 이상을 확보할 것 **답** ③

107 부동충전
① 축전지의 자기 방전을 보충함과 동시에 상용 부하에 대한 전력 공급은 충전기가 부담하도록 하되 충전기가 부담하기 어려운 일시적인 대 전류 부하는 축전지로 하여금 부담하게 하는 방식

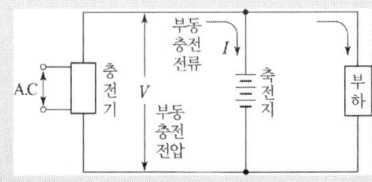

② 충전기 2차 충전전류
$$= \frac{축전지\ 용량[Ah]}{방전시간율[h]} + \frac{상시부하용량[VA]}{표준전압[V]}$$
답 ③

108 분리형 경보기의 탐지부
① 가스연소기의 중심으로부터 직선거리 8 m(공기보다 무거운 가스를 사용하는 경우에는 4 m) 이내에 1개 이상 설치
② 천장으로부터 탐지부 하단까지의 거리가 0.3 m 이하가 되도록 설치. 다만, 공기보다 무거운 가스를 사용하는 경우에는 바닥면으로부터 탐지부 상단까지의 거리는 0.3 m 이하 답 ②

109 누설동축케이블 또는 동축케이블의 임피던스는 50 Ω으로 하고, 이에 접속하는 안테나·분배기 기타의 장치는 해당 임피던스에 적합한 것 답 ②

110 증폭기 및 무선중계기 설치기준
1. 전원은 전기가 정상적으로 공급되는 축전지, 전기저장장치(외부 전기에너지를 저장해 두었다가 필요한 때 전기를 공급하는 장치) 또는 교류전압 옥내간선으로 하고, 전원까지의 배선은 전용으로 할 것
2. 증폭기의 전면에는 주 회로의 전원이 정상인지의 여부를 표시할 수 있는 표시등 및 전압계를 설치할 것
3. 증폭기에는 비상전원이 부착된 것으로 하고 해당 비상전원 용량은 무선통신보조설비를 유효하게 30분 이상 작동시킬 수 있는 것으로 할 것 답 ④

문제 111~120

111 비상경보설비 및 단독경보형감지기의 화재안전기술기준(NFTC 201)에 따른 발신기의 시설기준으로 틀린 것은?

① 발신기의 위치표시등은 함의 하부에 설치한다.
② 조작스위치는 바닥으로부터 0.8 m 이상 1.5 m 이하의 높이에 설치할 것
③ 복도 또는 별도로 구획된 실로서 보행거리가 40 m 이상일 경우에는 추가로 설치하여야 한다.
④ 특정소방대상물의 층마다 설치하되, 해당 특정소방대상물의 각 부분으로부터 하나의 발신기까지의 수평거리가 25 m 이하가 되도록 할 것

112 각 실별 실내의 바닥면적이 25 m^2인 4개의 실에 단독경보형감지기를 설치 시 몇 개의 실로 보아야 하는가?(단, 각 실은 이웃하고 있으며, 벽체 상부가 일부 개방되어 이웃하는 실내와 공기가 상호 유통되는 경우이다.)

① 1 ② 2
③ 3 ④ 4

113 비상경보설비 및 단독경보형감지기의 화재안전기술기준(NFTC 201)에 따른 단독경보형감지기의 시설기준에 대한 내용이다. 다음 ( )에 들어갈 내용으로 옳은 것은?

> 단독경보형감지기는 바닥면적이 (㉠) m^2를 초과하는 경우에는 (㉡) m^2마다 1개 이상을 설치하여야 한다.

① ㉠ 100 ㉡ 100
② ㉠ 100 ㉡ 150
③ ㉠ 150 ㉡ 150
④ ㉠ 150 ㉡ 200

114 지하 2층, 지상 6층이고, 연면적 3,500 m^2인 건물의 1층에서 화재가 발생된 경우 경보를 발하여야 하는 층을 모두 나열한 것은?

① 지하2층, 지하1층, 1층
② 지하2층, 지하1층, 1층, 2층
③ 1층, 2층
④ 모든층

115 다음 ( )에 알맞은 내용은?

> 비상방송설비에 사용되는 확성기는 각층마다 설치하되, 그 층의 각 부분으로부터 하나의 확성기까지의 (㉠)가 (㉡)[m] 이하가 되도록 하여야 하고, 해당 층의 각 부분에 유효하게 경보를 발할 수 있도록 설치할 것

① ㉠ 수평거리, ㉡ 15 m
② ㉠ 보행거리, ㉡ 15 m
③ ㉠ 수평거리, ㉡ 25 m
④ ㉠ 보행거리, ㉡ 25 m

116 소화활동 시 안내방송에 사용하는 증폭기의 종류로 옳은 것은?
① 탁상형
② 휴대형
③ Desk형
④ Rack형

117 자동화재탐지설비의 화재안전기술기준에서 사용하는 용어의 정의를 설명한 것이다. 다음 중 옳지 않은 것은?
① "경계구역"이란 소방대상물 중 화재신호를 발신하고 그 신호를 수신 및 유효하게 제어할 수 있는 구역을 말한다.
② "중계기"란 감지기, 발신기 또는 전기적접점 등의 작동에 따른 신호를 받아 이를 수신기의 제어반에 전송하는 장치를 말한다.
③ "감지기"란 화재 시 발생하는 열, 연기, 불꽃 또는 연소생성물을 자동적으로 감지하여 수신기에 발신하는 장치를 말한다.
④ "시각경보장치"란 자동화재탐지설비에서 발하는 화재신호를 시각경보기에 전달하여 시각장애인에게 경보를 하는 것을 말한다.

118 자동화재탐지설비의 경계구역 설정기준으로 옳지 않은 것은?
① 하나의 경계구역이 2개 이상의 건축물에 미치지 않을 것
② 하나의 경계구역이 2개 이상의 층에 미치지 않을 것
③ 하나의 경계구역의 면적은 500[m^2] 이하로 할 것
④ 한 변의 길이는 50[m] 이하로 할 것

119 자동화재탐지설비 및 시각경보장치의 화재안전기술기준(NFTC 203)에 따라 자동화재탐지설비의 주음향장치의 설치 장소로 옳은 것은?
① 발신기의 내부
② 수신기의 내부
③ 누전경보기의 내부
④ 자동화재속보설비의 내부

120 감지기의 형식승인 및 제품검사의 기술기준에 따른 연기감지기의 종류로 옳은 것은?

① 연복합형
② 공기흡입형
③ 차동식스포트형
④ 보상식스포트형

문제 111~120 해설 및 답안

"소방전기시설의 구조 및 원리"

111 발신기 설치기준
① 조작이 쉬운 장소에 설치하고, 조작스위치는 바닥으로부터 0.8 m 이상 1.5 m 이하의 높이에 설치할 것
② 특정소방대상물의 층마다 설치하되, 해당 특정소방대상물의 각 부분으로부터 하나의 발신기까지의 수평거리가 25 m 이하가 되도록 할 것. 다만, 복도 또는 별도로 구획된 실로서 보행거리가 40 m 이상일 경우에는 추가로 설치하여야 한다.
③ 발신기의 위치표시등은 **함의 상부**에 설치하되, 그 불빛은 부착 면으로부터 15° 이상의 범위 안에서 부착지점으로부터 10 m 이내의 어느 곳에서도 쉽게 식별할 수 있는 적색등으로 할 것

답 ①

112 ① 각 실(이웃하는 실내의 바닥면적이 각각 30 m² 미만이고 벽체의 상부의 부분 또는 일부가 개방되어 이웃하는 실내와 공기가 상호 유통되는 경우에는 이를 1개의 실로 본다)마다 설치하되, 바닥면적이 150 m²를 초과하는 경우에는 150 m² 마다 1개 이상 설치할 것
② 이웃하는 실내의 바닥면적이 각각 25 m²로서 30 m² 미만이고 벽체의 상부의 부분 또는 일부가 개방되어 이웃되는 실내와 공기가 상호 유통되는 경우에는 이를 1개의 실로 본다.

답 ①

113 단독경보형감지기
각 실(이웃하는 실내의 바닥면적이 각각 30 m² 미만이고 벽체의 상부의 부분 또는 일부가 개방되어 이웃하는 실내와 공기가 상호 유통되는 경우에는 이를 1개의 실로 본다)마다 설치하되, 바닥면적이 150 m²를 초과하는 경우에는 150m² 마다 1개 이상 설치할 것

답 ③

114 일제경보방식에 해당하므로 전층(모든층)에 경보
※ 화재발생 시 비상방송설비 경보방식
  1) 일제경보방식 : 11층(공동주택의 경우 16층) 미만
  2) 우선경보방식 : 11층(공동주택의 경우 16층) 이상

발화층	경보층
2층 이상의 층에서 발화	발화층 및 그 직상 4개층
1층에서 발화	발화층·그 직상 4개층 및 지하층
지하층에서 발화	발화층·그 직상층 및 기타의 지하층

답 ④

115 확성기는 각 층마다 설치하고 그 층의 각 부분으로부터 하나의 확성기까지의 수평거리가 25[m] 이하가 되도록 하여야 한다.

답 ③

116 비상방송설비의 증폭기의 종류
1. 이동형(가반형)
   ① 휴대형 : 정격출력 15~25 W 정도, 휴대를 주 목적으로 제작, 소화활동 시의 안내방송 등에 이용
   ② 탁상형 : 정격출력 10~60 W 정도, 소규모 방송설비가 필요한 곳에 이용

2. 고정형(거치형)
   ① 데스크형 : 정격출력 30~180 W 정도, 책상식 형태
   ② 랙형 : 정격출력 200 W 이상, 신설 용이, 용량의 제한이 없다. 　　　답 ②

117 자동화재탐지설비에서 발하는 화재신호를 시각경보기에 전달하여 청각장애인에게 점멸형태의 시각경보를 하는 것 　　　답 ④

118 경계구역 설정기준
① 하나의 경계구역이 2 이상의 건축물에 미치지 않도록 할 것
② 하나의 경계구역이 2 이상의 층에 미치지 않도록 할 것. 다만, 500 m² 이하의 범위 안에서는 2개의 층을 하나의 경계구역으로 할 수 있다.
③ **하나의 경계구역의 면적은 600 m² 이하로 하고 한 변의 길이는 50 m 이하로 할 것.** 다만, 해당 특정소방대상물의 주된 출입구에서 그 내부 전체가 보이는 것에 있어서는 한 변의 길이가 50 m의 범위 내에서 1,000 m² 이하로 할 수 있다. 　　　답 ③

119 주음향장치는 수신기의 내부 또는 그 직근에 설치할 것 　　　답 ②

120 ① 열감지기의 종류 : 차동식스포트형, 차동식분포형, 정온식스포트형, 정온식감지선형, 보상식스포트형
② 연기감지기의 종류 : 이온화식스포트형, 광전식스포트형, 광전식분리형, 공기흡입형
③ 복합형감지기의 종류 : 열복합형, 연복합형, 불꽃복합형, 열·불꽃 복합형, 열·연기복합형, 연기·불꽃 복합형, 열·연기·불꽃 복합형 　　　답 ②

문제 121~130

121 자동화재탐지설비의 감지기의 형식별 특성에서 주위의 온도 또는 연기의 량의 변화에 따라 각각 다른 전류치 또는 전압치 등의 출력을 발하는 방식의 감지기는?
① 디지털식　　　　　　② 아날로그식
③ 다신호식　　　　　　④ 분산신호식

122 정온식감지선형감지기에 관한 설명으로 옳은 것은?
① 일국소의 주위온도 변화에 따라서 차동 및 정온식의 성능을 갖는 것을 말한다.
② 일국소의 주위온도가 일정한 온도 이상이 되었을 때 작동하는 것으로서 외관이 전선으로 되어 있는 것을 말한다.
③ 그 주위온도가 일정한 온도상승률 이상이 되었을 때 작동하는 것으로서 일국소의 열효과에 의해서 동작하는 것을 말한다.
④ 그 주위온도가 일정한 온도상승률 이상이 되었을 때 작동하는 것으로서 광범위한 열효과의 누적에 의하여 동작하는 것을 말한다.

123 부착높이가 6 m이고, 주요구조부를 내화구조로 한 특정소방대상물 또는 그 부분에 정온식스포트형감지기 특종을 설치하고자 하는 경우 바닥면적 몇 m²마다 1개 이상 설치해야 하는가?
① 15　　　② 25　　　③ 35　　　④ 45

124 차동식분포형감지기의 동작방식이 아닌 것은?
① 공기관식　　　　　　② 열전대식
③ 열반도체식　　　　　④ 불꽃 자외선식

125 공기관식 차동식분포형 감지기의 구조 및 기능기준 중 다음 (　)안에 알맞은 것은?

> ◦ 공기관은 하나의 길이(이음매가 없는 것)가 (㉠)m 이상의 것으로 안지름 및 관의 두께가 일정하고 홈, 갈라짐 및 변형이 없어야 하며 부식되지 아니하여야 한다.
> ◦ 공기관의 두께는 (㉡) mm 이상, 바깥지름은 (㉢) mm 이상이어야 한다.

① ㉠ 10, ㉡ 0.5, ㉢ 1.5　　　② ㉠ 20, ㉡ 0.3, ㉢ 1.9
③ ㉠ 10, ㉡ 0.3, ㉢ 1.9　　　④ ㉠ 20, ㉡ 0.5, ㉢ 1.5

126 다음 중 단자부와 마감 고정금구와의 설치간격을 10 cm 이내로 설치하고, 굴곡반경은 5 cm 이상으로 하여야 하는 감지기는?

① 차동식스포트형 감지기
② 불꽃 감지기
③ 광전식스포트형 감지기
④ 정온식감지선형 감지기

127 감지구역의 바닥면적이 50 m^{2}의 특정소방대상물에 열전대식 차동식분포형감지기를 설치하는 경우 열전대부는 몇 개 이상으로 하여야 하는가?

① 1개
② 3개
③ 4개
④ 10개

128 주요구조부가 내화구조인 특정소방대상물에 자동화재탐지설비의 감지기를 열전대식 차동식 분포형으로 설치하려고 한다. 바닥면적이 256 m^{2}일 경우 열전대부와 검출부는 각각 최소 몇 개이상으로 설치하여야 하는가?

① 열전대부 11개, 검출부 1개
② 열전대부 12개, 검출부 1개
③ 열전대부 11개, 검출부 2개
④ 열전대부 12개, 검출부 2개

129 열반도체식 차동식분포형감지기의 설치개수를 결정하는 기준 바닥면적으로 적합한 것은?

① 부착높이가 8m 미만인 장소로 주요 구조부가 내화구조로 된 특정소방대상물인 경우 감지기 1종은 40 m^2, 2종은 23 m^2 이다.
② 부착높이가 8m 미만인 장소로 주요 구조부가 내화구조가 아닌 특정소방대상물인 경우 감지기 1종은 30 m^2, 2종은 23 m^2 이다.
③ 부착높이가 8 m 이상 15 m 미만인 장소로 주요 구조부가 내화구조로 된 소방대상물인 경우 감지기 1종은 50 m^2, 2종은 36 m^2 이다.
④ 부착높이가 8m 이상 15 m 미만인 장소로 주요 구조부가 내화구조가 아닌 특정소방대상물인 경우 감지기 1종은 40 m^2, 2종은 18 m^2 이다.

130 연기감지기 설치 시 천장 또는 반자부근에 배기구가 있는 경우에 감지기의 설치위치로 옳은 것은?

① 배기구가 있는 그 부근
② 배기구로부터 가장 먼 곳
③ 배기구로부터 0.6[m] 이상 떨어진 곳
④ 배기구로부터 1.5[m] 이상 떨어진 곳

문제 121~130 해설 및 답안

"소방전기시설의 구조 및 원리"

121 감지기의 형식승인 및 제품검사의 기술기준 (감지기의 형식)
1) 다신호식 : 1개의 감지기내에 서로 다른 종별 또는 감도 등의 기능을 갖춘 것으로서 일정시간 간격을 두고 각각 다른 2개 이상의 화재신호를 발하는 감지기를 말한다.
2) 아날로그식 : 주위의 온도 또는 연기의 량의 변화에 따라 각각 다른 전류치 또는 전압치 등의 출력을 발하는 방식의 감지기를 말한다.
답 ②

122 보기설명
① 보상식스포트형 : 일국소의 주위온도 변화에 따라서 차동 및 정온식의 성능을 갖는 것을 말한다.
② 정온식감지선형 : 일국소의 주위온도가 일정한 온도 이상이 되었을 때 작동하는 것으로서 외관이 전선으로 되어 있는 것을 말한다.
③ 차동식스포트형 : 그 주위온도가 일정한 온도상승률 이상이 되었을 때 작동하는 것으로서 일국소의 열효과에 의해서 동작하는 것을 말한다.
④ 차동식분포형 : 그 주위온도가 일정한 온도상승률 이상이 되었을 때 작동하는 것으로서 광범위한 열효과의 누적에 의하여 동작하는 것을 말한다.
답 ②

123 부착높이 및 특정소방대상물의 구분에 따른 감지기의 종류

부착높이 및 특정소방대상물의 구분		감지기의 종류						
		차동식 스포트형		보상식 스포트형		정온식 스포트형		
		1종	2종	1종	2종	특종	1종	2종
4[m] 미만	주요구조부를 내화구조로 한 특정소방대상물 또는 그 부분	90	70	90	70	70	60	20
	기타 구조의 특정소방대상물 또는 그 부분	50	40	50	40	40	30	15
4[m] 이상 8[m] 미만	주요구조부를 **내화구조**로 한 특정소방대상물 또는 그 부분	45	35	45	35	35	30	-
	기타 구조의 특정소방대상물 또는 그 부분	30	25	30	25	25	15	-

답 ③

124 차동식분포형감지기의 종류
① 공기관식
② 열전대식
③ 열반도체식
답 ④

125 감지기의 형식승인 및 제품검사의 기술기준
제5조(구조 및 기능)
① 공기관은 하나의 길이(이음매가 없는 것)가 20 m 이상의 것으로 안지름 및 관의 두께가 일정하고 흠, 갈라짐 및 변형이 없어야 하며 부식되지 아니하여야 한다.

② 공기관의 두께는 0.3 mm 이상, 바깥지름은 1.9 mm 이상이어야 한다. 　**답** ②

126 정온식 감지선형 감지기의 설치기준
1) 보조선이나 고정금구를 사용하여 감지선이 늘어지지 않도록 설치할 것
2) 단자부와 마감 고정금구와의 설치간격은 10 cm 이내로 할 것
3) 감지기와 감지구역의 각 부분과의 수평거리는 다음과 같이 설치할 것

구　조	1종	2종
내화구조	4.5 m 이하	3 m 이하
기타구조	3 m 이하	1 m 이하

4) 감지선형 감지기의 굴곡반경은 5 cm 이상으로 할 것 　**답** ④

127 1) 열전대식 차동식 분포형 감지기 설치기준
① 열전대부는 감지구역의 바닥면적 18 m²(주요구조부가 내화구조로 된 특정소방대상물에 있어서는 22 m²)마다 1개 이상 설치
② 바닥면적이 72 m²(주요구조부가 내화구조로 된 소방대상물에 있어서는 88 m²) 이하인 특정소방대상물에 있어서는 4개 이상 설치
③ 하나의 검출부에 접속하는 열전대부는 20개 이하로 하여야 한다.
2) 열전대부 1개당 바닥면적은 18 m² 이므로
열전대부 개수 = 50 m²/18 m² = 2.78개 = 3개
따라서, 3개이나 바닥면적이 72 m² 이하이므로 4개 이상 설치한다. 　**답** ③

128 열전대식 차동식 분포형 감지기 설치기준
① 열전대부는 감지구역의 바닥면적 18 m²(주요구조부가 내화구조로 된 특정소방대상물에 있어서는 22 m²)마다 1개 이상 설치하여야 하므로
열전대부의 수량은 256 m² / 22 m² = 11.6 = 12개
② 하나의 검출부에 접속하는 열전대부는 20개 이하로 하여야 하므로 검출부는 1개 　**답** ②

129 (단위 : m²)

부착높이 및 특정소방대상물의 구분		감지기의 종류	
		1종	2종
8[m] 미만	주요구조부가 내화구조로된 특정소방대상물 또는 그 구분	65[m²]	36[m²]
	기타 구조의 특정소방대상물 또는 그 부분	40[m²]	23[m²]
8[m] 이상 15[m] 미만	주요구조부가 내화구조로 된 특정소방대상물 또는 그 부분	50[m²]	36[m²]
	기타 구조의 특정소방대상물 또는 그 부분	30[m²]	23[m²]

　답 ③

130 천장 또는 반자부근에 배기구가 있는 경우에는 그 부근에 설치할 것 　**답** ①

문제 131~140

131 불꽃감지기의 설치기준으로 틀린 것은?

① 수분이 많이 발생할 우려가 있는 장소에는 방수형으로 설치할 것
② 감지기를 천장에 설치하는 경우에는 감지기는 천장에 향하여 설치할 것
③ 감지기는 화재감지를 유효하게 감지할 수 있는 모서리 또는 벽 등에 설치할 것
④ 감지기는 공칭감시거리와 공칭시야각을 기준으로 감시구역이 모두 포용될 수 있도록 설치할 것

132 자동화재탐지설비 및 시각경보장치의 화재안전기술기준(NFTC 203)에 따른 감지기의 설치 제외 장소가 아닌 것은?

① 실내의 용적이 20 m³ 이하인 장소
② 부식성가스가 체류하고 있는 장소
③ 목욕실·욕조나 샤워시설이 있는 화장실·기타 이와 유사한 장소
④ 고온도 및 저온도로서 감지기의 기능이 정지되기 쉽거나 감지기의 유지관리가 어려운 장소

133 자동화재탐지설비 전원회로의 전로와 대지사이 및 배선상호간의 절연저항 기준은?

① DC 250[V], 0.1[MΩ] 이상
② DC 250[V], 0.2[MΩ] 이상
③ DC 500[V], 0.1[MΩ] 이상
④ DC 500[V], 0.2[MΩ] 이상

134 자동화재탐지설비 배선의 설치기준 중 옳은 것은?

① 감지기 사이의 회로의 배선은 교차회로방식으로 설치하여야 한다.
② 피(P)형 수신기 및 지피(G.P.)형 수신기의 감지기 회로의 배선에 있어서 하나의 공통선에 접속할 수 있는 경계구역은 10개 이하로 설치하여야 한다.
③ 자동화재탐지설비의 감지기회로의 전로저항은 80 Ω 이하가 되도록 하여야 하며, 수신기의 각 회로별 종단에 설치되는 감지기에 접속되는 배선의 전압은 감지기 정격전압의 50 % 이상이어야 한다.
④ 자동화재탐지설비의 배선은 다른 전선과 별도의 관·덕트·몰드 또는 풀박스 등에 설치할 것. 다만 60 V 미만의 약전류회로에 사용하는 전선으로서 각각의 전압이 같을 때에는 그러지 아니하다.

135 자동화재속보설비를 설치하여야 하는 특정소방대상물의 기준 중 틀린 것은?
(단, 사람이 24시간 상시 근무하고 있는 경우는 제외한다.)
① 판매시설 중 전통시장
② 지하가 중 터널로서 길이가 1000 m 이상인 것
③ 수련시설(숙박시설이 있는 건축물만 해당)로서 바닥면적이 500 m² 이상인 층이 있는 것
④ 근린생활시설 중 조산원 및 산후조리원

136 자동화재속보설비의 속보기는 자동화재탐지설비로부터 작동신호를 수신하거나 수동으로 동작시키는 경우 20초 이내에 소방관서에 자동적으로 신호를 발하여 통보하되, 몇 회 이상 속보할 수 있어야 하는가?
① 2회
② 3회
③ 4회
④ 5회

137 자동화재속보설비의 속보기의 성능인증 및 제품검사의 기술기준에 따라 교류입력측과 외함 간의 절연저항은 직류 500 V의 절연저항계로 측정한 값이 몇 MΩ 이상이어야 하는가?
① 5
② 10
③ 20
④ 50

138 누전경보기의 변류기는 직류 500 V의 절연저항계로 절연된 1차 권선과 2차 권선 간을 절연저항시험을 할 때 몇 MΩ 이상이어야 하는가?
① 1
② 5
③ 10
④ 100

139 누전경보기의 형식승인 및 제품검사의 기술기준에 따라 외함은 불연성 또는 난연성 재질로 만들어져야 하며, 누전경보기 외함의 두께는 몇 mm 이상이어야 하는가?
(단, 직접 벽면에 접하여 벽속에 매립되는 외함의 부분은 제외한다.)
① 1
② 1.2
③ 2.5
④ 3

140 유도등 및 유도표지의 화재안전기술기준(NFTC 303)에 따른 피난구유도등의 설치장소로 틀린 것은?
① 직통계단
② 직통계단의 계단실
③ 안전구획된 거실로 통하는 출입구
④ 옥외로부터 직접 지하로 통하는 출입구

문제 131~140 해설 및 답안   "소방전기시설의 구조 및 원리"

131 불꽃감지기 설치기준
  ① 공칭감시거리 및 공칭시야각은 형식승인 내용에 따를 것
  ② 감지기는 공칭감시거리와 공칭시야각을 기준으로 감시구역이 모두 포용될 수 있도록 설치할 것
  ③ 감지기는 화재감지를 유효하게 감지할 수 있는 모서리 또는 벽 등에 설치할 것
  ④ 감지기를 천장에 설치하는 경우에는 감지기는 바닥을 향하여 설치할 것
  ⑤ 수분이 많이 발생할 우려가 있는 장소에는 방수형으로 설치할 것   **답 ②**

132 감지기 설치제외 장소기준
  1) 천장 또는 반자의 높이가 20 m 이상인 장소. 다만, 부착높이에 따라 적응성이 있는 장소는 제외한다.
  2) 헛간 등 외부와 기류가 통하는 장소로서 감지기에 따라 화재발생을 유효하게 감지할 수 없는 장소
  3) 부식성가스가 체류하고 있는 장소
  4) 고온도 및 저온도로서 감지기의 기능이 정지되기 쉽거나 감지기의 유지관리가 어려운 장소
  5) 목욕실·욕조나 샤워시설이 있는 화장실·기타 이와 유사한 장소
  6) 파이프덕트 등 그 밖의 이와 비슷한 것으로서 2개층 마다 방화구획된 것이나 수평단면적이 5 m^2 이하인 것
  7) 먼지·가루 또는 수증기가 다량으로 체류하는 장소 또는 주방 등 평시에 연기가 발생하는 장소 (연기감지기에 한한다)
  8) 프레스공장·주조공장 등 화재발생의 위험이 적은 장소로서 감지기의 유지관리가 어려운 장소   **답 ①**

133 전로와 대지 사이 및 배선 상호간의 절연저항은 1경계구역 마다 직류 250 V의 절연저항측정기를 사용하여 측정한 절연저항이 0.1 MΩ 이상이 되도록 할 것   **답 ①**

134 배선 설치기준
  ① 감지기 사이의 회로의 배선은 송배선식으로 할 것
  ② 피(P)형 수신기 및 지피(G.P.)형 수신기의 감지기 회로의 배선에 있어서 하나의 공통선에 접속할 수 있는 경계구역은 7개 이하로 할 것
  ③ 자동화재탐지설비의 감지기회로의 전로저항은 50 Ω 이하, 수신기의 각 회로별 종단에 설치되는 감지기에 접속되는 배선의 전압은 감지기 정격전압의 80 % 이상이어야 할 것   **답 ④**

135 자동화재속보설비 설치 특정소방대상물
  1) 근린생활시설 중 다음의 어느 하나에 해당하는 시설
    가) 의원, 치과의원 및 한의원으로서 입원실이 있는 시설
    나) 조산원 및 산후조리원
  2) 노유자 생활시설
  3) 2)에 해당하지 않는 노유자시설로서 바닥면적이 500 m^2 이상인 층이 있는 것.
  4) 수련시설(숙박시설이 있는 건축물만 해당한다)로서 바닥면적이 500 m^2 이상인 층이 있는 것.
  5) 보물 또는 국보로 지정된 목조건축물.

6) 의료시설 중 다음의 어느 하나에 해당하는 것
   가) 종합병원, 병원, 치과병원, 한방병원 및 요양병원(의료재활시설은 제외한다)
   나) 정신병원 및 의료재활시설로 사용되는 바닥면적의 합계가 500 m² 이상인 층이 있는 것
7) 판매시설 중 전통시장 **답** ②

136 작동신호를 수신하거나 수동으로 동작시키는 경우 20초 이내에 소방관서에 자동적으로 신호를 발하여 통보하되 3회 이상 속보할 수 있어야 한다. **답** ②

137 제10조(절연저항시험)
① 절연된 충전부와 외함간의 절연저항은 직류 500 V의 절연저항계로 측정한 값이 5 MΩ (교류입력측과 외함간에는 20 MΩ)이상이어야 한다.
② 절연된 선로간의 절연저항은 직류 500 V의 절연저항계로 측정한 값이 20 MΩ 이상이어야 한다. **답** ③

138 변류기는 직류 500 V의 절연저항계로 다음 각호에 의한 시험을 하는 경우 그 절연저항이 5 MΩ 이상이 되어야 한다.
1) 절연된 1차 권선과 2차 권선간의 절연저항
2) 절연된 1차 권선과 외부금속부간의 절연저항
3) 절연된 2차 권선과 외부금속부간의 절연저항 **답** ②

139 제3조(구조 및 기능)
4. 외함은 불연성 또는 난연성 재질로 만들어져야 하며 다음과 같아야 한다.
   가. 외함은 다음에 기재된 두께 이상이어야 한다.
       1) 누전경보기의 외함은 1.0 mm 이상
       2) 직접 벽면에 접하여 벽속에 매립되는 외함의 부분은 1.6 mm 이상 **답** ①

140 피난구유도등의 설치장소
1. 옥내로부터 직접 지상으로 통하는 출입구 및 그 부속실의 출입구
2. 직통계단·직통계단의 계단실 및 그 부속실의 출입구
3. 제1호와 제2호에 따른 출입구에 이르는 복도 또는 통로로 통하는 출입구
4. 안전구획된 거실로 통하는 출입구 **답** ④

문제 141~150

141 복도, 거실통로유도등의 설치높이에 대한 기준을 옳게 나타낸 것은?
(단, 거실통로에 기둥 등이 설치되지 아니한 경우이다.)

① 거실통로유도등 : 바닥으로부터 1.5 m 이상
  복도통로유도등 : 바닥으로부터 1.0 m 이하
② 거실통로유도등 : 바닥으로부터 1.0 m 이상
  복도통로유도등 : 바닥으로부터 1.5 m 이하
③ 거실통로유도등 : 바닥으로부터 1.5 m 이하
  복도통로유도등 : 바닥으로부터 1.0 m 이상
④ 거실통로유도등 : 바닥으로부터 1.0 m 이하
  복도통로유도등 : 바닥으로부터 1.5 m 이하

142 유도등은 전기회로에 점멸기를 설치하지 아니하고 항상 점등상태를 유지하여야 한다. 다만 3선식 배선에 따라 상시 충전되는 구조인 경우에는 그렇지 않아도 되는데 그 설치 장소로 적당하지 않은 것은?

① 지하층을 제외한 층수가 11층 이상의 장소
② 특정소방대상물의 관계인 또는 종사원이 주로 사용하는 장소
③ 공연장, 암실(暗室) 등으로서 어두워야 할 필요가 있는 장소
④ 외부광(光)에 따라 피난구 또는 피난방향을 쉽게 식별할 수 있는 장소

143 3선식 배선에 따라 상시 충전되는 유도등의 전기회로에 점멸기를 설치하는 경우 유도등이 점등되어야 할 경우로 관계없는 것은?

① 제연설비가 작동한 때
② 자동소화설비가 작동한 때
③ 비상경보설비의 발신기가 작동한 때
④ 자동화재탐지설비의 감지기가 작동한 때

144 축광방식의 피난유도선 설치기준 중 다음 ( ) 안에 알맞은 것은?

- 바닥으로부터 높이 (㉠) cm 이하의 위치 또는 바닥 면에 설치할 것
- 피난유도 표시부는 (㉡) cm 이내의 간격으로 연속되도록 설치할 것

① ㉠ 50, ㉡ 50 ② ㉠ 50, ㉡ 100
③ ㉠ 100, ㉡ 50 ④ ㉠ 100, ㉡ 100

145 유도등 및 유도표지의 화재안전기술기준(NFTC 303)에 따라 광원점등방식 피난유도선의 설치기준으로 틀린 것은?

① 구획된 각 실로부터 주출입구 또는 비상구까지 설치할 것
② 피난유도 표시부는 바닥으로부터 높이 1 m 이하의 위치 또는 바닥 면에 설치할 것
③ 피난유도 제어부는 조작 및 관리가 용이하도록 바닥으로부터 0.8 m 이상 1.5 m 이하의 높이에 설치할 것
④ 피난유도 표시부는 50 cm 이내의 간격으로 연속되도록 설치하되 실내장식물 등으로 설치가 곤란할 경우 2 m 이내로 설치할 것

146 유도등 예비전원의 종류로 옳은 것은?

① 알카리계 2차축전지
② 리튬계 1차축전지
③ 리튬-이온계 2차축전지
④ 수은계 1차축전지

147 예비전원을 내장하지 아니하는 비상조명등의 비상전원은 자가발전설비 및 축전지설비를 설치하여야 한다. 설치기준으로 옳지 않은 것은?

① 비상전원을 실내에 설치하는 때에는 그 실내에는 비상조명등을 설치하지 않아도 된다.
② 점검이 편리하고 화재 및 침수 등의 재해로 인한 피해를 받을 우려가 없는 곳에 설치한다.
③ 비상전원의 설치장소는 다른 장소와의 방화구획을 하여야 한다.
④ 상용전원으로부터 전력의 공급이 중단된 때에는 자동으로 비상전원으로부터 전력을 공급받는 장치를 설치하여야 한다.

148 비상전원이 비상조명등을 60분 이상 유효하게 작동시킬 수 있는 용량으로 하지 않아도 되는 특정소방대상물은?

① 지하상가
② 숙박시설
③ 무창층으로서 용도가 소매시장
④ 지하층을 제외한 층수가 11층 이상의 층

149 3상 3선식 전원으로부터 80 m 떨어진 장소에 50 A 전류가 필요해서 14 mm² 전선으로 배선하였을 경우 전압강하는 몇 V인가? (단, 리액턴스 및 역률은 무시한다.)
① 10.17　　　　　　　　　　② 9.6
③ 8.8　　　　　　　　　　　④ 5.08

150 가스누설경보기의 화재안전기술기준상 분리형 경보기의 탐지부에 대한 내용이다. (　)에 들어갈 내용으로 옳은 것은?(단, 공기보다 가벼운 가스를 사용하는 경우임)

- 탐지부는 가스연소기의 중심으로부터 직선거리 (㉠) m 이내에 1개 이상 설치
- 탐지부는 천정으로부터 탐지부 하단까지의 거리가 (㉡) m 이하

① ㉠ 8, ㉡ 0.3　　　　　　② ㉠ 4, ㉡ 0.3
③ ㉠ 8, ㉡ 0.6　　　　　　④ ㉠ 4, ㉡ 0.6

문제 141~150 해설 및 답안

"소방전기시설의 구조 및 원리"

141
1) 거실통로유도등은 바닥으로부터 높이 1.5 m 이상의 위치에 설치할 것(다만, 거실통로에 기둥이 설치된 경우에는 기둥부분의 바닥으로부터 높이 1.5 m 이하의 위치에 설치할 수 있다.)
2) 복도통로유도등은 바닥으로부터 높이 1 m 이하의 위치에 설치할 것(다만, 지하층 또는 무창층의 용도가 도매시장·소매시장·여객자동차터미널·지하역사 또는 지하상가인 경우에는 복도·통로 중앙부분의 바닥에 설치하여야 한다.)
3) 계단통로유도등은 바닥으로부터 높이 1 m 이하의 위치에 설치할 것 답 ①

142 유도등은 전기회로에 점멸기를 설치하지 아니하고 항상 점등상태를 유지할 것. 다만, 다음의 1에 해당하는 장소로서 3선식 배선에 따라 상시 충전되는 구조인 경우에는 그러하지 아니하다.
1) 외부광(光)에 따라 피난구 또는 피난방향을 쉽게 식별할 수 있는 장소
2) 공연장, 암실(暗室) 등으로서 어두워야 할 필요가 있는 장소
3) 특정소방대상물의 관계인 또는 종사원이 주로 사용하는 장소 답 ①

143 3선식 배선에 따라 상시 충전되는 유도등의 전기회로에 점멸기를 설치하는 경우 점등되어야 되는 때
① 자동 화재 탐지 설비의 감지기 또는 발신기가 작동되는 때
② 비상경보설비의 발신기가 작동되는 때
③ 상용전원이 정전되거나 전원선이 단선되는 때
④ 방재업무를 통제하는 곳 또는 전기실의 배전반에서 수동으로 점등하는 때
⑤ 자동소화설비가 작동되는 때 답 ①

144 축광방식의 피난유도선 설치기준
① 바닥으로부터 높이 50 cm 이하의 위치 또는 바닥 면에 설치할 것
② 피난유도 표시부는 50 cm 이내의 간격으로 연속되도록 설치할 것
③ 구획된 각 실로부터 주출입구 또는 비상구까지 설치할 것
④ 외광 또는 조명장치에 의하여 상시 조명이 제공되거나 비상조명등에 의한 조명이 제공되도록 할 것 답 ①

145 광원점등방식의 피난유도선 설치기준
1. 구획된 각 실로부터 주출입구 또는 비상구까지 설치할 것
2. 피난유도 표시부는 바닥으로부터 높이 1 m 이하의 위치 또는 바닥 면에 설치할 것
3. 피난유도 표시부는 50 cm 이내의 간격으로 연속되도록 설치하되 실내장식물 등으로 설치가 곤란할 경우 1 m 이내로 설치할 것
4. 수신기로부터의 화재신호 및 수동조작에 의하여 광원이 점등되도록 설치할 것
5. 비상전원이 상시 충전상태를 유지하도록 설치할 것
6. 바닥에 설치되는 피난유도 표시부는 매립하는 방식을 사용할 것
7. 피난유도 제어부는 조작 및 관리가 용이하도록 바닥으로부터 0.8 m 이상 1.5 m 이하의 높이에 설치할 것 답 ④

146 유도등의 예비전원(유도등의 형식승인 기준 제3조(일반구조))
① 축전지 : 알카리계, 리튬계 2차 축전지
② 축전기 : 콘덴서 답 ①

147 예비전원을 내장하지 아니하는 비상조명등의 비상전원은 자가발전설비, 전기저장장치(외부 전기에너지를 저장해 두었다가 필요한 때 전기를 공급하는 장치) 또는 축전지설비를 설치하여야 하며, 비상전원을 실내에 설치하는 때에는 그 실내에 비상조명등을 설치하여야 한다. 답 ①

148 비상조명등을 60분 이상 유효하게 작동시킬 수 있는 용량으로 하여야 하는 특정소방대상물
① 지하층을 제외한 층수가 11층 이상의 층
② 지하층 또는 무창층으로서 용도가 도매시장·소매시장·여객자동차터미널·지하역사 또는 지하상가 답 ②

149 3상 3선식의 전압강하 계산
$$e = \frac{30.8LI}{1,000A} = \frac{30.8 \times 80 \text{ m} \times 50 \text{ A}}{1,000 \times 14 \text{ mm}^2} = 8.8 \text{ V}$$
여기서, L : 길이, I : 전류(A), A : 전선의 단면적(mm^2) 답 ③

150 분리형 경보기의 탐지부 기준
① 탐지부는 가스연소기의 중심으로부터 직선거리 8 m(공기보다 무거운 가스를 사용하는 경우에는 4 m) 이내에 1개 이상 설치
② 탐지부는 천정으로부터 탐지부 하단까지의 거리가 0.3 m 이하. 다만, 공기보다 무거운 가스를 사용하는 경우에는 바닥면으로부터 탐지부 상단까지의 거리는 0.3 m 이하 답 ①

Non-Stop High-Pass

FINAL 적중
소방설비기사 전기분야 필기 600제

발 행	/ 2024년 11월 15일	판 권
저 자	/ 김 상 현	소 유
펴 낸 이	/ 정 창 희	
펴 낸 곳	/ 동일출판사	
주 소	/ 서울시 강서구 곰달래로31길7 (2층)	
전 화	/ (02) 2608-8250	
팩 스	/ (02) 2608-8265	
등록번호	/ 제109-90-92166호	

ISBN 978-89-381-1670-3 13530
값 / 20,000원

이 책은 저작권법에 의해 저작권이 보호됩니다.
동일출판사 발행인의 승인자료 없이 무단 전재하거나
복제하는 행위는 저작권법 제136조에 의해 5년 이하의
징역 또는 5,000만원 이하의 벌금에 처하거나 이를 병
과(倂科)할 수 있습니다.